云架构指南

U0196862

Cloud Native

分布式架构
原理与实践

—— 柳伟卫 ◎ 著 ——

8002575540

北京大学出版社
PEKING UNIVERSITY PRESS

内 容 提 要

Cloud Native（云原生）是以云架构为优先的应用开发模式。目前，越来越多的企业已经开始大规模地"拥抱云"——在云环境下开发应用、部署应用及发布应用等。未来，越来越多的开发者也将采用 Cloud Native 来开发应用。本书是国内 Java 领域关于 Cloud Native 的著作。

本书全面讲解了基于 Cloud Native 来构建应用需要考虑的设计原则和实现方式，涵盖 REST 设计、测试、服务注册、服务发现、安全、数据管理、消息通信、批处理、任务调度、运营、容器部署、持续发布等方面的 Cloud Native 知识。同时，书中所讲解的技术方案皆为业界主流的技术，极具前瞻性。最后，本书除了讲解 Cloud Native 的理论知识，还会在每个知识点上辅以大量的代码案例，使理论可以联系实践，具备更强的可操作性。

本书主要面向对分布式系统、微服务、Cloud Native 开发感兴趣的计算机专业的学生、软件开发人员和系统架构师。

图书在版编目(CIP)数据

Cloud Native 分布式架构原理与实践 / 柳伟卫著. — 北京：北京大学出版社，2019.3
ISBN 978-7-301-30089-3

Ⅰ.①C… Ⅱ.①柳… Ⅲ.①程序语言—程序设计 Ⅳ.①TP312

中国版本图书馆CIP数据核字(2018)第274491号

书　　　名	**Cloud Native 分布式架构原理与实践**
	CLOUD NATIVE FENBUSHI JIAGOU YUANLI YU SHIJIAN
著作责任者	柳伟卫　著
责 任 编 辑	吴晓月
标 准 书 号	ISBN 978-7-301-30089-3
出 版 发 行	北京大学出版社
地　　　址	北京市海淀区成府路205 号　100871
网　　　址	http://www.pup.cn　　新浪微博：@北京大学出版社
电 子 信 箱	pup7@pup.cn
电　　　话	邮购部 010-62752015　发行部 010-62750672　编辑部 010-62570390
印 刷 者	北京市科星印刷有限责任公司
经 销 者	新华书店
	787毫米×1092毫米　16开本　21印张　488千字
	2019年3月第1版　2019年3月第1次印刷
印　　　数	1-4000册
定　　　价	79.00 元

本书献给我的妻子 Funny，愿她永远青春靓丽！

前言
Preface

写作背景

未来越来越多的企业将会"拥抱云"。特别是对于中小企业及个人开发者而言，以云架构为优先的 Cloud Native 应用开发模式将会深入人心。Cloud Native 能帮助企业快速推出产品，同时节省成本。

笔者结合自身的云计算工作经验，以及对于 Cloud Native 的思考，将这方面的知识整理成册，内容涵盖 REST 设计、测试、服务注册、服务发现、安全、数据管理、消息通信、批处理、任务调度、运营、容器部署、持续发布等方面的知识，希望帮助读者从理论和实践两方面来深刻理解 Cloud Native。

源代码

本书提供源代码下载，下载地址为 https://github.com/waylau/cloud-native-book-demos。

本书所涉及的技术和相关版本

技术的版本是非常重要的，因为不同版本之间存在兼容性问题，而且不同版本的软件所对应的功能也是不同的。本书所列出的技术在版本上相对较新，都是经过笔者大量测试的。这样读者在自行编写代码时，可以参考本书所列出的版本，从而避免版本兼容性所产生的问题。建议读者将相关开发环境设置得跟本书一致，或者不低于本书所列的配置。详细的版本配置，可以参阅本书"附录"中的内容。

本书示例采用 Eclipse 编写，但示例源码与具体的 IDE 无关，读者可以选择适合自己的 IDE，如 IntelliJ IDEA、NetBeans 等。运行本书示例，请确保 JDK 版本不低于 JDK 8。

勘误和交流

本书如有勘误，会在 https://github.com/waylau/cloud-native-book-demos 上进行发布。笔者在编写本书的过程中，已竭尽所能地为读者呈现最好、最全的实用功能，但错漏之处在所难免，欢迎读者批评指正，也可以通过以下方式直接联系我们。

博客：https://waylau.com
邮箱：waylau521@gmail.com
微博：http://weibo.com/waylau521
开源：https://github.com/waylau

致谢

感谢北京大学出版社的各位工作人员为本书的出版所做的努力。

感谢我的父母、妻子和两个女儿。由于撰写本书，牺牲了很多陪伴家人的时间，在此感谢家人对我工作的理解和支持。

柳伟卫

目录
Contents

第 10 章　Cloud Native 运营 266

第1章

Cloud Native 概述

1.1 当今软件发展的现状

当今软件行业正发生着巨变。自 20 世纪 50 年代计算机诞生以来，软件从最初的手工作坊式的交付方式，逐渐演变成了职业化开发、团队化开发，进而制订了软件行业的相关规范，形成了软件产业。

今天，无论是大型企业还是个人开发者，都或多或少采用了云的方式来开发应用、部署应用。不管是私有云还是公有云，都将给整个软件产业带来变革。个人计算机或以手机为代表的智能设备已经走进寻常百姓家。几乎每个人都拥有手机，手机不仅是通信工具，还能发语音、看视频、玩游戏，让人与人之间的联系变得更加紧密。智能手环随时监控用户的身体状况，并根据每天的运动量、身体指标提供合理的饮食运动建议。出门逛街甚至不需要带钱包，吃饭、购物、搭车时使用手机就可以支付费用，多么便捷。智能家居系统更是用户生活中的"管家"，什么时候该睡觉了，智能家居系统就自动拉上窗帘并关灯；早上起床了，智能家居系统会自动拉开窗帘并播放动人的音乐，让用户可以愉快地迎接新的一天；用户再也不用担心家里的安全情况，智能家居系统会监控一切，有异常情况时会及时发送通知到用户的手机中，让用户第一时间掌握家里的情况。未来，每个人都能拥有《钢铁侠》（*Iron Man*）中所描述的智能管家 Jarvis，而这一切都离不开背后那个神秘的巨人——分布式系统。正是那些看不见的分布式系统，每天处理着数以亿计的计算，提供可靠而稳定的服务。这些系统往往是以 Cloud Native 方式来部署、运维的。

1.1.1 软件需求的发展

早期的软件大多数是由使用该软件的个人或机构研制的，所以软件往往带有非常强烈的个人色彩。早期的软件开发也没有什么系统的方法论可以遵循，完全是"个人英雄主义"，也不存在所谓的软件设计，纯粹就是某个人的思想的表达。而且，当时的软件往往是围绕硬件的需求来定制化开发的，有什么样的硬件就有什么样的软件。所以，软件缺乏通用性。同时，由于软件开发过程不需要与他人协作，因此，除了源代码外，往往没有软件设计、使用说明书等文档。这样，就造成了软件行业缺乏经验的传承。

20 世纪 60 年代中期到 70 年代中期是计算机系统发展的第二个时期，在这一时期软件开始被当作一种产品广泛使用。所谓产品，就是可以提供给不同的人使用，从而提高软件的重用率，降低软件开发的成本。例如，以前一套软件只能专门提供给某个人使用，而现在，同一套软件可以批量卖给不同的人。就分摊到相同软件上的开发成本而言，卖得越多，成本自然就越低。这个时期，出现了类似"软件作坊"的专职替别人开发软件的团体。虽然是团体协作，但软件开发的方法基本上仍然沿用早期的个体化软件开发方式，这样导致的问题是，软件的数量急剧膨胀，软件需求日趋复杂，软件的维护难度也就越来越大，开发成本变得越来越高，从而导致软件项目频频失败。这就演变成了"软件危机"。

　　"软件危机"迫使人们开始思考软件的开发方式，使人们开始对软件及其特性进行了更加深入的研究，人们对待软件的观念也在悄然改变。由于早期计算机的数量很少，只有少数军方或者科研机构才有机会接触到计算机，这就让大多数人认为，软件开发人员都是稀少且优秀的（一开始也确实如此，毕竟计算机最初的制作者都是数学界的天才）。由于软件开发的技能只能被少数人所掌握，因此大多数人对于"什么是好的软件"缺乏共识。实际上，早期那些被认为是优秀的程序常常很难被别人看懂，其中充斥着各种程序技巧，加之当时的硬件资源比较紧缺，迫使开发人员在编程时往往需要考虑更少地占用计算机资源，从而采用不易阅读的"精简"方式来开发，这加重了软件的个性化。而现在人们普遍认为，优秀的程序除了功能正确、性能优良之外，还应该让人容易看懂、容易使用、容易修改和扩充。这就是软件可维护性的要求。

　　1968 年 NATO（北大西洋公约组织）会议上首次提出"软件危机"（Software Crisis）这个名词，同时，提出了期望通过"软件工程"（Software Engineering）来解决"软件危机"。"软件工程"的目的就是要把软件开发从"艺术"和"个体行为"向"工程"和"群体协同工作"转化，从而解决"软件危机"包含的两方面的问题。

　　（1）如何开发软件，以满足不断增长、日趋复杂的需求。

　　（2）如何维护数量不断膨胀的软件产品。

　　事实证明，事先对软件进行可行性分析，可以有效地规避软件失败的风险，提高软件开发的成功率。

　　在需求方面，软件行业的规范是，需要提供相应的软件规格说明书、软件需求说明书，从而让开发工作有依据，划清开发边界，并在一定程度上减少"需求蔓延"情况的发生。

　　在架构设计方面，需要提供软件架构说明书，划分系统之间的界限，约定系统间的通信接口，并将系统分为多个模块。这样更容易将任务分解，从而降低系统的复杂性。

　　今天，制定软件需求的方式越来越多样化了。客户与系统分析师也许只是经过简单的口头讨论，制订了粗略的协议，就安排开发工程师进行原型设计了。开发工程师开发一个微服务，并部署到云容器中，从而实现软件的交付。甚至不用编写任何后台代码，直接使用云服务供应商所提供的 API，就可以使应用快速推向市场。客户在使用完这个应用时，马上就能将自己的体验反馈到开发团队，使开发团队能够快速响应客户的需求变化，并促使软件进行升级。

　　通过敏捷的方式，最终软件形成了"开发—测试—部署—反馈"的良性循环，软件产品也得到了进化。而这整个过程，都比传统的需求获取方式将更加迅捷。

1.1.2　开发方式的巨变

　　早些年，瀑布模型还是标准的软件开发模型。瀑布模型将软件生命周期划分为制订计划、需求分析、软件设计、程序编写、软件测试和运行维护 6 个基本活动，并且规定了它们自上而下、相互衔接的固定次序，如同瀑布流水，逐级下落。在瀑布模型中，软件开发的各项活动严格按照线性方式进行，当前活动接受上一项活动的工作结果，实施完成所需的工作内容。当前活动的工作结果需要进行验证，如果验证通过，则该结果作为下一项活动的输入，下一项活动继续进行，否则返回修改。

瀑布模型的优点是严格遵循预先计划的顺序进行，一切按部就班，整个过程比较严谨。同时，瀑布模型强调文档的作用，并要求每个阶段都要仔细验证文档的内容。但是，这种模型的线性过程太理想化，主要存在以下几个方面的问题。

（1）各个阶段的划分完全固定，阶段之间产生大量的文档，极大地增加了工作量。

（2）由于开发模型是线性的，用户只有等到整个过程的末期才能看到开发成果，从而增加了开发的风险。

（3）早期的错误可能要等到开发后期的测试阶段才能发现，从而带来严重的后果。

（4）各个软件生命周期衔接的时间较长，团队人员交流成本大。

瀑布式方法在需求不明且项目进行过程中可能变化的情况下基本是不可行的，所以瀑布式方法非常适合需求明确的软件开发。但现如今，时间就是金钱，如何快速抢占市场是每个互联网企业需要考虑的第一要素。所以快速迭代、频繁发布的原型开发和敏捷开发方式，被越来越多的互联网企业所采用，甚至很多传统企业也在逐步向敏捷的"短、平、快"开发方式靠拢。

客户将需求告知开发人员，当然是越快得到反馈越好，那么，最快的方式莫过于在原有系统的基础上搭建一个原型给客户作为参考。客户拿到原型后肯定会反馈意见，好的或不好的意见都会有。这样，开发人员就能根据客户的反馈，对原型进行快速更改，快速发布新的版本，从而实现良好的反馈闭环。

Cloud Native 是以云架构为优先的应用开发模式，有利于最大化整合现有的云计算所提供的资源，同时也最大化节约了项目启动的成本。

1.1.3 云是大势所趋

目前，越来越多的企业已经开始拥抱云，在云环境下开发应用、部署应用和发布应用。未来，越来越多的开发者也将采用 Cloud Native 来开发应用。

那么，为什么要使用 Cloud Native 呢？

（1）云计算带来的是成本的节约和业务的敏捷性，特别是使用云计算所提供的基础设施，费用会更加低廉。随着云计算的不断发展，企业越来越倾向于使用 IaaS（基础设施即服务）和 PaaS（平台即服务）来构建应用程序。这种应用可以利用云计算的弹性和可伸缩性，同时还能满足云环境下的容错性。

（2）很多企业倾向于使用微服务架构来开发应用。微服务开发快速、职责单一，能够更快速地被客户所采纳。同时，这些应用能够通过快速迭代的方式得到进化，赢得客户的认可。Cloud Native 可以打通微服务开发、测试、部署、发布的整个流程环节。

（3）云供应商为迎合市场，提供了满足各种场景方案的 API，例如，用于定位的 Google Maps，用于社交协作的认证平台等。将这些 API 与企业业务的特性和功能结合在一起，可以让它们为客户构建独特的方案。所有整合都在 API 层面进行。这意味着，无论是移动应用还是传统的桌面应用都能无缝集成。所以，采用 Cloud Native 所开发的应用都具备极强的可扩展性。

（4）软件不可能不出故障。传统的企业级开发方式需要有专职人员来对企业应用进行监控与维护。而在 Cloud Native 架构下，底层的服务或 API 都将部署到云中，相当于将繁重的运维工作转移给了云平台供应商。这意味着客户应用将得到更加专业的看护，同时也节省了运维成本。

1.2 Cloud Native 的特性

本书讨论的是 Cloud Native，一种以云架构为优先的应用开发模式。那么这种开发模式有什么样的特点呢？它与分布式系统、微服务架构之间又存在什么样的联系呢？本节将揭晓这些答案。

1.2.1　以云为基础架构

Cloud Native 以云为基础架构，开发应用时，首先应考虑能够使用最大化的云基础设施。例如，有一个创业项目需要发布 10 个微服务，在考虑部署方式时，应首选云基础设施。理由如下。

（1）10 个微服务意味着需要 10 台主机，购买这些主机将是一笔不小的费用。

（2）如果企业需要从 0 开始架设这些主机，需要配置额外的网络管理员。

（3）为了保障主机能够正常运转，需要配置额外的运维工程师，并且需要运维工程师 7×24 小时值守。

（4）需要逐个安装容器及应用运行环境。

（5）需要安装主机监控软件。

……

从 0 开始架构基础设施是困难的，最重要的是，没有这么多时间从 0 开始。特别是互联网应用，谁越早进入市场谁就越有机会把握话语权。此时，花费少量的资金，选择一款合适的云基础架构设施，便是非常正确的选择。云基础架构设施使开发人员能够站在巨人的肩膀上，更专注于自己的核心业务，并且更快速地推出产品。

云基础架构设施就是 IaaS（Infrastructure-as-a-Service，基础设施即服务）。现在，市面上有大量的云基础架构设施可供选择，大多数的云供应商都提供了这些云基础架构设施，如 Amazon、Azure、阿里云、腾讯云、华为云等。

1.2.2 云服务

云服务就是 PaaS（Platform-as-a-Service，平台即服务）和 SaaS（Software-as-a-Service，软件即服务）的总称。云服务可以帮助用户减少搭建平台所需的时间和成本。以 Azure 为例，Azure 提供了包括计算服务、存储服务、网络服务、Web 和移动服务、数据库、智能和分析服务、物联网（IoT）服务、企业集成、安全和标识服务、开发人员工具、监视和管理在内的众多云服务，用户需要什么样的服务，只需要进行相应的选购即可。

云服务一般是按需计费的，有些服务甚至是免费的。还是以 Azure 为例，Azure 提供了 MySQL 关系型数据库服务，所需费用仅为 0.09 元 / 小时起。而如果是使用 Azure 的多重身份验证，则是免费的。

1.2.3 无服务

在主流云计算 IaaS 和 PaaS 中，开发者进行业务开发时，仍然需要关心很多和服务器相关的服务端开发工作，如缓存、消息服务、Web 应用服务器、数据库，以及对服务器进行性能优化、考虑存储和计算资源、考虑负载和扩展、考虑服务器容灾稳定性等非业务逻辑的开发。这些服务器的运维和开发，以及知识和经验极大地限制了开发者进行业务开发的效率。设想一下，如果开发者无须在服务器中实现和部署服务，也无须关注如何在服务器中运行和部署服务，而是直接租用服务或开发服务，是否可以极大地提升开发效率和产品质量？这种弃服务器而直接使用服务的架构称为无服务器架构（Serverless 架构）。

如今，随着移动和物联网应用的蓬勃发展，以及服务架构（Service-oriented Architecture SOA）和微服务架构（Micro-service Architecture MSA）的盛行，造就了无服务器架构平台的迅猛发展。在无服务器架构中，开发者无须考虑服务器的问题，计算资源作为服务而不是服务器的概念出现，这样开发时只需要关注面向客户的客户端业务程序开发，后台服务由第三方服务公司完全或部分提供，开发者调用相关的服务即可。无服务器架构是一种构建和管理基于微服务架构的完整流程，允许开发者在服务部署级别而不是服务器部署级别来管理自己的应用部署，甚至可以管理某个具体功能或端口的部署，这就能让开发者快速迭代，以及更快速地交付软件。这种新兴的云计算服务交付模式为开发人员和管理员带来了许多优点。它提供了合适的灵活性和控制性级别，因而在 IaaS 和 PaaS 之间找到了一条中间道路。由于服务器端几乎没有什么要管理的，无服务器架构正在彻底改变软件开发和部署领域，例如，推动了 NoOps 模式的发展。

无服务器架构是新兴的架构体系，业界也没有一个明确的对于无服务器架构的定义。无服务器架构可以理解为是 SaaS 更进一步的发展。Mike Roberts 认为的无服务器架构主要有以下两种形式。

（1）无服务器架构用于描述依赖第三方服务（云端）实现对逻辑和状态进行管理的应用。这些应用包括典型的富客户端应用，如单页 Web 应用或移动应用，它们使用基于云端的数据库，如

Parse 或 Firebase，还有授权服务，如 Auth0、AWS Cognito 等，这类服务曾经被描述为 BaaS（Backend-as-a-Service，后端即服务）。

（2）无服务器架构也可以指这样一类应用，即一部分服务逻辑由应用实现，运行于无状态的容器中，可以由事件触发，完全被第三方管理的应用。一种观点认为这是 FaaS（Functions-as-a-Service，函数即服务），而 AWS Lambda 就是一种流行的 FaaS 实现。

有关无服务器架构方面的内容，可以参阅笔者所著的《分布式系统常用技术及案例分析》。

1.2.4　可扩展

为了更快地开发软件，开发人员需要考虑各级的规模。从一般意义上来说，规模是产生价值的成本函数。降低这个价值的不可预测性水平被称为风险。由于构建软件充满风险，开发人员不得不在这方面限制规模。然而，开发人员往往被要求以更快的速度向生产提供功能，这在一定程度上增加了运营风险，而这些风险并不总是为运维人员所知的。这样做的结果是，运维人员将越来越不信任开发人员所开发的软件。

Cloud Native 推崇 DevOps 方法论，即开发人员与运维人员处于同一个团队，甚至开发人员与运维人员是相同责任人，换言之，开发和运维要在职责上达到统一。这也是 Amazon 所推崇的"谁运维，谁负责"的原则。

实施 DevOps 后，就能第一时间获知生产环境的应用运行情况，并能第一时间对产品调整做出决策。当应用计算需要更多资源的时候，便是对系统进行扩展的时机。使用 Cloud Native 带来的便利之一就是可扩展性。有些云供应商也提供自动扩展的能力，这样，服务实例就能够根据实际的流量规模来自动扩展或削减应用规模。

自动扩展是一种基于资源使用情况自动扩展实例的方法，通过复制要缩放的服务来满足 SLA（Service-Level Agreement，服务等级协议）。具备自动扩展能力的系统，会自动检测到流量的增加或减少。如果是流量增加，则会增加服务实例，从而使其可用于流量处理。同样地，当流量下降时，系统通过从服务中取回活动实例来减少服务实例的数量。

实现自动扩展机制有很多好处。在传统部署中，运维人员会针对每个应用程序预留一组服务器。通过自动扩展，这个预分配将不再需要，因为这些预分配的服务器可能会在很长一段时间内得不到充分利用，从而演变成一种浪费。在这种情况下，即使邻近的服务需要争取更多的资源，这些空闲的服务器也不能使用。而且在微服务架构下，服务实例往往会达到上百个，如果每个服务实例都预分配固定数量的服务器，则会耗费巨大的投资，不符合成本效益。更好的方法是为一组微服务预留一些服务器实例，而不用预先分配。这样，根据需求，一组服务可以共享一组可用的资源。通过优化使用资源，可以将微服务动态移动到可用的服务器实例中。

下面讨论常用的自动扩展的方法和策略。

7

1. 根据资源限制进行自动扩展

根据资源限制进行自动扩展，是基于监测机制收集的实时服务指标。一般来说，资源调整方法需要基于 CPU、内存或机器磁盘来进行决策。这也可以通过查看服务实例本身收集的统计信息（如堆内存使用情况）来完成。

当 CPU 利用率超过 60% 时，一个典型的策略是新增另一个实例，如图 1-1 所示。同样，如果堆的大小超出了一定的阈值，也可以添加一个新的实例。当资源利用率低于设定的阈值时，缩小计算容量也是一样的，可以通过逐渐停止服务器来完成。

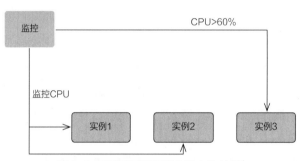

图1-1　根据资源限制进行自动扩展

在典型的生产场景中，创建附加服务不是在首次超过阈值时完成的。最合适的方法是定义一个滑动窗口或等待期。

以下是一些常见的例子。

（1）一个响应滑动窗口的例子是，设置了 60% 的响应时间，当一个特定的事务总是超过设定的 60 秒阈值的采样窗口时，那么就增加服务实例。

（2）在 CPU 滑动窗口中，如果 CPU 利用率一直超过 70%，并超过 5 分钟的滑动窗口，那么就创建一个新的实例。

（3）滑动窗口的例子是，当 80% 的事务在 60 秒的滑动窗口，或者有 10 个连续执行导致特定的系统异常（如由于耗尽线程池导致的连接超时）时，就创建一个新的服务实例。

在很多情况下，开发人员会设定一个比实际预期的门槛更低的门槛。例如，不是将 CPU 利用率阈值设置为 80%，而是将其设置为 60%，这样，系统在停止响应之前有足够的时间来启动一个实例。同样，当缩小规模时，使用比实际更低的阈值。例如，使用 40% 的 CPU 利用率而不是60%。这让我们有一个冷静期，以便在关闭时不会有任何资源竞争来影响关闭实例。

基于资源的缩放也适用于服务级别的参数，如服务吞吐量、延迟、应用程序线程池、连接池等。这也同样适用于应用程序级别的参数。

2. 根据特定时间段进行自动扩展

根据特定时间段进行自动扩展是指基于一天、一个月或一年中的特定时间段来扩展服务以处理季节性或业务高峰的一种方法。例如，在"双十一"期间，各大电商网站都会迎来全年交易量的高峰，而在平时，交易数量就相对没有那么多。在这种情况下，服务根据时间段来自动调整以满足需求。如图 1-2 所示，实例根据特定时间段来进行自动扩展。

图1-2　根据特定时间段进行自动扩展

又如，很多 OA 系统在白天的工作时间使用的人数较多，而在夜间就基本上没有人用。那么，这种场景就非常适合将工作时间作为自动扩展的基准。

3. 根据消息队列的长度进行自动扩展

当微服务基于异步消息时，根据消息队列的长度进行自动扩展是特别有用的。如图 1-3 所示，在这种方法中，当队列中的消息超出一定的限制时，新的消费者被自动添加。

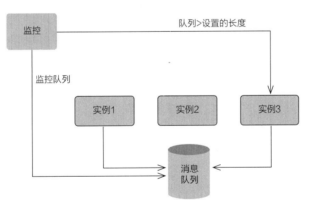

图1-3　根据消息队列的长度进行自动扩展

这种方法是基于竞争的消费模式。在这种情况下，一个实例池被用来消费消息。根据消息阈值，添加新实例以消耗额外的消息。

4. 根据业务参数进行扩展

根据业务参数进行扩展是指添加实例是基于某些业务参数的，例如，在处理销售结算交易之前就扩展一个新实例。一旦监控服务收到预先配置的业务事件，就会新增一个实例，以处理预期到来的大量交易。这样就做到了根据业务规则来进行细化控制。

如图 1-4 所示，在这种方法中，接收到特定的业务参数时，新的实例会被自动添加。

图1-4 根据业务参数进行扩展

5. 根据预测进行扩展

根据预测进行扩展是一种新型的自动扩展范式,与传统的基于实时指标的自动扩展有着非常大的区别。预测引擎将采取多种输入(如历史信息、当前趋势等)来预测可能的事务模式。自动扩展是基于这些预测来完成的。预测性自动扩展有助于避免硬编码规则和时间窗口。相反,系统可以自动预测这样的时间窗口。在更复杂的部署中,预测分析可以使用认知计算机制来进行预测。

在突发流量高峰的情况下,传统的自动扩展可能无济于事。在自动扩展组件对这种情况做出反应之前,这个高峰就会对系统造成不可逆的损害。而预测系统可以理解这些情景并在实际发生之前预测到。Netflix Scryer 就是这样一个可以预测资源需求的系统例子。

更多有关自动扩展的内容可以参阅笔者所著的《Spring Cloud 微服务架构开发实战》。

1.2.5 高可用

计算机的高可用性是指计算机平均正常运行多长时间才发生一次故障。计算机的可用性越高,平均无故障时间越长。

HP、IBM、SUN 等小型机以上档次的服务器中,单机往往具有比较高的可用性,性能也极其强大。它们的主要特色在于年宕机时间只有几小时,所以又统称为 z 系列(zero,零)。AS/400 主要应用在银行和制造业,还用于 Domino,主要的技术在于 TIMI(技术独立机器界面)、单级存储,有了 TIMI 技术可以做到硬件与软件相互独立。RS/6000 比较常见,用于科学计算和事务处理等。这类主机的单机性能一般都很强,带多个终端。终端没有数据处理能力,运算全部在主机上进行。现在的银行系统大部分都是这种集中式的系统。此外,在大型企业、科研单位、军队及政府也有应用。

但即便是上述性能最强大的计算机,也无法保证不出故障。集中式系统一个很大的问题在于,不出问题还好,一出问题就会造成单点故障,所有功能都不能正常运行。由于集中式系统的相关技术只被少数厂商所掌握,个人要对这些系统进行扩展和升级往往比较麻烦,因此一般的企业级应用很少会用到集中式系统。

而分布式系统恰恰相反,它是通过中间软件来对现有计算机的硬件能力和相应的软件功能进行重新配置和整合，是一种多处理器的计算机系统，各处理器通过互联网络构成统一的系统。系统采用分布式计算结构，也就是把原来系统内中央处理器处理的任务分散给相应的处理器，实现不同功能的各个处理器相互协调，共享系统的外设与软件。这样就加快了系统的处理速度，简化了主机的逻辑结构。它甚至不需要很高的配置，一些"退休"下来的低配置机器也能被重新纳入分布式系统中使用，这样无疑降低了硬件成本，而且还易于维护。同时，分布式系统往往由多个主机组成，任何一台主机宕机都不影响整体系统的使用，所以分布式系统的可用性往往比较高。

　　基于 Cloud Native 开发的应用，天生具备了分布式系统的优点。Cloud Native 中的应用往往被拆分为多个服务（微服务），这些微服务往往又会部署为多个服务实例，并通过负载均衡器来进行协调。使用 Cloud Native 部署多个服务实例具有以下优势。

　　（1）水平扩展计算能力。通过调整服务的实例数，可以水平扩展计算能力。例如，处于业务高峰时段时，就增加服务的实例；否则，就减少服务的实例。

　　（2）确保服务始终可用。如果某一个实例不可用，负载均衡器就将流量切换到其他可用的实例上。

　　（3）提高可用性。理论上，服务的实例数越多，可用性就越高。例如，单个实例的可用性是98%，如果是 3 个实例所组成的集群，则可用性变为 99.9992%（$1-2\% \times 2\% \times 2\%$）。

1.2.6　敏捷

　　在开发和运营过程中，常常采用敏捷来作为指导思想。敏捷思想迫使公司调整应用的架构，朝着分布式系统、微服务架构转变，从而使软件的开发速度更快，故障风险更小。

　　Cloud Native 使这一切变得更加简单，其构建了"开发—测试—部署—发布"的自动流水线，让产品可以第一时间交付给用户。Cloud Native 自动化的运维方式，还解放了手工操作，避免了不必要的人工错误。

　　简言之，Cloud Native 确保了软件通过不断重组其开发流程，实现更快地交付软件项目并将应用程序部署到生产环境中，最终得到正向的反馈。

1.2.7　云优先

　　Cloud Native 在项目设计时，采用以云架构为优先的应用开发模式。

　　具体采用何种云的方式，业界并没有具体的规定，项目组可以根据自身的情况来选型。例如，一个大型互联网公司，往往有能力去构建属于自己的私有云。这种私有云可以是从底层的 IaaS 为 0 开始，继而实现 PaaS 及 SaaS。公司内部的项目组可以共享这些私有云带来的便利。

　　对于小公司或个人开发者而言，由于并没有这么多的资金和技术来实现私有云，因此选用云供应商所提供的公有云服务是不二之选。

　　总结起来，IaaS、PaaS 及 SaaS 三者的关系可以用图 1-5 表示。

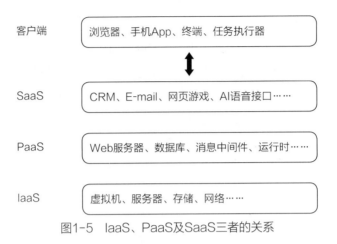

客户端　　　浏览器、手机App、终端、任务执行器

SaaS　　　CRM、E-mail、网页游戏、AI语音接口……

PaaS　　　Web服务器、数据库、消息中间件、运行时……

IaaS　　　虚拟机、服务器、存储、网络……

图1-5　IaaS、PaaS及SaaS三者的关系

（1）IaaS：包含云 IT 的基本构建块，通常提供对联网功能、计算机（虚拟或专用硬件）及数据存储空间的访问。IaaS 提供最高等级的灵活性和对 IT 资源的管理控制，其机制与现今众多 IT 部门和开发人员所熟悉的现有 IT 资源最为接近。

（2）PaaS：消除了组织对底层基础设施（一般是硬件和操作系统）的管理需要，可以将更多精力用于应用程序的部署和管理上。这有助于提高效率，因为不用操心资源购置、容量规划、软件维护、补丁安装或任何与应用程序运行有关的不能产生价值的繁重工作。

（3）SaaS：提供一种完善的产品，其运行和管理皆由服务提供商负责。通常人们所说的软件即服务指的是终端用户应用程序。使用 SaaS 产品时，服务的维护和底层基础设施的管理都不用操心，只需要考虑怎样使用 SaaS 软件就可以了。SaaS 的常见应用是基于 Web 的电子邮件，在这种应用场景中，可以收发电子邮件而不用管理电子邮件产品的功能添加，也不需要维护电子邮件程序所运行的服务器和操作系统。

无论是公有云还是私有云，在开发应用时，采用 Cloud Native 架构都能使应用更快、更方便地部署到云上。Cloud Native 已经帮助用户考虑了部署上云的诸多挑战，例如，应用如何拆分为微服务；微服务的颗粒度如何把握；服务之间如何实现相互发现；服务间的通信方式；如何进行测试；如何确保安全；如何实现数据的集成；如何实现任务的自动化调度；如何部署、发布应用……

当然，实际项目中所面临的问题远远不止这些，本书将会深度探讨如何设计和实现 Cloud Native。

1.3 12-Factor

12-Factor（Twelve-Factor）也称为 12 要素，是一套流行的应用程序开发原则。12-Factor 的目标有以下几个。

（1）使用标准化流程自动配置，从而使新的开发者花费最少的学习成本加入项目。

（2）和底层操作系统之间尽可能地划清界限，在各个系统中提供最大的可移植性。

（3）适合部署在现代的云计算平台，从而在服务器和系统管理方面节省资源。

（4）将开发环境和生产环境的差异降至最低，并使用持续交付实施敏捷开发。

（5）可以在工具、架构和开发流程不发生明显变化的前提下实现扩展。

12-Factor 适用于任意语言和后端服务（数据库、消息队列、缓存等）开发的应用程序，自然也适用于 Cloud Native。在构建 Cloud Native 应用时，也需要考虑这 12 个要素。

1.3.1　基准代码

代码是程序的根本，有什么样的代码就会表现什么样的程序。从源码到产品发布中间会经历多个环节，如开发、编译、测试、构建、部署等，这些环节可能都有不同的部署环境，而不同环境的相应责任人要关注不同的阶段。例如，测试人员主要关注测试的结果，业务人员可能关注生产环境最终的部署结果。但无论是哪个环节，部署到怎样的环境中，它们所依赖的代码是一致的，即所谓的"一份基准代码（Codebase），多份部署（Deploy）"。

现代的代码管理往往需要进行版本的管理，即便是个人的工作，采用版本管理工具进行管理，对于查找特定版本的内容或回溯历史的修改内容都是极其必要的。版本控制系统就是帮助人们协调工作的工具，它能够帮助我们和其他小组成员共同监测同一组文件，如软件源代码升级过程中所做的变更，也就是说，它可以帮助我们轻松地将工作进行融合。

版本控制工具发展到现在已经有几十年了，可以将其简单地分为四代。

（1）文件式版本控制系统，如 SCCS、RCS。

（2）树状版本控制系统服务器模式，如 CVS。

（3）树状版本控制系统双服务器模式，如 Subversion。

（4）树状版本控制系统分布式模式，如 Bazaar、Mercurial、Git。

目前，企业中广泛采用服务器模式的版本控制系统，但越来越多的企业开始倾向于采用分布式模式版本控制系统。读者如果对版本控制系统感兴趣，可以参阅笔者所著的《分布式系统常用技术及案例分析》中的相关内容。本书在 10.3 节还会继续深入探讨 Git 的使用。

1.3.2　依赖

应该明确声明应用程序的依赖关系（Dpendency），这样所有的依赖关系都可以从工件的存储库中获得，并且可以使用依赖管理器（如 Apache Maven、Gradle 等）进行下载。

显式声明依赖的优点之一是为新进开发者简化了环境配置流程。新进开发者可以检测出应用程序的基准代码，安装编程语言环境和其对应的依赖管理工具，只需通过一个构建命令来安装所有的依赖项，即可开始工作。

例如，项目组统一采用 Gradle 来进行依赖管理，那么可以使用 Gradle Wrapper。Gradle Wrapper 免去了用户在使用 Gradle 进行项目构建时需要安装 Gradle 的烦琐步骤。每个 Gradle Wrapper 都被绑定到一个特定版本的 Gradle，所以当第一次在给定的 Gradle 版本下运行 Gradlew 命令时，Gradle Wrapper 将下载相应的 Gradle 发布包，并使用它来构建应用。默认情况下，Gradle Wrapper 的发布包指向的是官网的 Web 服务地址，相关配置记录在了 gradle-wrapper.properties 文件中。查看 Spring Boot 提供的 Gradle Wrapper 的配置，参数 "distributionUrl" 用于指定发布包的位置。

```
distributionBase=GRADLE_USER_HOME
distributionPath=wrapper/dists
zipStoreBase=GRADLE_USER_HOME
zipStorePath=wrapper/dists
distributionUrl=https\://services.gradle.org/distributions/gradle-
4.5.1-bin.zip
```

这个 gradle-wrapper.properties 文件是作为依赖项纳入代码存储库中的。

1.3.3 配置

相同的应用在不同的部署环境（如预发布环境、生产环境、开发环境等）下，可能有不同的配置内容。其中包括数据库、Redis 及其他后端服务的配置、第三方服务的证书、每份部署特有的配置（如域名等）。

这些配置项不可能硬编码在代码中，因为必须要保证同一份基准代码（Codebase）能够多份部署。一种解决方法是使用配置文件，但不把它们纳入版本控制系统，就像 Rails 的 config/database.yml。这相对于在代码中硬编码常量已经是长足进步，但仍然有以下缺点。

（1）容易错将配置文件签入代码库。

（2）配置文件可能会分散在不同的目录中，并有着不同的格式，不方便统一管理。

（3）这些格式通常是语言或框架特定的，不具备通用性。

所以，推荐的做法是将应用的配置存储于环境变量中，好处在于以下几方面。

（1）环境变量可以非常方便地在不同的部署间做修改，而不用动一行代码。

（2）与配置文件不同，错把它们签入代码库的概率微乎其微。

（3）与一些传统的解决配置问题的机制（如 Java 的属性配置文件）相比，环境变量与语言和系统无关。

本书还介绍了另外一种解决方案——集中化配置中心，通过配置中心来集中化管理各个环境的配置变量。配置中心的实现也是与具体语言和系统无关的。欲了解有关配置中心的内容，可以参阅本书 10.5 节的内容。

1.3.4　后端服务

后端服务（Backing Services）是指程序运行所需要的通过网络调用的各种服务，如数据库（MySQL、CouchDB）、消息 / 队列系统（RabbitMQ、Beanstalkd）、SMTP 邮件发送服务（Postfix），以及缓存系统（Memcached、Redis）。这些后端服务通常由部署应用程序的系统管理员统一管理。除了本地服务外，应用程序有可能使用第三方发布和管理的服务。示例包括 SMTP（如 Postmark）、数据收集服务（如 New Relic 或 Loggly）、数据存储服务（如 Amazon S3），以及使用 API 访问的服务（如 Twitter、Google Maps 等）。

12-Factor 应用不会区别对待本地或第三方服务。对应用程序而言，本地或第三方服务都是附加资源，都可以通过一个 URI 或是其他存储在配置中的服务定位或服务证书来获取数据。12-Factor 应用的任意部署，都应该可以在不改动任何代码的情况下，将本地 MySQL 数据库换成第三方服务（如 Amazon RDS）。类似地，本地 SMTP 服务也应该可以和第三方 SMTP 服务（如 Postmark）互换。例如，在上述两个例子中，仅需修改配置中的资源地址。

每个后端服务都是一份资源。例如，一个 MySQL 数据库是一个资源，两个 MySQL 数据库（用来数据分区）就是两个不同的资源。12-Factor 应用将这些数据库都视作附加资源，这些资源和它们附属的部署保持松耦合。

使用后端服务的好处在于，部署可以按需加载或卸载资源。例如，如果应用的数据库服务由于硬件问题出现异常，管理员可以从最近的备份中恢复一个数据库，卸载当前的数据库，然后加载新的数据库，整个过程都不需要修改代码。

1.3.5　构建、发布和运行

部署基准代码需要经过以下 3 个阶段。

（1）构建阶段：指将代码仓库转换为可执行包的过程。构建时会使用指定版本的代码来获取和打包依赖项，编译成二进制文件和资源文件。

（2）发布阶段：将构建的结果和当前部署所需配置相结合，并立刻在运行环境中投入使用。

（3）运行阶段：针对选定的发布版本，在执行环境中启动一系列应用程序进程。

应用严格区分构建、发布和运行这 3 个阶段。举例来说，直接修改处于运行状态的代码是不可取的做法，因为这些修改很难再同步回构建阶段。

部署工具通常都提供了发布管理工具，在必要的时候，还是可以退回至较旧的发布版本。每一个发布版本必须对应唯一的发布 ID，例如，可以使用发布时的时间戳（如 2018–04–06–20:32:17），抑或是一个增长的数字（如 v100）。发布的版本就像一本只能追加的账本，一旦发布就不可修改，任何变动都应该产生一个新的发布版本。

新的代码在部署前，需要开发人员触发构建操作。但是，运行阶段不一定需要人为触发，而是可以自动进行，如服务器重启，或是进程管理器重启了一个崩溃的进程。因此，运行阶段应该保持尽可能少的模块，这样即使半夜发生系统故障而开发人员又"鞭长莫及"也不会引起太大的问题。构建阶段可以相对复杂一些，这样错误信息能够立刻展示在开发人员面前，从而得到妥善处理。

1.3.6 进程

12-Factor 应用推荐以一个或多个无状态进程运行应用，这里的"无状态"与 REST 中的无状态是一个意思，即这一个进程的执行不依赖于上一个进程的执行。

举例来说，内存区域或磁盘空间可以作为进程在做某种事务型操作时的缓存，如下载一个很大的文件，对其进行操作并将结果写入数据库的过程中产生的缓存。12-Factor 应用根本不用考虑这些缓存的内容是不是可以保留给之后的请求使用，这是因为应用启动了多种类型的进程，将来的请求多半会由其他进程来服务。即使在只有一个进程的情形下，先前保存的数据（内存或文件系统中）也会因为重启（如代码部署、配置更改或运行环境将进程调度至另一个物理区域执行）而丢失。

一些互联网应用依赖于"黏性 Session"，这是指将用户 session 中的数据缓存至某进程的内存中，并将同一用户的后续请求路由到同一个进程。黏性 Session 是 12-Factor 极力反对的。Session 中的数据应该保存在诸如 Memcached 或 Redis 这样的带有过期时间的缓存中。

相比有状态的应用而言，无状态具有更好的可扩展性。

1.3.7 端口绑定

传统的互联网应用有时会运行于服务器的容器之中。例如，PHP 经常作为 Apache HTTPD 的一个模块来运行，而 Java 应用往往会运行于 Tomcat 中。12-Factor 应用完全具备自我加载的能力，不用依赖于任何网络服务器就可以创建一个面向网络的服务。互联网应用通过端口绑定（Port Binding）来提供服务，并监听发送至该端口的请求。

举例来说，Java 程序完全能够内嵌一个 Tomcat 在程序中，从而自己就能启动并提供服务，省去了将 Java 应用部署到 Tomcat 中的烦琐过程。在这方面，Spring Boot 框架的布道者 Josh Long 有句名言，"Make JAR not WAR"，即 Java 应用程序应该被打包为可以独立运行的 JAR 文件，而不是传统的 WAR 包。

以 Spring Boot 为例，构建一个具有内嵌容器的 Java 应用是非常简单的，只需要引入以下依赖。

```
// 依赖关系
dependencies {
    // 该依赖用于编译阶段
    compile('org.springframework.boot:spring-boot-starter-web')
}
```

这样，该 Spring Boot 应用就包含了内嵌 Tomcat 容器。

如果想使用其他容器，如 Jetty、Undertow 等，只需要在依赖中加入相应 Servlet 容器的 Starter 就能实现默认容器的替换。

（1）spring-boot-starter-jetty：使用 Jetty 作为内嵌容器，可以替换 spring-boot-starter-tomcat。

（2）spring-boot-starter-undertow：使用 Undertow 作为内嵌容器，可以替换 spring-boot-starter-tomcat。

使用 Spring Environment 属性可以配置常见的 Servlet 容器的相关设置，通常在 application.properties 文件中来定义属性。常见的 Servlet 容器设置包括以下几方面。

（1）网络设置：监听 HTTP 请求的端口（server.port）、绑定到 server.address 的接口地址等。

（2）会话设置：会话是否持久（server.session.persistence）、会话超时（server.session.timeout）、会话数据的位置（server.session.store-dir）和会话 cookie 配置（server.session.cookie.*）。

（3）错误管理：错误页面的位置（server.error.path）等。

（4）SSL。

（5）HTTP 压缩。

Spring Boot 尽可能地尝试公开这些常见公用设置，但也会有一些特殊的配置。对于这些例外的情况，Spring Boot 提供了专用命名空间来对应特定于服务器的配置（如 server.tomcat 和 server.undertow）。

1.3.8 并发

在 12-Factor 应用中，进程是"一等公民"。由于进程之间不会共享状态，这意味着应用可以通过进程的扩展来实现并发。类似于 Unix 守护进程模型，开发人员可以运用这个模型去设计应用架构，将不同的工作分配给不同的进程。例如，HTTP 请求可以交给 Web 进程来处理，而常驻的后台工作则交由 worker 进程负责。

在 Java 语言中，往往通过多线程的方式来实现程序的并发。线程允许在同一个进程中同时存在多个线程控制流。线程会共享进程范围内的资源，如内存句柄和文件句柄，但每个线程都有各自的程序计数器、栈及局部变量。线程还提供了一种直观的分解模式来充分利用操作系统中的硬件并行性，而在同一个程序中的多个线程也可以被同时调度到多个 CPU 上运行。

毫无疑问，多线程编程使程序任务并发成为可能。而并发控制主要是为了解决多个线程之间资源争夺的问题。并发一般发生在数据聚合的地方，只要有聚合，就有争夺发生。传统解决争夺的方式采取线程锁机制，这是强行对 CPU 管理线程进行人为干预，线程唤醒成本高，新的无锁并发策略来源于异步编程、非阻塞 I/O 等编程模型。

并发的使用并非没有风险，多线程并发会带来如下问题。

（1）安全性问题。在没有充足同步的情况下，多个线程中的操作执行顺序是不可预测的，甚至会产生奇怪的结果。线程间的通信主要是通过共享访问字段及其所引用的对象来实现的。这种形式的通信是非常有效的，但可能导致两种错误：线程干扰（Thread Interference）和内存一致性错误（Memory Consistency Errors）。

（2）活跃度问题。一个并行应用程序的及时执行能力被称为它的活跃度（Liveness）。安全性的含义是"永远不发生糟糕的事情"，而活跃度则关注另外一个目标，即"某件正确的事情最终会发生"。当某个操作无法继续执行下去，就会发生活跃度问题。在串行程序中，活跃度问题的形式之一就是无意中造成的无限循环（死循环）。而在多线程程序中，常见的活跃度问题主要有死锁、饥饿及活锁。

（3）性能问题。在设计良好的并发应用程序中，线程能提升程序的性能，但无论如何，线程总是带来某种程度的运行时开销。这种开销主要是在线程调度器临时关起活跃线程并转而运行另外一个线程的上下文切换操作（Context Switch）上，因为执行上下文切换，需要保存和恢复执行上下文，所以会丢失局部性，并且 CPU 时间将更多地花在线程调度而不是线程运行上。当线程共享数据时，必须使用同步机制，而这些机制往往会抑制某些编译器优化，使内存缓存区中的数据无效，以及增加共享内存总线的同步流量。这些因素都会带来额外的性能开销。

1.3.9 易处理

12-Factor 应用的进程是易处理（Disposable）的，意味着它们可以瞬间启动或停止。例如，Spring Boot 应用可以采用内嵌容器的方式来实现自启动。这有利于迅速部署变化的代码或配置，保障系统的可用性，并在系统负荷到来前，快速实现扩展。

进程应当追求最短启动时间。理想状态下，进程从接收命令到真正启动并等待请求的时间应该很短。更短的启动时间提供了更敏捷的发布及扩展过程，此外还增加了健壮性，因为进程管理器可以在授权情形下很容易地将进程移到新的物理机器上。

进程一旦接收终止信号（SIGTERM），就会优雅地终止。就网络进程而言，优雅终止是指停止监听服务的端口，即拒绝所有新的请求，并继续执行当前已接收的请求，然后退出。就 worker 进程而言，优雅终止是指将当前任务退回队列。例如，RabbitMQ 中，worker 可以发送一个 NACK 信号；Beanstalkd 中，任务终止并退回队列会在 worker 断开时自动触发。有锁机制的系统（如 Delayed Job）则需要确定释放了系统资源。

1.3.10 开发环境与线上环境等价

我们期望一份基准代码可以部署到多个环境，但如果环境不一致，最终也可能导致运行程序的结果不一致。

例如，在开发环境采用了 MySQL 作为测试数据库，而在线上生产环境则采用了 Oracle。虽然 MySQL 和 Oracle 都遵循相同的 SQL 标准，但两者在很多语法上还是存在细微的差异。这些差异非常有可能导致两者的执行结果不一致，甚至某些 SQL 语句在开发环境能够正常执行，而在线上环境根本无法执行。这都给调试增加了复杂性，同时也无法保障最终的测试效果。所以，一个好的指导意见是，不同的环境尽量保持一致。将开发环境、测试环境与线上环境设置为一样的，更早发现测试问题，而不至于在生产环境才暴露出问题。

1.3.11　日志

在应用程序中打开日志是一个好习惯，它让应用程序运行的动作变得透明。

日志应该是事件流的汇总，将所有运行中进程和后端服务的输出流按照时间顺序收集起来。日志没有确定开始和结束，但随着应用的运行会持续增加。对于传统的 Java EE 应用程序而言，有许多框架和库可用于日志记录。Java Logging（JUL）是 Java 自身所提供的现成选项。除此之外，Log4j、Logback 和 SLF4J 是其他一些流行的日志框架。

对于传统的单块架构而言，日志管理本身并不存在难点，毕竟所有的日志文件都存储在应用所部署的主机上，获取日志文件或搜索日志内容都比较简单。但在 Cloud Native 应用中，情况则有非常大的不同。分布式系统，特别是微服务架构所带来的部署应用方式的重大转变，都使微服务的日志管理面临很多新的挑战。一方面，微服务实例数量的增长导致日志文件的递增；另一方面，日志被散落在各自的实例所部署的主机上，不方便整合与回溯。

在这种情况下，将日志进行集中化管理变得意义重大。本书的 10.4 节会对 Cloud Native 的日志集中化管理进行详细的探讨。

1.3.12　管理进程

开发人员经常希望执行一些管理或维护应用的一次性任务，例如，运行数据移植（Django 中的 manage.py migrate，Rails 中的 rake db:migrate），运行一个控制台（也被称为 REPL shell），来执行一些代码，或是针对线上数据库做一些检查。大多数语言都通过解释器提供了一个 REPL 工具（Python 或 Perl）或其他命令（Ruby 使用 irb，Rails 使用 rails console），或者运行一些提交到代码仓库的一次性脚本。

一次性管理进程应该和正常的常驻进程使用同样的环境。这些管理进程使用的代码和配置与其他进程一样，基于某个发布版本运行。后台管理代码应该随其他应用程序代码一起发布，从而避免同步问题。

所有进程类型应该使用同样的依赖隔离技术。例如，如果 Ruby 的 web 进程使用了命令 bundle exec thin start，那么数据库移植应使用 bundle exec rake db:migrate。同样地，如果一个 Python 程序使用了 Virtualenv，则需要在运行 Tornado Web 服务器和任何 manage.py 管理进程时引入 bin/python。

1.4 成功案例

有非常多的公司在使用 Cloud Native，这些公司包括国外知名企业如（如 Amazon、Netflix 等），也包括国内的知名企业（如淘宝网等）。本节介绍这些企业如何从小企业转变成为 Cloud Native 的实践者。

1.4.1 Amazon

Amazon 公司是在 1995 年 7 月 16 日由 Jeff Bezos 创立的，一开始称为 Cadabra，其本质就是一个网络书店。然而具有远见的 Jeff Bezos 看到了网络的潜力和特色，当实体的大型书店提供 20 万本书时，网络书店能够提供比 20 万本书更多的选择给读者。于是 Amazon 公司开始构建网络书店，并由此逐步转变成了全球最大的云计算供应商之一。

1. 在线平台

1999 年，Amazon 推出了 Amazon Marketplace，为小型零售商和个人提供在 Amazon 出售商品（不仅限于书籍）的平台。2000 年，Amazon 又迈进了一步，允许第三方零售商和卖家使用其电子商务平台。数以百万计的小型企业和个体零售商选择 Amazon 的 Selling on Amazon、Fulfillment by Amazon 等平台，希望借此获得 Amazon 的庞大客户群。

2. 服务化"领头羊"

2006 年，Amazon 推出 AWS 云服务，利用规模庞大的数据中心开拓了利润丰厚的云存储业务，进而成为该领域的领军企业。

第一步总是困难的，出于安全性和可靠性考虑，拥抱云计算的用户并不多。当时 Amazon 的云计算尚不稳定，曾由于雷电等原因多次出现服务器中断的故障。因此 AWS 早期推广和现在的会员制一样，都是先投钱，推出一个月免费试用云服务来积累客户，同时慢慢改进技术。

在 2009 年年初，也就是金融危机最严重的时候，美国 Salesforce 公司公布了 2008 财年年度报告，数据显示公司云服务收入超过了 10 亿美元。这对于新兴的云计算业务来说是个破纪录的数字，同时，这一数字也让整个行业对云计算开始另眼相看。尤其是从 2009 年开始，许多美国政府机构也开始试水云计算，某程度上算是为这项服务"站台背书"。2009—2011 年，世界级的供应商都无一例外地参与了云市场的竞争。于是出现了第二梯队：IBM、VMware、微软和 AT&T。它们大多是传统的 IT 企业，由于云计算的出现不得不选择转型。

除了在价格上发力，AWS 也不断提高业务能力。在扩展旧服务的同时，也开发了提供企业功能的新服务。Amazon 自 2012 年起，每年都会举办 AWS re:Invent 大会。AWS 每次都会在会上发布一系列的技术创新和应用，到 2017 年已累计发布了 3951 项新功能和服务。根据美国摩根士丹利和国际知名调研机构 Gartner 的报告，AWS 比竞争对手拥有更多的计算能力。于是，Amazon 的地位不断被巩固，云业务进入了良性循环。更大的 ASW 使用量意味着建设更多的基础设施，从而可以通过扩大规模来降低成本，最终减少服务费用。

3. 业务多样化

2007 年，Amazon 凭借 Kindle 电子阅读器进军硬件市场。除了纸质书外，Amazon 还出售电子书及阅读器。2011 年，Amazon 推出廉价 Kindle Fire，希望挑战苹果公司在平板电脑市场中的主导地位。2012 年，Kindle Fire HD 版开售。不久后，Amazon 发布了 Fire TV 和 Fire Phone，开发了应用商店和 MP3 音乐商店。随后，定制视频服务 Amazon Instant Video 使 Amazon 成为 Netflix 的竞争对手。

4. 打通线上线下

2015 年 11 月，Jeff Bezos 在西雅图大学村开了一家实体书店，这家书店中的书价与 Amazon 网上书城同步，每本书都配有评级牌，显示读者评价及排名。Amazon 利用其海量用户数据，让实体书店的顾客更好地了解店内出售的书籍。

开设实体书店不知是 Amazon 精心设计的公关噱头还是实体形式的试水之举。无论如何，Amazon 接下来的发展依旧让人期待，尤其是有望在近几年内实现的无人机送货服务。

1.4.2　Netflix

Netflix 作为知名流媒体服务供应商，其所有的服务都运行在云端。Netflix 由 Reed Hastings 和 Marc Randolph 于 1997 年在加州 Scotts Valley 成立。Netflix 最初提供在线 DVD 租赁服务，客户使用 Netflix 网站来选择想要租赁的电影，成功下单后，Netflix 会通过邮递的方式将电影 DVD 寄给客户。

2008 年，Netflix 经历了一次重大数据库故障后，开始意识到数据安全的重要性。Netflix 为了防止其在线服务失败，决定摆脱纵向扩展的基础设施和单点故障，转而走向分布式的部署方式。Netflix 将其客户数据迁移到分布式 NoSQL 数据库，这是一个名为 Apache Cassandra 的开源数据库项目。从此，Netflix 开始踏上构建 Cloud Native 公司的道路，它将其所有软件应用程序作为云中的高度分布式和弹性服务运行。Netflix 通过在扩展基础架构模型中增加其应用程序和数据库的冗余来增强其在线服务的稳健性。

作为 Netflix 转向云计算的一部分，大部分应用程序需要被迁移部署到高度可靠的分布式系统中。Netflix 的团队将不得不重新构建他们的应用程序，同时从一个先进的数据中心迁移到公共云。2009 年，Netflix 开始转向使用 AWS（Amazon Web Services），并注重 3 个主要目标：可伸缩性、性能和可用性。同时，Netflix 的技术还经过了如下演进。

1. 微服务

Cloud Native 与微服务存在某些关联性。构建微服务的主要思想之一是让功能团队围绕特定业务功能来组织自身和应用程序。微服务为我们提供了一种方式，昨天做出了糟糕的决定，可以在今天马上做出调整来弥补昨天的错误。微服务让启动应用变得更快，从而降低了试错的成本。微服务让我们专注于小事，而理解一件小事是相对容易的，易于理解的程序将更加易于维护。而 Cloud Native 则进一步让微服务的优化得到最大化的发挥。Cloud Native 已经大大降低了管理基础设施所需的成本。我们能够使用自助服务工具为应用程序按需配置基础架构。Netflix 转为 Cloud Native 后得到了两大好处：灵活性和可靠性。

2. 拆分单块架构

Netflix 的架构是由一个单一的 Java 应用程序组成的。虽然部署一整个单块架构的应用在项目的初期有多个优点，但主要的缺点是开发团队由于需要协调其变更而会放慢发布的速度。

单块架构的另外一个缺点在于不可靠性。由于组件部署在同一主机上共享资源时，一个组件中的故障可能会传播给其他组件，从而导致用户停机，最终导致应用的所有组件不可用。通过将整体分割成更小、更集中的服务，可以让团队在独立发布周期内以更小的批量进行部署。

Netflix 不仅需要改变其构建和运行软件的方式，还需要改变其组织文化。Netflix 转移到名为 DevOps 的新运营模式中，在这个新的运营模式中，每个团队都成为一个产品组，从传统的项目组结构中移开。在一个产品组中，团队是垂直组合的，将开发和产品运维嵌入每个团队中。产品团队将拥有构建和操作软件所需的一切。

3. Netflix OSS

随着 Netflix 转型成为 Cloud Native 公司，它也开始积极参与开源。Netflix 开放了超过 50 个内部项目，其中每个项目都将成为 Netflix OSS 品牌的一部分。

而随着 Amazon 进入云计算市场，它通过转向云计算市场的集体经验和内部工具融入一系列服务。Netflix 在 Amazon 的服务背后也做了同样的事情。在这个过程中，Netflix 开放源于它的经验和工具，转变为基于 Amazon AWS 提供的虚拟基础架构服务构建的 Cloud Native 公司。这就是规模经济如何推动云计算行业的革命。

1.4.3 淘宝网

淘宝网是国内家喻户晓的网购零售平台。淘宝网最初是由几个人创建的小网站，而今天，它已经拥有近 5 亿的注册用户数，每天有超过 6000 万的固定访客，同时每天的在线商品数已经超过了 8 亿件，平均每分钟售出 4.8 万件商品（数据来源于 https://www.taobao.com/about）。此外，淘宝网还是"双 11"网购狂欢节的缔造者，促进了中国网络购物的发展，带动了国内市场消费。2014 年，中国超美国成全球第一大电子商务国。2016 年"双 11"期间，淘宝、天猫的总交易额为 1207 亿元人民币，较 2015 年增长 32.35%，占所有中国电商平台总量的 67%，位居榜首[①]。而今天，在全球十大电商公司中，淘宝网的母公司阿里巴巴以 26.6% 的市场份额，毫无争议地成为全球第一电商

① 商务部数据，见 http://news.cctv.com/2016/11/17/VIDE0WBx6oxrPIpXn4CfxP6g161117.shtml。（访问时间：2019 年 1 月 14 日）

公司。

"不积跬步，无以至千里；不积小流，无以成江海。"淘宝网从一家不起眼的小公司，发展成为中国最大的购物网站，离不开其背后技术的不断发展变化。而支撑起这个庞大电商所使用的技术，恰恰是能够决胜"双 11"的关键。可以说，淘宝网的发展见证了电子商务系统从传统的集中式系统走向大型分布式系统再到 Cloud Native 的完整历程。

1. 从 LAMP 到 Java 平台的转变

出于时间和成本的考虑，淘宝网并没有从一开始就从零开始开发一个购物网站，而是选用了基于 LAMP（Linux-Apache-MySQL-PHP）架构的 PHPAuction（美国的一个拍卖系统）作为原型。LAMP 网站架构，在当时乃至目前都是非常流行的 Web 框架，号称 Web 界的"平民英雄"。该架构所包括的所有技术，Linux 操作系统、Apache 网络服务器、MySQL 数据库及 PHP 编程语言，均是开源软件，而且这些技术在当时都非常成熟，被很多流行的商业应用所采用。LAMP 具有 Web 资源丰富、轻量、开发快速等特点，与同期的其他产品架构相比，LAMP 具有通用、跨平台、高性能、低价格的优势，因此无论是从性能、质量还是从价格来看，LAMP 在当时都是企业搭建网站的首选平台。

随着用户需求和流量的不断增长，淘宝网在系统上也做了很多的日常改进。例如，服务器由最初的 1 台变成了 3 台，其中一台负责发送 E-mail，一台负责运行数据库，一台负责运行 Web 应用。随着淘宝网访问量和数据量的飞速上涨，数据库性能问题很快就凸显出来了。所以项目从 MySQL 切换到了 Oracle 数据库。在选用 Oracle 后，还需要对数据库进行调优。更换数据库不是只换个库就可以的，访问方式、SQL 语法都要跟着变。最重要的一点是，Oracle 并发访问能力之所以如此强大，有一个关键性的设计——连接池。淘宝团队采用了一个开源的连接池代理服务 SQL Relay（项目主页为：http://sourceforge.jp/projects/freshmeat_sqlrelay），该产品经过修改后就能够提供连接池的功能。

2004 年年初，淘宝网所采用的数据库连接池 SQL Relay 经常会出现死锁，而这些问题没有办法在 PHP 语言级别进行解决，于是淘宝网的架构开始向 Java 平台转变。

2. 坚定不移地走"去IOE"的道路

由于淘宝网业务的飞速发展，淘宝团队不仅在系统架构上做了调整，底层的基础设施也发生了很大的转变，如数据库、文件存储等。

淘宝网在向 Java 平台转移的过程中，开发语言本身已经不再是困扰系统的难题，而业务带来的压力更多地集中到了数据和存储上。Oracle 原先的存储是在 NAS 上的，后来 NAS 支撑不住了，就采购了 EMC 的 SAN 存储。再后来 Oracle 的 RAC 也支撑不住了，数据的存储方面就不得不考虑使用小型机了。淘宝网就是选购了 IBM 小型机。

2004 年年底，淘宝网上线 1 年后，已经有 400 多万种商品了，日均 PV4000 万 +，注册会员 400 万 +，全网成交额 10 亿 +。

早期的淘宝网，支撑其业务发展的主要是高端硬件，思路就是用钱解决问题，所以才会采购"IOE"这类高端服务器、数据库和存储设备。但当淘宝网的业务进一步发展之后，发现市面上已经没有可以购买的技术方案了，于是，淘宝网走上了自研的道路，开始"去 IOE"。

3. 打造云计算，决战"双11"

2008 年，阿里巴巴启动"大淘宝"战略，推进淘宝从 C2C 模式向电子商务平台发展，并着手打通商家、第三方合作伙伴和物流等产业链上下游。大淘宝战略组成公司包括淘宝网、支付宝、阿里云计算、中国雅虎及各公司的下属公司及相关部门。特别是阿里云公司的成立，为淘宝网乃至整个阿里巴巴提供了云计算的大数据技术支持。至此淘宝网进入了大数据时代，也为其后来决胜"双11"打下了坚实的基础。

涉足云计算，成立阿里云计算公司，是大淘宝战略重要的一环。新成立的阿里云由原阿里软件、阿里巴巴集团研发院及 B2B 与淘宝网的底层技术团队组成，由阿里巴巴集团首席架构师王坚负责。

随着全球云计算技术的普及，越来越多的企业选择将应用部署上"云"。阿里云计算也迎来了良好的发展机遇。2016 年第二季度数据显示，阿里云的营业收入为 12.43 亿元，同比增长 156%，持续保持三位数的增长。而在 2016 年的"双 11"当天，阿里云就收获了超过 1.9 亿元的收入。据公布财报显示，阿里云在 2018 财年（2017 年 4 月至 2018 年 3 月底）的营业收入达 133.9 亿元，季度营业收入连续 12 个季度保持规模翻番。在全球云计算行业，阿里云的增速已大幅领先。阿里云全球市场份额排名第三，仅次于亚马逊 AWS 和微软 Azure，被合称为全球云计算"3A"。

有关淘宝网的发展历史，更多详情可以参阅笔者所著的《分布式系统常用技术及案例分析》中的相关内容。

1.5 Cloud Native 与微服务

Cloud Native 与微服务存在某种意义上的联系，可以说微服务的盛行加快了 Cloud Native 的实践，反过来，Cloud Native 的实践又提供了有利于微服务架构实施的基础设施。

1.5.1 微服务概述

自 2014 年开始，"微服务"（Microservices）一词越来越火爆，各大技术峰会都以微服务为主题展开了热烈探讨。微服务架构（Microservices Architecture，MSA）的诞生并非偶然，而是依赖于以下几方面的内容。

（1）领域驱动设计：指导如何分析并模型化复杂的业务。

（2）敏捷方法论：帮助快速发布产品，形成有效反馈。

（3）持续交付：促使构建更快、更可靠、更频繁的软件部署和交付机制。

（4）虚拟化和基础设施自动化：特别是以 Docker 为代表的容器技术，帮助简化环境的创建和安装。

（5）DevOps：全功能化的小团队，让开发、测试、运维有效地整合起来。

James Lewis 和 Martin Fowler 对微服务架构做了如下定义："简而言之，微服务架构风格就像把小的服务开发成单一的应用，运行在它自己的进程中，并采用轻量级的机制进行通信（一般是 HTTP 资源 API）。这些服务都围绕业务能力来构建，通过全自动部署工具来实现独立部署。这些服务可以使用不同的编程语言和不同的数据存储技术，并保持最小化集中管理。"

下面来看 MSA 架构都具有哪些特征。

1. MSA 的特征

MSA 包含如下特征。

（1）组件以服务形式来提供：微服务也是面向服务的。

（2）围绕业务功能进行组织：微服务更倾向于围绕业务功能对服务结构进行划分、拆解。这样的微服务是针对特定业务领域的、有着完整实现的应用软件，包含使用的接口、持久存储及对外的交互。因此，微服务的团队应该是跨职能的，包含完整的开发技术、用户体验、数据库及项目管理。

（3）产品不是项目：传统的开发模式是致力于提供一些被认为是完整的软件，一旦开发完成，软件将移交给维护或实施部门，然后开发组就可以解散了。而微服务要求开发团队对软件产品的整个生命周期负责。这要求开发者每天都关注软件产品的运行情况，与用户联系得更紧密，同时承担一些售后支持。越小的服务粒度越容易促进用户与服务提供商之间的关系。Amazon 的理念就是"You build, you run it"（你开发，你运行），这也正是 DevOps 的文化理念。

（4）强化终端及弱化通道：微服务的应用致力于松耦合和高内聚，它们更喜欢简单的 REST 风格（而不是复杂的协议，如 WS、BPEL 或集中式框架），或者采用轻量级消息总线（如 RabbitMQ 或 ZeroMQ 等）来发布消息。

（5）分散治理：这是跟传统的集中式管理有很大区别的地方。微服务把整体式框架中的组件拆分成不同的服务，在构建它们时会有更多的选择。

（6）分散数据管理：当整体式的应用使用单一逻辑数据库对数据持久化时，企业通常选择在应用的范围内使用一个数据库。微服务让每个服务管理自己的数据库，无论是相同数据库的不同实例，还是不同的数据库系统。

（7）基础设施自动化：云计算，特别是 AWS 的发展，降低了构建、发布、运维微服务的复杂性，微服务的团队更加依赖于基础设施的自动化。近些年开始火爆的容器技术，如 Docker，也是一个不错的选择（有关容器技术及 Docker 的内容在后面章节会涉及）。

（8）容错性设计：应用服务都可能因为供应商的不可靠而产生故障，微服务应为每个应用的服务及数据中心提供日常故障检测和恢复。

（9）改进设计：由于设计会不断更改，微服务所提供的服务要能够替换或报废，而不是要长久发展的。

2. MSA 与 SOA 的区别和联系

微服务架构（MSA）与面向服务架构（SOA）有相似之处，例如，都是面向服务，通信大多是基于 HTTP 协议。通常传统的 SOA 意味着大而全的单块架构（Monolithic Architecture）的解决方案。这让设计、开发、测试、发布都增加了难度，其中任何细小的代码变更都将导致整个系统需要重新测试、部署。而微服务架构恰恰把所有服务都打散，设置合理的颗粒度，各个服务间保持低耦合，每个服务都在其完整的生命周期中存活，把相互之间的影响降到最低。

SOA 需要对整个系统进行规范，而 MSA 的每个服务都可以有自己的开发语言和开发方式，灵活性大大提高。

SOA 方案的优点有以下几个方面。

（1）易于开发：当前开发工具和 IDE 的目标就是支持这种单块应用的开发。

（2）易于部署：只需要将 WAR 文件或目录结构放到合适的运行环境下即可。

（3）易于伸缩：只需要在负载均衡器下运行应用的多份复制就可以伸缩。

但是，一旦应用变大、团队增长，这种方案的缺点就愈加明显，主要表现在以下几个方面。

（1）代码库庞大：巨大的单块代码库可能会吓到开发者，尤其是团队的新人，应用难以理解和修改。所以，开发速度通常会减缓；由于没有模块硬边界，因此模块化会随时间而被破坏。另外，因为难以理解如何实现变更，代码质量也会随时间而下降。这是恶性循环。

（2）IDE 超载：代码库越大，IDE 越慢，开发者效率越低。

（3）Web 容器超载：应用越大，容器启动时间越长。因此开发者大量的时间被浪费在等待容器启动上。这也会影响到部署。

（4）难以持续部署：对于频繁部署，巨大的单块应用也是个问题。为了更新一个组件，必须重新部署整个应用。这还会中断后台任务（如 Java 应用的 Quartz 作业），不管变更是否影响到这些任务，都有可能引发问题。未被更新的组件也可能因此而不能正常启动。鉴于重新部署的相关风险会增加，所以不鼓励频繁更新。这尤其对用户界面的开发者来说是个问题，因为他们通常需要快速迭代，频繁重新部署。

（5）难以伸缩应用：单块架构只能在一个维度伸缩。一方面，它可以通过运行多个复制来伸缩以满足业务量的增加，某些云服务甚至可以动态地根据负载调整应用实例的数量。但是另一方面，该架构不能伸缩以满足数据量的增加。每个应用实例都要访问全部数据，这会使缓存低效，并且提升内存占用和 I/O 流量。而且，不同的组件所需的资源不同，一些可能是 CPU 密集型的，另一些可能是内存密集型的。单块架构下，不能独立伸缩各个组件。

（6）难以调整开发规模：单块应用对调整开发规模也是个障碍。一旦应用达到一定规模，将工程组织分成专注于特定功能模块的团队通常更有效。例如，可能需要 UI 团队、会计团队、库存团队等。单块应用的问题是它阻碍组织团队相互独立地工作。团队之间必须在开发进度和重新部署上进行协调。对团队来说，也很难改变和更新产品。

（7）需要对一个技术栈长期投入：单块架构迫使开发者采用开发初期选择的技术栈（某些情况下，是那项技术的某个版本）。并且，在单块架构下，很难递增式地采用更新的技术。例如，你选了 JVM，除了 Java 还可以选择其他使用 JVM 的语言，如 Groovy 和 Scala 也可以与 Java 很好地进行互操作。但是在单块架构下，非 JVM 语言写的组件就不行。而且，如果应用使用了过时的平台框架，将应用迁移到更新更好的框架上就很有挑战性。为了能够将应用迁移到新的平台框架，而不得不重写整个应用，这就太冒险了。

微服务架构正是解决单块架构缺点的替代模式。使用微服务架构的优点有以下几方面。

（1）每个微服务都相对较小。这样更易于开发者理解；IDE 反应更快，开发者更高效；Web 容器启动更快，开发者更高效，并提升了部署速度。

（2）每个服务都可以独立部署，易于频繁部署新版本的服务。

（3）易于伸缩开发组织结构。可以对多个团队的开发工作进行组织，每个团队负责单个服务，而且可以独立于其他团队开发、部署和伸缩服务。

（4）提升故障隔离。例如，如果一个服务存在内存泄漏，那么只有该服务受影响，其他服务仍然可以处理请求。相比之下，单块架构的一个组件出错就会拖垮整个系统。

（5）每个服务可以单独开发和部署。

（6）消除了对技术栈的长期投入。

这个方案也有一些缺点，主要表现在以下几个方面。

（1）开发者要处理分布式系统的额外复杂度。

（2）开发者 IDE 大多是面向构建单块应用的，并没有显式提供对开发分布式应用的支持。

（3）测试更加困难。

（4）开发者需要实现服务间的通信机制。

（5）不使用分布式事务实现跨服务的用例更加困难。

（6）实现跨服务的用例需要团队间的细致协作。

（7）生产环境的部署复杂度。对于包含多种不同服务类型的系统，部署和管理的操作复杂度仍然存在。

（8）内存消耗增加。微服务架构使用 $N \times M$ 个服务实例来替代 N 个单块应用实例。如果每个服务运行在自己独立的 JVM 上，通常有必要对实例进行隔离，对这么多运行的 JVN，就有 M 倍的开销。另外，如果每个服务运行在独立的虚拟机上，那么开销会更大。

3. 如何构建微服务

如何构建微服务是一个大话题，目前很多技术都可以实现微服务，如 ZooKeeper、Dubbo、Jersey、Spring Boot、Spring Cloud 等。笔者所著的《Spring Cloud 微服务架构开发实战》一书主要围绕 Spring Cloud 技术栈来实现一个完整的企业级微服务架构系统，读者有兴趣可以作为参考。后续章节还会对微服务的相关话题进行讨论。

1.5.2 从单块架构向微服务演进

在对比 SOA 与微服务的架构时，发现 SOA 与微服务在很多概念上存在相似点，例如，都是面向服务的架构，都是基于 HTTP 协议来进行通信的，等等。当然，SOA 与微服务的一个显著区别在于，SOA 代表了"大而全"的风格，而微服务则相反，每个服务都"小而精"。这种"大而全"的架构，称为"单块架构"。下面来介绍单块架构的优缺点，以及如何将其进化为微服务。

1. 单块架构的优缺点

实际上，构建单块架构是非常自然的行为。一开始启动一个项目的时候，整个项目的体量一般都是比较小的，所有的开发人员在同一个项目下进行协同，软件组件也能通过简单的搜索查询到，从而实现方法级别的软件的重用。由于项目组人数少，开发人员往往需要承担从前端到后端，再到数据库的完整链路的功能开发。由于减少了不必要的人员之间的沟通成本，这种开发方式大大提升了开发的效率。而且，短时间内也能快速地推出产品。

但是，当一个系统的功能慢慢丰富起来，项目也就需要不断地增加人手，此时代码量就开始剧增。为了便于管理，系统可能会拆分为若干个子系统。不同的子系统为了实现自治，被构造成可以独立运行的程序，这些程序可以运行在不同的进程中。

不同进程之间的通信涉及远程过程调用。为了能够相互通信，就要约定双方的通信方式及通信协议。为了能让协同的人相互理解代码的含义，接口的提供方和消费方要约定好接口调用的方式，以及所要传递的参数。为了减少不必要的通信负担，通信协议一般采用可以跨越防火墙的 HTTP 协议。同时，为了能最大化重用不同子系统之间的组件和接口，不同子系统之间往往会采用相同的技术栈和技术框架。这就是 SOA 的雏形。SOA 的本质就是要通过统一的、与平台无关的通信方式，来实现不同服务之间的协同。这也是大型系统都会采用 SOA 架构的原因。

概括起来，单块架构主要有以下优点。

（1）业务功能划分清楚：单块架构采用分层的方式，就是将相关业务功能的类或组件放置在一起，而将不相关的业务功能类或组件隔离开。例如，开发者会将与用户直接交互的部分归为"表示层"，将实现逻辑计算或业务处理的部分归为"业务层"，将与数据库打交道的部分归为"数据访问层"。

（2）层次关系良好：上层依赖于下层，而下层支撑起上层，却不能直接访问上层，层与层之间通过协作来共同完成特定的功能。

（3）每一层都能保持独立：层能够被单独构造，也能被单独替换，最终不会影响整体功能。例如，开发者将整个数据持久层的技术从 Hibernate 转成了 EclipseLink，但不能对上层业务逻辑功能造成影响。

（4）部署简单：由于所有的功能都集合在一个发布包中，因此部署起来也较为简单。

（5）技术单一：技术相对单一，这样整个开发过程的学习成本就比较低，人才复用率也会较高。

当然，也要看到单块架构存在的弊端。

（1）体量仍然太大：虽然 SOA 可以解决整体系统过大的问题，但每个子系统体量仍然比较大，而且随着时间的推移会越来越大，毕竟功能会不断增加。最后，代码也会变得越来越多，难以管理。

（2）升级风险高：因为所有功能都在一个发布包中，所以如果要升级，就要更换整个发布包。在升级的过程中，会导致整个应用程序停止运行，致使所有的功能不可用。

（3）维护成本增加：因为系统在变大，所以如果人员保持不变，那么每个开发人员都有可能要维护整个系统的每个部分。如果是自己开发的功能还好，经过查阅代码，还能找回当初的回忆。但如果是别人的代码，而且非常有可能代码并不怎么规范，就会导致维护变得困难。

（4）项目交付周期变长：由于单块架构必须要等到最后一个功能测试没有问题了，才能整体上线，这就导致交付周期被拉长。这就是"水桶理论"，只要有一个功能存在短板，整个系统的交付就会被拖累。

（5）可伸缩性差：由于应用程序的所有功能代码都运行在同一个服务器上，将会导致应用程序的扩展变得非常困难。特别是如果想扩展系统中的某个单一功能，但却不得不将整个应用都进行水平扩容，这就造成了其他不需要扩容的功能的浪费。

（6）监控困难：不同的功能都杂合在了一个进程中，这就让监控这个进程中的功能变得困难。正是由于单块架构的缺陷，因此架构师提出了微服务的概念，期望通过微服务架构来解决单块架构的问题。

2. 如何将单块架构进化为微服务

正如前面所讲的，一个系统在创建初期倾向于内聚，把所有的功能都累加到一起，这其实是再自然不过的事情。也就是说，很多项目初始状态都是单块架构的。但随着系统慢慢发展壮大，单块架构也变得越来越难以承受当初的技术架构，架构变革将无法避免。

SOA 的出现本身就是一种技术革命。它将整个系统打散成不同的功能单元（称为服务），通过在这些服务之间定义良好的接口和契约而将它们联系起来。接口是采用中立的、与平台无关的方式进行定义的，所以它能够跨越不同的硬件平台、操作系统和编程语言。这使构建在不同系统中的服务可以以一种统一和通用的方式进行交互，这就是 SOA 的魅力所在。

当我们使用 SOA 时，可能会进一步思考，既然 SOA 是通过将系统拆分来降低复杂度的，那么拆分的颗粒度可否再细一点呢？将一个大服务继续拆分，分成不同的、不可再分割的"服务单元"时，就演变成了另一种架构风格——微服务架构。所以，微服务架构本质上是一种 SOA 的特例。

图 1-6 展示了 SOA 与微服务之间的关系。

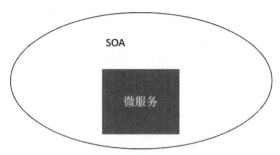

图1-6　SOA 与微服务的关系

《三国演义》中说："话说天下大势，分久必合，合久必分。"软件开发也是如此，有时讲高内聚，就是尽量把相关的功能放在一起，方便查找和使用；有时又讲低耦合，不相关的东西之间尽量不要存在依赖关系，让它们保持独立最好。微服务就是这样发展而来的，当一个大型系统过于庞大时，就要进行拆分，如果小的服务又慢慢增大了，那就继续分，如同细胞分裂一样。

1.5.3　Cloud Native 与微服务部署

微服务的部署具有以下特点。

（1）每个微服务实例都是整个分布式系统的组成部分，这个部分是不可分割的最小的自治单元。为了便于部署和运维微服务，推荐采用每台主机部署一个单独的微服务实例的方式，而这种方式往往需要占用较多的主机数量。

（2）考虑到系统的可扩展性，微服务实例可以被设计为可扩展或减少，以适应业务的变化。

Cloud Native 环境以云为先，可以是自己搭建私有云，也可以是租用运营商提供的公有云服务，但不管怎么样，按需使用云服务，都可以最大化节省部署微服务所带来的成本。从这个意义上讲，Cloud Native 促进了微服务架构的流行。

1.6 总结

最早提出 Cloud Native 概念的是 Pivotal 公司的 Matt Stine。在他的 *Migrating to Cloud-Native Application Architectures* 一书中，详细解释了 Cloud Native 产生的背景。Cloud Native 这个概念是多种思想的集合，这些思想与许多公司正在转移到云平台的趋势是一致的。这些思想包括 DevOps、持续交付、微服务、敏捷基础设施、康威定律，以及根据商业能力对公司进行重组等。Cloud Native 既包含技术（如微服务、敏捷基础设施等），也包含管理（如 DevOps、持续交付、康威定律、重组等），可以说是一系列 Cloud 技术和企业管理方法的集合。

1.6.1 Cloud Native 的优点

总结以上，Cloud Native 具有以下优点。

1. 降低成本

毫无疑问，实施 Cloud Native 可以帮助企业降低成本，无论是使用云基础设施架构，还是使用 PaaS 或 SaaS，企业都能够按需使用云服务，按需缴费。无论是个人应用，还是超大规模的集群部署，都可以减少运营成本，从而增加利润。

另外一个成本是运维。实施了 Cloud Native 的企业，可以将运维成本转移给云供应商，从而避免企业自己招聘专业人员来维护，有效降低了人力成本。

2. 提升速度

无论是个人开发者还是公司，Cloud Native 可以把一个新产品或服务更快速地推向市场。一个初创公司或一个企业想要更快速地发展，用 Cloud Native 架构可以实现更快速地创新。那么 Cloud Native 是如何提升速度的呢？

云服务供应商能够提供比较成熟且全面的云服务解决方案，可以帮助企业快速接入它们的服务。这些服务囊括了从基础架构到中间件，再到云存储、云缓存、云计算等各个方面，企业可以开箱即用，省去了自研这些服务所花费的时间。

同时，由于云服务都是按需使用、按需购买的，企业可以用较少的成本去"试错"。这样，企业更愿意去尝试一些新的技术方案，从而缩短了项目前期的技术调研和准备，加快了推出产品的速度。

Cloud Native 推崇持续集成、持续交付的理念，这会帮助企业构建自动发布的流水线，从而加快了从编码到测试再到发布的进程。

3. 可扩展

具备自动扩展的云服务，可以帮助企业级应用实现自动扩展。在流量高峰，运维机制监测到预警阈值，会自动扩展服务实例。类似地，在流量的低谷，运维机制也能监测到预警阈值，会自动减少服务实例。这样，企业无须担心市场扩展的速度。

举例来说，在"双 11"期间，各大电商都会迎来流量的高峰，这时可以多预备服务实例，以应对并发访问的压力。当淡季来临，将多余的服务实例关闭，从而减少运营的成本。而这一切对于客户来说都是无感知的。

4. 降低风险

以前，传统的运维工作需要有专门的人 24 小时轮流值守，一旦生产环境出现问题，马上需要人去处理。因为风险不可控，不知道什么时候来临。

而今，使用 Cloud Native 省去了很多人工运维的工作。自动化运维系统承担了几乎所有的监测工作，并且能够处理大部分异常问题。例如，上面提到的突如其来的流量高峰，系统能够自动监测到这类异常，并通过自动扩展服务实例的方式来应对这些问题。

当然，系统并不能代替人的所有工作。但在系统遇到无法处理的问题时，系统也可以通过发送邮件和短信等方式来通知运维人员，使运维人员可以异步处理这些问题，而不用时刻守候在监控器前。

1.6.2 Cloud Native 不是"银弹"

任何技术都不是"银弹"，Cloud Native 同样如此。虽然理论上所有的技术都可以上云，但也要区分场景。例如，想要设计一款手机版本的记事本软件或单机版本的计算器，由于这类应用是纯粹的客户端程序，无须服务器，也没有后台，因此就没有必要采用 Cloud Native 了。

可以换一个场景。例如，希望这个记事本软件无论是在手机端还是在 PC 端，都能做到数据的同步，那么这个时候就需要有一个服务端程序来做数据同步及数据的存储。此时，采用 Cloud Native 架构就是一个非常不错的选择。Cloud Native 可以降低部署服务端程序的成本。

1.6.3 面临的挑战

使用 Cloud Native 架构对于企业来说是一场革命。这场革命所带来的影响并不全是技术上的，也包括管理上的。

从技术上来说，Cloud Native 所影响的技术有微服务、敏捷基础设施、容器技术、持续集成工具等多方面的话题。例如以下几方面。

（1）使用 IaaS：运行的服务器可以灵活地按需分配。

（2）使用或演变为微服务架构设计系统：每个组件都很小且互相解耦。

（3）自动化和编码：取代用人工去执行脚本和代码。

（4）容器化：把应用进行封装处理，使它们在测试和部署时更加容易。

（5）编排：使用现成的管理和编排工具抽象化生产环境中的服务器个体。

从管理上来说，Cloud Native 需要团队拥有敏捷开发、DevOps、持续交付、康威定律等方面的思想。

（1）敏捷开发：面向问题的解决方式。

（2）DevOps：打造全职能的项目团队。

（3）持续交付：构建了从编码、测试、部署到发布的自动化交付流水线。

（4）康威定律：组织沟通方式决定系统设计。

总之，越早面对这些挑战，越早将企业架构转变为 Cloud Native，就越能在当今的软件市场占有一席之地。

第2章

REST API

2.1 REST 概述

以 HTTP 为主的网络通信应用广泛，特别是 REST 风格（RESTful）的 API，具有平台无关性、语言无关性等特点，在 Cloud Native 架构中作为主要的通信协议。那么，到底什么样的 HTTP 算是 REST 呢？

2.1.1 REST 的定义

一说到 REST，很多人的第一反应就是认为这是前端请求后台的一种通信方式，甚至有人将 REST 和 RPC 混为一谈，认为两者都是基于 HTTP 的。实际上，很少有人能详细讲述 REST 所提出的各个约束、风格特点及如何开始搭建 REST 服务。

REST（Representational State Transfer，表述性状态转移）描述了一个架构样式的网络系统，如 Web 应用程序。它首次出现在 2000 年 Roy Fielding 的博士论文 *Architectural Styles and the Design of Network-based Software Architectures* 中 [1]。Roy Fielding 还是 HTTP 规范的主要编写者之一，也是 Apache HTTP 服务器项目的共同创立者。所以这篇文章一经发表，就引起了极大的反响。很多公司或组织都宣称自己的应用服务实现了 REST API。但该论文实际上只是描述了一种架构风格，并未对具体的实现做出规范，所以各大厂商中不免存在浑水摸鱼或"挂羊头卖狗肉"的误用和滥用 REST 者。在这种背景下，Roy Fielding 不得不再次发文澄清 [2]，坦言了他的失望，并对 SocialSite REST API 提出了批评。同时他还指出，除非应用状态引擎是超文本驱动的，否则它就不是 REST 或 REST API。据此，他给出了 REST API 应该具备的条件。

（1）REST API 不应该依赖于任何通信协议，尽管要成功映射到某个协议可能会依赖于元数据的可用性、所选的方法等。

（2）REST API 不应该包含对通信协议的任何改动，除非是补充或确定标准协议中未规定的部分。

（3）REST API 应该将大部分的描述工作放在定义表示资源和驱动应用状态的媒体类型上，或定义现有标准媒体类型的扩展关系名和（或）支持超文本的标记。

（4）REST API 绝不应该定义一个固定的资源名或层次结构（客户端和服务器之间的明显耦合）。

（5）REST API 永远不应该有那些会影响客户端的"类型化"资源。

（6）REST API 不应该要求有先验知识（Prior Knowledge），除了初始 URI 和适合目标用户的一组标准化的媒体类型外（即它能被任何潜在使用该 API 的客户端理解）。

---

[1] 该论文可见 https://www.ics.uci.edu/~fielding/pubs/dissertation/top.htm。（访问时间：2019 年 1 月 14 日）
[2] 该博客可见 http://roy.gbiv.com/untangled/2008/rest-apis-must-be-hypertext-driven。（访问时间：2019 年 1 月 14 日）

REST 并非标准，而是一种开发 Web 应用的架构风格，可以将其理解为一种设计模式。REST 基于 HTTP、URI 及 XML 这些现有的且广泛流行的协议和标准，伴随着 REST 的应用，HTTP 协议得到了更加正确的使用。

2.1.2　REST 设计原则

REST 指的是一组架构约束条件和原则。满足这些约束条件和原则的应用程序或设计就是 REST。相较于基于 SOAP 和 WSDL 的 Web 服务，REST 模式提供了更为简洁的实现方案。REST Web 服务（RESTful Web Services）是松耦合的，特别适用于为客户创建在互联网传播的轻量级的 Web 服务 API。REST 应用是以"资源表述的转移"（the Transfer of Representations of Resources）为中心来做请求和响应的。数据和功能均被视为资源，并使用统一的资源标识符（URI）来访问资源。网页中的链接就是典型的 URI。该资源由文档表述，并通过使用一组简单的、定义明确的操作来执行。例如，一个 REST 资源可能是一个城市当前的天气情况。该资源的表述可能是一个 XML 文档、图像文件或 HTML 页面。客户端可以检索特定表述，通过更新其数据来修改资源，或者完全删除该资源。

目前，越来越多的 Web 服务开始采用 REST 风格来设计和实现，生活中比较知名的 REST 服务包括 Google AJAX 搜索 API、Amazon Simple Storage Service（Amazon S3）等。基于 REST 的 Web 服务遵循以下一些基本的设计原则，使 RESTful 应用更加简单、轻量，开发速度也更快。

（1）通过 URI 来标识资源。系统中的每一个对象或资源都可以通过唯一的 URI 来进行寻址，URI 的结构应该简单、可预测且易于理解，如定义目录结构式的 URI。

（2）统一接口。以遵循 RFC-2616 [①] 所定义的协议方式显式地使用 HTTP 方法，建立创建、检索、更新和删除（CRUD: Create、Retrieve、Update 及 Delete）操作与 HTTP 方法之间的一对一映射。

（3）若要在服务器上创建资源，应该使用 POST 方法。

（4）若要检索某个资源，应该使用 GET 方法。

（5）若要更新或添加资源，应该使用 PUT 方法。

（6）若要删除某个资源，应该使用 DELETE 方法。

（7）资源多重表述。URI 所访问的每个资源都可以使用不同的形式来表示（如 XML 或 JSON），具体的表现形式取决于访问资源的客户端，客户端与服务提供者使用一种内容协商的机制（请求头与 MIME 类型）来选择合适的数据格式，最小化彼此之间的数据耦合。在 REST 的世界中，资源即状态，而互联网就是一个巨大的状态机，每个网页都是它的一个状态；URI 是状态的表述；REST 风格的应用则是从一个状态迁移到下一个状态的状态转移过程。早期的互联网只有静态页面，通过超链接在静态网页之间浏览跳转的模式就是一种典型的状态转移过程。也就是说，早

---

① 　RFC-2616 规范可见 https://tools.ietf.org/html/rfc2616。（访问时间：2019 年 1 月 14 日）

期的互联网就是天然的 REST。

（8）无状态。对服务器端的请求应该是无状态的，完整、独立的请求不要求服务器在处理请求时检索任何类型的应用程序上下文或状态。无状态约束使服务器的变化对客户端是不可见的，因为在两次连续的请求中，客户端并不依赖于同一台服务器。一个客户端从某台服务器上收到一份包含链接的文档，当它要做一些处理时，这台服务器宕掉了，可能是硬盘坏掉而被拿去修理，也可能是软件需要升级重启——如果这个客户端访问了从这台服务器接收的链接，那么它不会察觉到后台的服务器已经改变了。通过超链接实现有状态交互，即请求消息是自包含的（每次交互都包含完整的信息），有多种技术实现了不同请求间状态信息的传输，如 URI、Cookies 和隐藏表单字段等，状态可以嵌入应答消息中，这样一来，状态在接下来的交互中仍然有效。REST 风格应用可以实现交互，但它却天然地具有服务器无状态的特征。在状态迁移的过程中，服务器不需要记录任何 Session，所有的状态都通过 URI 的形式记录在了客户端。更准确地说，这里的无状态服务器是指服务器不保存会话状态（Session）；而资源本身则是天然的状态，通常是需要被保存的；这里的无状态服务器均指无会话状态服务器。

表 2-1 所示的是一个 HTTP 请求方法在 RESTful Web 服务中的典型应用。

表2-1 一个 HTTP 请求方法在 RESTful Web 服务中的典型应用

资　源	GET	PUT	POST	DELETE
一组资源的 URI，如http://waylau.com/resources	列出URI，以及该资源组中每个资源的详细信息（后者可选）	使用给定的一组资源替换当前整组资源	在本组资源中创建/追加一个新的资源。该操作往往返回新资源的URL	删除整组资源
单个资源的 URI，如http://waylau.com/resources/142	获取指定资源的详细信息，格式可以自选一个合适的网络媒体类型（如XML、JSON等）	替换/创建指定的资源，并将其追加到相应的资源组中	把指定的资源当作一个资源组，并在其下创建/追加一个新的元素，使其隶属于当前资源	删除指定的元素

2.2 成熟度模型

正如前文所述，正确、完整地使用 REST 是困难的，关键在于 Roy Fielding 所定义的 REST 只是一种架构风格，并不是规范，所以也就缺乏可以直接参考的依据。好在 Leonard Richardson 改进了这方面的不足，他提出的关于 REST 的成熟度模型（Richardson Maturity Model），将 REST 的实现划分为不同的等级。图 2-1 展示了不同等级的成熟度模型。

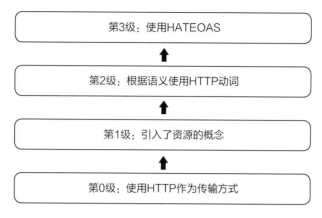

图2-1　REST 成熟度模型

2.2.1　第0级：使用 HTTP 作为传输方式

在第 0 级中，Web 服务只是使用 HTTP 作为传输方式，实际上只是远程方法调用（RPC）的一种具体形式。SOAP 和 XML-RPC 都属于此类。

例如，在一个医院挂号系统中，医院会通过某个 URI 来暴露该挂号服务端点（Service Endpoint）。然后患者会向该 URL 发送一个文档作为请求，文档中包含了请求的所有细节。

```
POST /appointmentService HTTP/1.1
[省略了其他头的信息...]

<openSlotRequest date = "2010-01-04" doctor = "mjones"/>
```

然后服务器会传回一个包含所需信息的文档。

```
HTTP/1.1 200 OK
[省略了其他头的信息...]

<openSlotList>
  <slot start = "1400" end = "1450">
    <doctor id = "mjones"/>
  </slot>
  <slot start = "1600" end = "1650">
    <doctor id = "mjones"/>
  </slot>
</openSlotList>
```

这个例子中使用了 XML，但实际上内容可以是任何格式的，如 JSON、YAML、键值对等，或者其他自定义的格式。

有了这些信息，下一步就是创建一个预约。这同样可以通过向某个端点（Endpoint）发送一个文档来完成。

```
POST /appointmentService HTTP/1.1
[省略了其他头的信息...]

<appointmentRequest>
  <slot doctor = "mjones" start = "1400" end = "1450"/>
  <patient id = "jsmith"/>
</appointmentRequest>
```

如果一切正常，就会收到一个预约成功的响应。

```
HTTP/1.1 200 OK
[省略了其他头的信息...]

<appointment>
  <slot doctor = "mjones" start = "1400" end = "1450"/>
  <patient id = "jsmith"/>
</appointment>
```

如果发生了问题，例如，有人在我前面预约上了，那么我会在响应体中收到某种错误信息。

```
HTTP/1.1 200 OK
[省略了其他头的信息...]

<appointmentRequestFailure>
  <slot doctor = "mjones" start = "1400" end = "1450"/>
  <patient id = "jsmith"/>
  <reason>Slot not available</reason>
</appointmentRequestFailure>
```

到目前为止，这都是非常直观的基于 RPC 风格的系统。它是简单的，因为只有 Plain Old XML（POX）在这个过程中被传输。如果使用 SOAP 或 XML-RPC，原理也是基本相同的，唯一不同的是将 XML 消息包含在了某种特定的格式中。

2.2.2　第1级：引入了资源的概念

在第 1 级中，Web 服务引入了资源的概念，每个资源有对应的标识符和表达。相比第 0 级将所有的请求发送到单个服务端点（Service Endpoint），第 1 级会和单独的资源进行交互。

因此在首个请求中，对指定医生会有一个对应资源。

```
POST /doctors/mjones HTTP/1.1
[省略了其他头的信息...]

<openSlotRequest date = "2010-01-04"/>
```

响应会包含一些基本信息，但是每个时间窗口则作为一个资源，可以被单独处理。

```
HTTP/1.1 200 OK
```

```
[省略了其他头的信息...]

<openSlotList>
  <slot id = "1234" doctor = "mjones" start = "1400" end = "1450"/>
  <slot id = "5678" doctor = "mjones" start = "1600" end = "1650"/>
</openSlotList>
```

有了这些资源，创建一个预约就是向某个特定的时间窗口发送请求。

```
POST /slots/1234 HTTP/1.1
[省略了其他头的信息...]

<appointmentRequest>
  <patient id = "jsmith"/>
</appointmentRequest>
```

如果一切顺利，会收到和前面类似的响应。

```
HTTP/1.1 200 OK
[省略了其他头的信息...]

<appointment>
  <slot id = "1234" doctor = "mjones" start = "1400" end = "1450"/>
  <patient id = "jsmith"/>
</appointment>
```

2.2.3　第2级：根据语义使用 HTTP 动词

在第 2 级中，Web 服务使用不同的 HTTP 方法来进行不同的操作，并且使用 HTTP 状态码来表示不同的结果，如 HTTP GET 方法用来获取资源，HTTP DELETE 方法用来删除资源。

在医院挂号系统中，获取医生的时间窗口信息，意味着需要使用 GET。

```
GET /doctors/mjones/slots?date=20100104&status=open HTTP/1.1
Host: royalhope.nhs.uk
```

响应和之前使用 POST 发送请求时一致。

```
HTTP/1.1 200 OK
[省略了其他头的信息...]

<openSlotList>
  <slot id = "1234" doctor = "mjones" start 口 "1400" end = "1450"/>
  <slot id = "5678" doctor = "mjones" start = "1600" end = "1650"/>
</openSlotList>
```

像上面那样使用 GET 来发送一个请求是至关重要的。HTTP 将 GET 定义为一个安全的操作，它并不会对任何事物的状态造成影响。这就允许我们以不同的顺序若干次调用 GET 请求，而每次还能够获取相同的结果。一个重要的结论是，它能够允许路由中的参与者使用缓存机制，该机制是让 Web 运转得如此良好的关键因素之一。HTTP 包含了许多方法来支持缓存，这些方法可以在通信过程中被所有的参与者使用。

为了创建一个预约，需要使用一个能够改变状态的 HTTP 动词 POST 或 PUT。这里使用和前面相同的一个 POST 请求。

```
POST /slots/1234 HTTP/1.1
[省略了其他头的信息...]

<appointmentRequest>
  <patient id = "jsmith"/>
</appointmentRequest>
```

如果一切顺利，服务会返回一个"201"响应来表明新增了一个资源。这是与第 1 级的 POST 响应完全不同的。第 2 级的操作响应都有统一的返回状态码。

```
HTTP/1.1 201 Created
Location: slots/1234/appointment
[省略了其他头的信息...]

<appointment>
  <slot id = "1234" doctor = "mjones" start = "1400" end = "1450"/>
  <patient id = "jsmith"/>
</appointment>
```

在"201"响应中包含了一个 Location 属性，它是一个 URI，将来客户端可以通过 GET 请求获取该资源的状态。以上响应还包含了该资源的信息，从而省去了一个获取该资源的请求。

与正常的响应有所不同，在请求时如果服务响应错误信息（如医生的某个时段已经被人预约了），则响应如下信息：

```
HTTP/1.1 409 Conflict
[various headers]

<openSlotList>
  <slot id = "5678" doctor = "mjones" start = "1600" end = "1650"/>
</openSlotList>
```

在上例中，"409"响应表明该资源已经被更新了。相比使用"200"作为响应码再附带一个错误信息，在第 2 级中会明确类似上面的响应方式。

2.2.4 第3级：使用 HATEOAS

在第 3 级中，Web 服务使用 HATEOAS。在资源的表达中包含了链接信息，客户端可以根据链接来发现可执行的操作。

从 REST 成熟度模型中可以看到，使用 HATEOAS 的 REST 服务是成熟度最高的，也是 Roy

Fielding 所推荐的"超文本驱动"的做法。对于不使用 HATEOAS 的 REST 服务，客户端和服务器的实现之间是紧密耦合的。客户端需要根据服务器提供的相关文档来了解所暴露的资源和对应的操作。当服务器发生了变化，如修改了资源的 URI，客户端也需要进行相应的修改。而使用 HATEOAS 的 REST 服务中，客户端可以通过服务器提供的资源表达来智能地发现可执行的操作。当服务器发生变化时，客户端并不需要做出修改，因为资源的 URI 和其他信息都是可以被动态发现的。

下面是一个 HATEOAS 的例子。

```json
{
  "id": 711,
  "manufacturer": "bmw",
  "model": "X5",
  "seats": 5,
  "drivers": [
   {
    "id": "23",
    "name": "Way Lau",
    "links": [
     {
     "rel": "self",
     "href": "/api/v1/drivers/23"
     }
    ]
   }
  ]
}
```

回到医院挂号系统案例中，还是使用在第 2 级中使用过的 GET 发送首个请求。

```
GET /doctors/mjones/slots?date=20100104&status=open HTTP/1.1
Host: royalhope.nhs.uk
```

但是响应中又添加了新元素。

```
HTTP/1.1 200 OK
[省略了其他头的信息...]

<openSlotList>
  <slot id = "1234" doctor = "mjones" start = "1400" end = "1450">
    <link rel = "/linkrels/slot/book"
          uri = "/slots/1234"/>
  </slot>
  <slot id = "5678" doctor = "mjones" start = "1600" end = "1650">
    <link rel = "/linkrels/slot/book"
          uri = "/slots/5678"/>
  </slot>
</openSlotList>
```

每个时间窗口信息现在都包含了一个 URI，用来告诉我们如何创建一个预约。超媒体控制

（Hypermedia Control）的关键在于，它告诉我们下一步能够做什么，以及相应资源的 URI。相比事先就知道了如何去哪个地址发送预约请求，响应中的超媒体控制直接在响应体中告诉了我们该如何做。

预约的 POST 请求和第 2 级中类似。例如：

```
POST /slots/1234 HTTP/1.1
[省略了其他头的信息...]

<appointmentRequest>
  <patient id = "jsmith"/>
</appointmentRequest>
```

可以看到，响应中包含了一系列的超媒体控制，用来告诉我们后面可以进行什么操作。

```
HTTP/1.1 201 Created
Location: http://royalhope.nhs.uk/slots/1234/appointment
[省略了其他头的信息...]

<appointment>
  <slot id = "1234" doctor = "mjones" start = "1400" end = "1450"/>
  <patient id = "jsmith"/>
  <link rel = "/linkrels/appointment/cancel"
        uri = "/slots/1234/appointment"/>
  <link rel = "/linkrels/appointment/addTest"
        uri = "/slots/1234/appointment/tests"/>
  <link rel = "self"
        uri = "/slots/1234/appointment"/>
  <link rel = "/linkrels/appointment/changeTime"
        uri = "/doctors/mjones/slots?date=20100104@status=open"/>
  <link rel = "/linkrels/appointment/updateContactInfo"
        uri = "/patients/jsmith/contactInfo"/>
  <link rel = "/linkrels/help"
        uri = "/help/appointment"/>
</appointment>
```

超媒体控制的一个显著优点在于，它能够在保证客户端不受影响的情况下，改变服务器返回的 URI 方案。只要客户端查询 "addTest" 这一 URI，后台开发团队就可以根据需要随意修改与之对应的 URI（除了最初的入口 URI 不能被修改）。

另一个优点是，它能够帮助客户端开发人员进行探索，其中的链接告诉了客户端开发人员下面可能需要执行的操作。它并不会告诉所有的信息，但是至少提供了一个思考的起点，当有需要时再让开发人员去协议文档中查看相应的 URI。

同样地，它也让服务器端的团队可以通过向响应中添加新的链接来增加功能。如果客户端开发人员留意到了以前未知的链接，那么就能够激起他们的探索欲望。

2.3 Java REST

Java 语言一直跟进对最新的企业应用开发规范的支持。在 REST 开发领域，Java 用于开发 REST 服务的规范，主要是 JAX-RS（Java API for RESTful Web Services），该规范使 Java 程序员可以使用一套固定的、统一的接口来开发 REST 应用，从而避免了依赖第三方框架。同时，JAX-RS 使用 POJO 编程模型和基于注解的配置，并集成了 JAXB，从而有效缩短了 REST 应用的开发周期。Java EE 6 引入了对 JSR-311 规范的支持，Java EE 7 支持 JSR-339 规范。JAX-RS 定义的 API 位于 javax.ws.rs 包中。

伴随着 JSR-311 规范的发布，Sun 公司同步发布了该规范的参考实现——Jersey。JAX-RS 的第三方具体实现包括 Apache CXF 及 JBoss RESTEasy 等。未实现该规范的 REST 框架包括 Spring MVC 等。

2.3.1 JAX-RS 规范

随着 REST 的流行，Java 开始着手制定 REST 开发规范，并在 Java EE 6 中引入了对 JSR-311 的支持。JAX-RS 是一个社区驱动的标准，用于使用 Java 构建 RESTful Web 服务。它不仅定义了一套用于构建 RESTful 网络服务的 API，同时也通过增强客户端 API 功能简化了 REST 客户端的构建过程。从 2007 年诞生至今，JAX-RS 经过了多次重大版本的发布，也经过多次提案与审查，终于在 2017 年 8 月 22 日发布了 2.1 版本（JSR-370）[①]。

JAX-RS 规范制定了如下目标。

（1）基于 POJO 的 API。该规范所定义的 API 将提供一组注解和相关的类、接口，可用于 POJO 将它们公开为 Web 资源。同时，该规范将定义对象生命周期和范围。

（2）以 HTTP 为中心。该规范将假定 HTTP 是底层网络协议，并将提供 HTTP 和 URI 元素及相应的 API 类和注解之间的明确映射。API 将为常见的 HTTP 使用模式提供高级别的支持，并且将具有足够的灵活性来支持各种 HTTP 应用程序，包括 WebDAV 和 Atom 发布协议。

（3）格式独立性。该规范所定义的 API 将适用于各种各样的 HTTP 实体主体内容类型。它将提供必要的可插入性，以允许应用程序以标准方式添加其他类型。

（4）容器独立性。使用该规范所定义的 API 的工件可以部署在各种 Web 层容器中。该规范定义了如何在 Servlet 容器和 JAX-WS 提供程序中部署工件。

（5）包含在 Java EE 中。该规范将定义托管在 Java EE 容器中的 Web 资源类的环境，并将指定如何在 Web 资源类中使用 Java EE 功能和组件。

JAX-RS 规范包含了以下核心概念。

---

① 有关该规范的内容可见 https://www.jcp.org/en/jsr/detail?id=370。（访问时间：2019 年 1 月 14 日）

1. 根资源类

根资源类（Root Resource Classes）是带有 @Path 注解的，包含至少一个 @Path 注解的方法或方法带有 @GET、@PUT、@POST、@DELETE 资源方法指示器的 POJO。资源方法是带有资源方法指示器注解的方法。

下面这段代码就是一个带有 JAX-RS 注解的简单示例。

```java
import javax.ws.rs.GET;
import javax.ws.rs.Path;
import javax.ws.rs.Produces;

@Path("helloworld")
public class HelloWorldResource {
    public static final String CLICHED_MESSAGE = "Hello World!";

@GET
@Produces("text/plain")
    public String getHello() {
        return CLICHED_MESSAGE;
    }
}
```

其中，@Path 是一个 URI 的相对路径，上面的例子设置的是本地 URI 的 helloworld。这是一个非常简单的关于 @Path 的例子，有时也会嵌入变量到 URI 中。

URI 的路径模板是由 URI 和嵌入 URI 的变量组成的。变量在运行时将会被匹配到的 URI 的那部分所代替。例如下面的 @Path 注解：

```java
@Path("/users/{username}")
```

按照这种类型的例子，一个用户可以方便地填写他的名字，同时服务器也会按照这个 UIR 路径模板响应这个请求。例如，用户输入了名字"Way"，那么服务器就会响应 http://example.com/users/Way。

为了接收到用户名变量，将 @PathParam 用在接收请求的方法参数上，例如：

```java
@Path("/users/{username}")
public class UserResource {

    @GET
    @Produces("text/xml")
    public String getUser(@PathParam("username") String userName) {
        ...
    }
}
```

@GET、@PUT、@POST、@DELETE、@HEAD 是 JAX-RS 定义的注解，类似于 HTTP 的方法名。在上面的例子中，这些注解是通过 HTTP 的 GET 方法实现的。资源的响应就是 HTTP 的响应。

2. *Param 参数注解

资源方法中，带有基于参数注解的参数可以从请求中获取信息。前面的一个例子就是在匹配了 @Path 后，通过 @PathParam 来获取 URL 请求中的路径参数。

@QueryParam 用于从请求 URL 的查询组件中提取查询参数。观察下面的例子。

```
@Path("smooth")
@GET
public Response smooth(
    @DefaultValue("2") @QueryParam("step") int step,
    @DefaultValue("true") @QueryParam("min-m") boolean hasMin,
    @DefaultValue("true") @QueryParam("max-m") boolean hasMax,
    @DefaultValue("true") @QueryParam("last-m") boolean hasLast,
    @DefaultValue("blue") @QueryParam("min-color") ColorParam minColor,
    @DefaultValue("green") @QueryParam("max-color") ColorParam maxColor,
    @DefaultValue("red") @QueryParam("last-color") ColorParam lastColor) {
    ...
}
```

如果 step 的参数存在，那么赋值给它，否则默认是 @DefaultValue 定义的值 2。如果 step 的内容不是 32 位整型的，那么会返回 404 错误。

@PathParam 和其他参数注解 @MatrixParam、@HeaderParam、@CookieParam 及 @FormParam 遵循与 @QueryParam 一样的规则。其中，@MatrixParam 从 URL 路径提取信息；@HeaderParam 从 HTTP 头部提取信息；@CookieParam 从关联在 HTTP 头部的 Cookies 中提取信息；@FormParam 稍有特殊，因为它提取信息必须要 MIME 媒体类型为 "application/x-www-form-urlencoded"，并且符合指定的 HTML 编码的形式。此参数提取对于 HTML 表单请求是非常有用的，例如，从发布的表单数据中提取名称为 name 的参数信息。

```
@POST
@Consumes("application/x-www-form-urlencoded")
public void post(@FormParam("name") String name) {
    ...
}
```

另一种注解是 @BeanParam 允许注入一个 bean 到参数中。@BeanParam 可以用于注入这种 bean 到资源或资源的方法。以下是 @BeanParam 的用法。

```
public class MyBeanParam {
    @PathParam("p")
    private String pathParam;

    @MatrixParam("m")
    @Encoded
    @DefaultValue("default")
    private String matrixParam;
```

```
@HeaderParam("header")
private String headerParam;

private String queryParam;

public MyBeanParam(@QueryParam("q") String queryParam) {
this.queryParam = queryParam;
}

public String getPathParam() {
return pathParam;
}
...
}
```

将 MyBeanParam 以参数形式注入。

```
@POST
public void post(@BeanParam MyBeanParam beanParam, String entity) {
    final String pathParam = beanParam.getPathParam(); // contains injected
path parameter "p"
    // ...
}
```

3. 子资源

　　@Path 可以被用在类（这样的类称为根资源类）上，也可以被用在根资源类的方法上。这使许多资源的方法被组合在一起，能够被重用。将 @Path 用在资源的方法上，这类方法被称为子资源方法（Sub-Resource Method）。

　　以下是一个完整的展示根资源类和子资源的示例。

```
@Singleton
@Path("/printers")
public class PrintersResource {

    @GET
    @Produces({"application/json", "application/xml"})
    public WebResourceList getMyResources() { ... }

    @GET @Path("/list")
    @Produces({"application/json", "application/xml"})
    public WebResourceList getListOfPrinters() { ... }

    @GET @Path("/jMakiTable")
    @Produces("application/json")
    public PrinterTableModel getTable() { ... }

    @GET @Path("/jMakiTree")
    @Produces("application/json")
```

```
public TreeModel getTree() { ... }

@GET @Path("/ids/{printerid}")
@Produces({"application/json", "application/xml"})
public Printer getPrinter(@PathParam("printerid") String printerId)
{ ... }

@PUT @Path("/ids/{printerid}")
@Consumes({"application/json", "application/xml"})
public void putPrinter(@PathParam("printerid") String printerId,
Printer printer) { ... }

@DELETE @Path("/ids/{printerid}")
public void deletePrinter(@PathParam("printerid") String printerId)
{ ... }
}
```

4. 根资源类生命周期

默认情况下，根资源类的生命周期是每个请求，即根资源类的新实例在每次请求的 URI 路径匹配根资源时创建。利用构造函数和范围可以构造一个很自然的编程模型，而无须关心对同一资源的多个并发请求。

总体来说，这不太可能成为性能问题的原因。近年来，类的构造及 JVM 的 GC（垃圾回收机制）已大大改善，在服务和处理 HTTP 请求并返回 HTTP 响应中，许多对象将被创建和丢弃。单例的根资源类实例可以通过一个应用实例声明。使用 Jersey 特定注释让 Jersey 支持两个进一步的生命周期，如表 2-2 所示。

表2-2　根资源类的应用范围及描述

范　围	注　解	类全称	描　述
Request	@RequestScoped（或者不用）	org.glassfish.jersey.process.internal.RequestScoped	这个是默认的生命周期，其中注解可以省略。资源实例将会在新建请求和用该请求执行处理时被创建。如果资源在请求执行处理时被使用多次，那么这些请求总是会使用相同的资源实例。这可能发生在匹配中的子资源被返回多次的情况
Per-lookup	@PerLookup	org.glassfish.hk2.api.PerLookup	在此范围内，即使处理相同的请求，每次需要处理时也会创建资源实例
Singleton	@Singleton	javax.inject.Singleton	在这一范围内，每个 JAX-RS 应用只有一个实例

5. 注入规则

注入可以用在属性、构造函数参数、资源 / 子资源 / 子资源定位方法的参数和 bean setter 方法上。以下是这些注入的情况。

```
@Path("{id:\\d+}")
public class InjectedResource {
    // 注入属性
    @DefaultValue("q") @QueryParam("p")
    private String p;

    // 注入构造函数参数
    public InjectedResource(@PathParam("id") int id) { ... }

    // 注入资源参数
    @GET
    public String get(@Context UriInfo ui) { ... }

    // 注入子资源参数
    @Path("sub-id")
    @GET
    public String get(@PathParam("sub-id") String id) { ... }

    // 注入子资源定位方法参数
    @Path("sub-id")
    public SubResource getSubResource(@PathParam("sub-id") String id) { ... }

    // 注入 bean setter 方法
    @HeaderParam("X-header")
    public void setHeader(String header) { ... }
}
```

当注入一个生命周期为单例的资源类时，类的属性或构造函数的参数不能被注入请求特定的参数。例如，以下是不允许的。

```
@Path("resource")
@Singleton
public static class MySingletonResource {

    @QueryParam("query")
    String param; //错误：不能将特定参数注入单例资源
                  //会使程序初始化失败

    @GET
    public String get() {
        return "query param: " + param;
    }
}
```

上面的例子验证了应用程序不能为单例资源注入请求特定的参数,否则会验证失败。同样的例子,如果查询的参数被注入一个单例构造函数参数,则会失败。换句话说,如果希望一个资源实例的服务被多次请求,则资源实例不能绑定到一个特定的请求参数上。

不过也存在一个例外,那就是特定请求对象可以注入构造函数或类属性。这些对象运行时注入的代理可以同时服务多个请求,这些请求的对象是 HttpHeaders、Request、UriInfo、SecurityContex。这些代理可以使用 @Context 注解进行注入。下面的示例展示的是将代理注入单例资源类。

```
@Path("resource")
@Singleton
public static class MySingletonResource {
    @Context
    Request request; //这个是允许的
                     //请求的代理将会被注入单例

    public MySingletonResource(@Context SecurityContext securityContext)
{
                //这个也是允许的
                //SecurityContext的代理将会被注入单例
    }

    @GET
    public String get() {
        return "query param: " + param;
    }
}
```

注:在 JAX-RS 规范推出初期,国内市场上介绍 JAX-RS 的资料非常匮乏。为此,笔者编著了大量的开源教程以推进 JAX-RS 在国内的发展,如《Jersey 2.x 用户指南》《REST 实战》《REST 案例大全》等[①]。读者如果有需要,也可以作为扩展阅读。

2.3.2　Jersey 框架

Jersey 是官方 JAX-RS 规范的参考实现,可以说是最全面地实现了 JAX-RS 规范所定义的内容。

Jersey 框架是开源的,它不仅是 JAX-RS 规范的参考实现,还提供了自己的 API,扩展了 JAX-RS 工具包的附加功能和实用程序,以进一步简化 RESTful 服务和客户端开发。除此之外,Jersey 还公开了大量的扩展 SPI,以便开发者扩展 Jersey 来最大限度地满足他们的需求。

Jersey 项目的目标可以归纳为以下几点。

(1)跟踪 JAX-RS API,并定期发布 GlassFish 所定义的参考实现。

(2)提供 API 来扩展 Jersey,不断构建用户和开发人员的社区。

---

① 这些开源书都可以在笔者的博客上找到,见 https://waylau.com/books/。(访问时间:2019 年 1 月 14 日)

（3）使用 Java 和 Java 虚拟机可以轻松构建 RESTful Web 服务。

下面将演示如何基于 Jersey 2.27 来构建 REST 服务。

1. 创建一个新项目

使用 Maven 的工程创建一个 Jersey 项目是最方便的。首先创建一个新的 Jersey 项目，并运行在 Grizzly 容器中。

使用 Jersey 提供的 maven archetype 来创建一个项目，只需执行以下命令：

```
mvn archetype:generate -DarchetypeArtifactId=jersey-quickstart-grizzly2
-DarchetypeGroupId=org.glassfish.jersey.archetypes -DinteractiveMode=
false -DgroupId=com.waylau.jersey -DartifactId=jersey-rest -Dpack-
age=com.waylau.jersey -DarchetypeVersion=2.27
```

如果一切顺利，最终能看到图 2-2 所示的结果。

图2-2　Jersey 项目创建的过程

这样，就完成了创建一个 jersey-rest 项目的过程。

2. 探索项目

可以用文本编辑器打开项目源码，或者导入自己熟悉的 IDE 中来观察整个项目。从项目结构来看，jersey-rest 项目就是一个普通的 Maven 项目，拥有 pom.xml 文件、源码目录及测试目录。整体项目结构如下。

```
jersey-rest
    │    pom.xml
    │
    └──src
        ├──main
        │    └──java
        │        └──com
        │            └──waylau
        │                └──jersey
        │                        Main.java
        │                        MyResource.java
        │
        └──test
            └──java
                └──com
                    └──waylau
                        └──jersey
                                MyResourceTest.java
```

其中，pom.xml 定义内容如下。

```xml
<project xmlns="http://maven.apache.org/POM/4.0.0"
        xmlns:xsi="http://www.w3.org/2001/XMLSchema-instance"
        xsi:schemaLocation="http://maven.apache.org/POM/4.0.0
        http://maven.apache.org/maven-v4_0_0.xsd">

    <modelVersion>4.0.0</modelVersion>

    <groupId>com.waylau.jersey</groupId>
    <artifactId>jersey-rest</artifactId>
    <packaging>jar</packaging>
    <version>1.0-SNAPSHOT</version>
    <name>jersey-rest</name>

    <dependencyManagement>
        <dependencies>
            <dependency>
                <groupId>org.glassfish.jersey</groupId>
                <artifactId>jersey-bom</artifactId>
                <version>${jersey.version}</version>
                <type>pom</type>
                <scope>import</scope>
            </dependency>
        </dependencies>
    </dependencyManagement>

    <dependencies>
```

```xml
        <dependency>
            <groupId>org.glassfish.jersey.containers</groupId>
            <artifactId>jersey-container-grizzly2-http</artifactId>
        </dependency>
        <dependency>
            <groupId>org.glassfish.jersey.inject</groupId>
            <artifactId>jersey-hk2</artifactId>
        </dependency>

        <!-- uncomment this to get JSON support:
         <dependency>
            <groupId>org.glassfish.jersey.media</groupId>
            <artifactId>jersey-media-json-binding</artifactId>
        </dependency>
        -->
        <dependency>
            <groupId>junit</groupId>
            <artifactId>junit</artifactId>
            <version>4.9</version>
            <scope>test</scope>
        </dependency>
    </dependencies>

    <build>
        <plugins>
            <plugin>
                <groupId>org.apache.maven.plugins</groupId>
                <artifactId>maven-compiler-plugin</artifactId>
                <version>2.5.1</version>
                <inherited>true</inherited>
                <configuration>
                    <source>1.7</source>
                    <target>1.7</target>
                </configuration>
            </plugin>
            <plugin>
                <groupId>org.codehaus.mojo</groupId>
                <artifactId>exec-maven-plugin</artifactId>
                <version>1.2.1</version>
                <executions>
                    <execution>
                        <goals>
                            <goal>java</goal>
                        </goals>
                    </execution>
                </executions>
                <configuration>
                    <mainClass>com.waylau.jersey.Main</mainClass>
```

```
                </configuration>
            </plugin>
        </plugins>
    </build>

    <properties>
        <jersey.version>2.27</jersey.version>
        <project.build.sourceEncoding>UTF-8</project.build.sourceEncoding>
    </properties>
</project>
```

还有一个 Main 类，主要是负责承接 Grizzly 容器，同时也为这个容器配置和部署 JAX-RS 应用。

```java
package com.waylau.jersey;

import org.glassfish.grizzly.http.server.HttpServer;
import org.glassfish.jersey.grizzly2.httpserver.GrizzlyHttpServerFactory;
import org.glassfish.jersey.server.ResourceConfig;

import java.io.IOException;
import java.net.URI;

/**
 * Main class.
 *
 */
public class Main {
    // Base URI the Grizzly HTTP server will listen on
    public static final String BASE_URI = "http://localhost:8080/
myapp/";

    /**
     * Starts Grizzly HTTP server exposing JAX-RS resources defined in
this application.
     * @return Grizzly HTTP server.
     */
    public static HttpServer startServer() {
        // create a resource config that scans for JAX-RS resources and
providers
        // in com.waylau.jersey package
        final ResourceConfig rc = new ResourceConfig().packages("com.
waylau.jersey");

        // create and start a new instance of grizzly http server
        // exposing the Jersey application at BASE_URI
        return GrizzlyHttpServerFactory.createHttpServer(URI.create
(BASE_URI), rc);
    }
```

```
    /**
     * Main method.
     * @param args
     * @throws IOException
     */
    public static void main(String[] args) throws IOException {
        final HttpServer server = startServer();
        System.out.println(String.format("Jersey app started with WADL
available at "+"%sapplication.wadl\nHit enter to stop it...", BASE_URI));
        System.in.read();
        server.stop();
    }
}
```

MyResource 是一个资源类，定义了所有 REST 服务 API。

```
package com.waylau.jersey;

import javax.ws.rs.GET;
import javax.ws.rs.Path;
import javax.ws.rs.Produces;
import javax.ws.rs.core.MediaType;

/**
 * Root resource (exposed at "myresource" path)
 */
@Path("myresource")
public class MyResource {

    /**
     * Method handling HTTP GET requests. The returned object will be
sent
     * to the client as "text/plain" media type.
     *
     * @return String that will be returned as a text/plain response.
     */
    @GET
    @Produces(MediaType.TEXT_PLAIN)
    public String getIt() {
        return "Got it!";
    }
}
```

在上面的例子中，MyResource 资源暴露了一个公开的方法，能够处理绑定在 "/myresource" URI 路径下的 HTTP GET 请求，并可以产生媒体类型为 "text/plain" 的响应消息。在这个示例中，资源返回相同的 "Got it!" 应对所有客户端的要求。

在 src/test/java 目录下的 MyResourceTest 类是对 MyResource 的单元测试，它们具有相同的包名

"com.waylau.jersey"。

```
package com.waylau.jersey;

import javax.ws.rs.client.Client;
import javax.ws.rs.client.ClientBuilder;
import javax.ws.rs.client.WebTarget;

import org.glassfish.grizzly.http.server.HttpServer;

import org.junit.After;
import org.junit.Before;
import org.junit.Test;
import static org.junit.Assert.assertEquals;

public class MyResourceTest {

    private HttpServer server;
    private WebTarget target;

    @Before
    public void setUp() throws Exception {
        // start the server
        server = Main.startServer();
        // create the client
        Client c = ClientBuilder.newClient();

        // uncomment the following line if you want to enable
        // support for JSON in the client (you also have to uncomment
        // dependency on jersey-media-json module in pom.xml and Main.
startServer())
        // --
        // c.configuration().enable(new org.glassfish.jersey.media.json.
JsonJaxbFeature());

        target = c.target(Main.BASE_URI);
    }

    @After
    public void tearDown() throws Exception {
        server.stop();
    }

    /**
     * Test to see that the message "Got it!" is sent in the response.
     */
    @Test
    public void testGetIt() {
        String responseMsg = target.path("myresource").request().
```

```
get(String.class);
        assertEquals("Got it!", responseMsg);
    }
}
```

在这个单元测试中用到了 JUnit，静态方法 Main.startServer() 首先将 Grizzly 容器启动，然后服务器应用部署到测试中的 setUp() 方法。接下来，一个 JAX-RS 客户端组件在相同的测试方法中创建。先是一个新的 JAX-RS 客户端实例被生成，接着 JAX-RS Web Target 部件指向部署的应用程序上下文的根"http://localhost:8080/myapp/"（ Main.BASE_URI 的常量值）。

在 testGetIt() 方法中，JAX-RS 客户端 API 是用来连接并发送 HTTP GET 请求到 MyResource 资源类所侦听的 /myresource 的 URI。在测试方法的第二行，响应的内容（从服务器返回的字符串）跟测试断言预期短语进行比较。

3. 运行项目

有了项目，进入项目的根目录下先测试运行：

```
$ mvn clean test
```

如果一切正常，将在控制台看到如下输出内容。

```
D:\workspaceGithub\cloud-native-book-demos\samples\ch02\jersey-rest>mvn
clean test
[INFO] Scanning for projects...
[INFO]
[INFO] ------------------------------------------------------------------
--------
[INFO] Building jersey-rest 1.0-SNAPSHOT
[INFO] ------------------------------------------------------------------
--------
[INFO]
...

-------------------------------------------------------
 T E S T S
-------------------------------------------------------
Running com.waylau.jersey.MyResourceTest
六月 06, 2018 10:51:57 下午 org.glassfish.grizzly.http.server.NetworkLis-
tener start
信息: Started listener bound to [localhost:8080]
六月 06, 2018 10:51:57 下午 org.glassfish.grizzly.http.server.HttpServer
start
信息: [HttpServer] Started.
六月 06, 2018 10:51:58 下午 org.glassfish.grizzly.http.server.NetworkLis-
tener shutdownNow
信息: Stopped listener bound to [localhost:8080]
Tests run: 1, Failures: 0, Errors: 0, Skipped: 0, Time elapsed: 1.728
```

```
sec

Results :

Tests run: 1, Failures: 0, Errors: 0, Skipped: 0

[INFO] -------------------------------------------------------------
--------
[INFO] BUILD SUCCESS
[INFO] -------------------------------------------------------------
--------
[INFO] Total time: 6.437 s
[INFO] Finished at: 2018-06-06T22:51:58+08:00
[INFO] Final Memory: 22M/203M
[INFO] -------------------------------------------------------------
--------
```

为了节省篇幅，以上只保留了输出的核心内容。

测试通过，下面用标准模式运行项目。

```
$ mvn exec:java
```

运行结果如下。

```
D:\workspaceGithub\cloud-native-book-demos\samples\ch02\jersey-rest>mvn
exec:java
[INFO] Scanning for projects...
[INFO]
[INFO] -------------------------------------------------------------
--------
[INFO] Building jersey-rest 1.0-SNAPSHOT
[INFO] -------------------------------------------------------------
--------
[INFO]
[INFO] >>> exec-maven-plugin:1.2.1:java (default-cli) > validate @
jersey-rest >>>
[INFO]
[INFO] <<< exec-maven-plugin:1.2.1:java (default-cli) < validate @
jersey-rest <<<
[INFO]
[INFO]
[INFO] --- exec-maven-plugin:1.2.1:java (default-cli) @ jersey-rest ---
Downloading from nexus-aliyun: http://maven.aliyun.com/nexus/content/
groups/public/org/apache/maven/maven-plugin-api/2.0/maven-plugin-api-
2.0.pom
Downloaded from nexus-aliyun: http://maven.aliyun.com/nexus/content/
groups/public/org/apache/maven/maven-plugin-api/2.0/maven-plugin-api-
2.0.pom (0 B at 0 B/s)
```

```
Downloading from nexus-aliyun: http://maven.aliyun.com/nexus/content/
groups/public/org/apache/maven/maven/2.0/maven-2.0.pom
Downloaded from nexus-aliyun: http://maven.aliyun.com/nexus/content/
groups/public/org/apache/maven/maven/2.0/maven-2.0.pom (0 B at 0 B/s)
Downloading from nexus-aliyun: http://maven.aliyun.com/nexus/content/
groups/public/org/apache/commons/commons-exec/1.1/commons-exec-1.1.pom
Downloaded from nexus-aliyun: http://maven.aliyun.com/nexus/content/
groups/public/org/apache/commons/commons-exec/1.1/commons-exec-1.1.pom
(11 kB at 45 kB/s)
Downloading from nexus-aliyun: http://maven.aliyun.com/nexus/content/
groups/public/org/codehaus/plexus/plexus-container-default/1.0-alpha-9/
plexus-container-default-1.0-alpha-9.jar
Downloading from nexus-aliyun: http://maven.aliyun.com/nexus/content/
groups/public/org/apache/commons/commons-exec/1.1/commons-exec-1.1.jar
Downloaded from nexus-aliyun: http://maven.aliyun.com/nexus/content/
groups/public/org/codehaus/plexus/plexus-container-default/1.0-alpha-9/
plexus-container-default-1.0-alpha-9.jar (0 B at 0 B/s)
Downloaded from nexus-aliyun: http://maven.aliyun.com/nexus/content/
groups/public/org/apache/commons/commons-exec/1.1/commons-exec-1.1.jar
(53 kB at 125 kB/s)
六月 06, 2018 10:54:25 下午 org.glassfish.grizzly.http.server.NetworkLis-
tener start
信息: Started listener bound to [localhost:8080]
六月 06, 2018 10:54:25 下午 org.glassfish.grizzly.http.server.HttpServer
start
信息: [HttpServer] Started.
Jersey app started with WADL available at http://localhost:8080/myapp/
application.wadl
Hit enter to stop it...
```

项目已经运行，项目的 WADL 描述存在于 http://localhost:8080/myapp/application.wadl 的 URI 中，将该 URI 在控制台以 curl 命令执行或在浏览器中运行，就能看到该 WADL 描述以 XML 格式展示。

```
<application xmlns="http://wadl.dev.java.net/2009/02">
    <doc xmlns:jersey="http://jersey.java.net/"
        jersey:generatedBy="Jersey: 2.27 2018-04-10 07:34:57"/>
    <doc xmlns:jersey="http://jersey.java.net/"
        jersey:hint="This is simplified WADL with user and core resourc-
es only.
        To get full WADL with extended resources use the query parame-
ter detail.
        Link: http://localhost:8080/myapp/application.wadl?detail=
true"/>
    <grammars/>
    <resources base="http://localhost:8080/myapp/">
        <resource path="myresource">
            <method id="getIt" name="GET">
```

```
                <response>
                    <representation mediaType="text/plain"/>
                </response>
            </method>
        </resource>
    </resources>
</application>
```

接下来，可以尝试与部署在 /myresource 下面的资源进行交互。将资源的 URL 输入浏览器，或者在控制台用 curl 命令执行，可以看到如下输出内容。

```
$ curl http://localhost:8080/myapp/myresource
Got it!
```

可以看到，使用 Jersey 构建 REST 服务非常简便。它内嵌 Grizzly 容器，可以使应用自启动，而无须部署到额外的容器中，非常适合构建微服务。

2.3.3　Apache CXF 框架

Apache CXF 是另一款支持 JAX-RS 的框架。除了支持 JAX-RS 外，Apache CXF 还支持传统的 JAX-WS 协议。Apache CXF 可以使用各种协议，如 SOAP、XML/HTTP、RESTful HTTP 或 COR-BA，并可用于各种传输，如 HTTP、JMS 或 JBI。Apache CXF 支持 JAX-RS 2.0（JSR-339）及 JAX-RS 1.1（JSR-311）。

Apache CXF 也是开源的，具有高性能、可扩展、易于使用等特点。下面演示如何基于 Apache CXF 来构建 REST 服务。

1. 创建一个新项目

使用 Maven 的工程创建一个 Apache CXF 项目是最方便的。与创建 Jersey 项目类似，使用 Apache CXF 提供的 maven archetype 来创建一个项目，只需执行以下命令。

```
mvn archetype:generate -DarchetypeArtifactId=cxf-jaxrs-service -Darche-
typeGroupId=org.apache.cxf.archetype -DgroupId=com.waylau.cxf -Darti-
factId=cxf-rest -Dpackage=com.waylau.cxf -DarchetypeVersion=3.2.4
```

如果一切顺利，最终能看到图 2-3 所示的结果。

图2-3　CXF 项目创建的过程

　　这样，就完成了创建一个 cxf-rest 项目的过程。

2. 探索项目

　　可以用文本编辑器打开项目源码，或者导入自己熟悉的 IDE 中来观察整个项目。从项目结构来看，cxf-rest 项目就是一个普通的 Maven 项目，拥有 pom.xml 文件、源码目录及测试目录。整体项目结构如下。

```
cxf-rest
│　　pom.xml
│
├──.settings
└──src
　　├──main
　　│　　├──java
　　│　　│　　└──com
　　│　　│　　　　└──waylau
　　│　　│　　　　　　└──cxf
　　│　　│　　　　　　　　　HelloWorld.java
　　│　　│　　　　　　　　　JsonBean.java
```

```
|         |
|         └──webapp
|            ├──META-INF
|            |       context.xml
|            |
|            └──WEB-INF
|                    beans.xml
|                    web.xml
|
└──test
    └──java
        └──com
            └──waylau
                └──cxf
                        HelloWorldIT.java
```

其中，pom.xml 定义内容如下。

```xml
<?xml version="1.0" encoding="UTF-8"?>
<project xmlns="http://maven.apache.org/POM/4.0.0"
    xmlns:xsi="http://www.w3.org/2001/XMLSchema-instance"
    xsi:schemaLocation="http://maven.apache.org/POM/4.0.0
    http://maven.apache.org/maven-v4_0_0.xsd">
    <modelVersion>4.0.0</modelVersion>
    <groupId>com.waylau.cxf</groupId>
    <artifactId>cxf-rest</artifactId>
    <version>1.0-SNAPSHOT</version>
    <packaging>war</packaging>
    <name>Simple CXF JAX-RS webapp service using spring configuration</
name>
    <description>Simple CXF JAX-RS webapp service using spring configu-
ration</description>
    <properties>
        <jackson.version>1.8.6</jackson.version>
    </properties>
    <dependencies>
        <dependency>
            <groupId>org.apache.cxf</groupId>
            <artifactId>cxf-rt-frontend-jaxrs</artifactId>
            <version>3.2.4</version>
        </dependency>
        <dependency>
            <groupId>org.apache.cxf</groupId>
            <artifactId>cxf-rt-rs-client</artifactId>
            <version>3.2.4</version>
        </dependency>
        <dependency>
            <groupId>org.codehaus.jackson</groupId>
            <artifactId>jackson-core-asl</artifactId>
            <version>${jackson.version}</version>
```

```
        </dependency>
        <dependency>
            <groupId>org.codehaus.jackson</groupId>
            <artifactId>jackson-mapper-asl</artifactId>
            <version>${jackson.version}</version>
        </dependency>
        <dependency>
            <groupId>org.codehaus.jackson</groupId>
            <artifactId>jackson-jaxrs</artifactId>
            <version>${jackson.version}</version>
        </dependency>
        <dependency>
            <groupId>org.springframework</groupId>
            <artifactId>spring-web</artifactId>
            <version>4.3.14.RELEASE</version>
        </dependency>
        <dependency>
            <groupId>junit</groupId>
            <artifactId>junit</artifactId>
            <version>4.12</version>
            <scope>test</scope>
        </dependency>
    </dependencies>
    <build>
        <pluginManagement>
            <plugins>
                <plugin>
                    <groupId>org.apache.tomcat.maven</groupId>
                    <artifactId>tomcat7-maven-plugin</artifactId>
                    <version>2.0</version>
                    <executions>
                        <execution>
                            <id>default-cli</id>
                            <goals>
                                <goal>run</goal>
                            </goals>
                            <configuration>
                                <port>13000</port>
                                <path>/jaxrs-service</path>
                                <useSeparateTomcatClassLoader>true</
useSeparateTomcatClassLoader>
                            </configuration>
                        </execution>
                    </executions>
                </plugin>
                <plugin>
                    <groupId>org.apache.maven.plugins</groupId>
                    <artifactId>maven-compiler-plugin</artifactId>
                    <configuration>
```

```xml
                <source>1.8</source>
                <target>1.8</target>
            </configuration>
        </plugin>
        <plugin>
            <groupId>org.apache.maven.plugins</groupId>
            <artifactId>maven-eclipse-plugin</artifactId>
            <configuration>
                <projectNameTemplate>[artifactId]-[version]</projectNameTemplate>
                <wtpmanifest>true</wtpmanifest>
                <wtpapplicationxml>true</wtpapplicationxml>
                <wtpversion>2.0</wtpversion>
            </configuration>
        </plugin>
    </plugins>
</pluginManagement>
<plugins>
    <plugin>
        <groupId>org.codehaus.mojo</groupId>
        <artifactId>build-helper-maven-plugin</artifactId>
        <version>1.5</version>
        <executions>
            <execution>
                <id>reserve-network-port</id>
                <goals>
                    <goal>reserve-network-port</goal>
                </goals>
                <phase>process-test-resources</phase>
                <configuration>
                    <portNames>
                        <portName>test.server.port</portName>
                    </portNames>
                </configuration>
            </execution>
        </executions>
    </plugin>
    <plugin>
        <groupId>org.apache.tomcat.maven</groupId>
        <artifactId>tomcat7-maven-plugin</artifactId>
        <executions>
            <execution>
                <id>start-tomcat</id>
                <goals>
                    <goal>run-war</goal>
                </goals>
                <phase>pre-integration-test</phase>
                <configuration>
                    <port>${test.server.port}</port>
```

```
                        <path>/jaxrs-service</path>
                        <fork>true</fork>
                        <useSeparateTomcatClassLoader>true</useSep-
arateTomcatClassLoader>
                    </configuration>
                </execution>
                <execution>
                    <id>stop-tomcat</id>
                    <goals>
                        <goal>shutdown</goal>
                    </goals>
                    <phase>post-integration-test</phase>
                    <configuration>
                        <path>/jaxrs-service</path>
                    </configuration>
                </execution>
            </executions>
        </plugin>
        <plugin>
            <groupId>org.apache.maven.plugins</groupId>
            <artifactId>maven-failsafe-plugin</artifactId>
            <version>2.20</version>
            <executions>
                <execution>
                    <id>integration-test</id>
                    <goals>
                        <goal>integration-test</goal>
                    </goals>
                    <configuration>
                        <systemPropertyVariables>
                            <service.url>http://localhost:${test.
server.port}/jaxrs-service</service.url>
                        </systemPropertyVariables>
                    </configuration>
                </execution>
                <execution>
                    <id>verify</id>
                    <goals>
                        <goal>verify</goal>
                    </goals>
                </execution>
            </executions>
        </plugin>
    </plugins>
</build>
</project>
```

　　从依赖配置可以看出，这个项目相对于 jersey-rest 而言，依赖了比较多的第三方框架，如 Spring、Jackson、Tomcat 等。

这是一个典型的 Java EE 项目，所以有一个 web.xml 文件来配置应用。

```xml
<?xml version="1.0" encoding="utf-8"?>
<web-app xmlns="http://java.sun.com/xml/ns/j2ee"
    xmlns:xsi="http://www.w3.org/2001/XMLSchema-instance"
    xsi:schemaLocation="http://java.sun.com/xml/ns/j2ee
    http://java.sun.com/xml/ns/j2ee/web-app_2_4.xsd" version="2.4">
    <display-name>JAX-RS Simple Service</display-name>
    <description>JAX-RS Simple Service</description>
    <context-param>
        <param-name>contextConfigLocation</param-name>
        <param-value>WEB-INF/beans.xml</param-value>
    </context-param>
    <listener>
        <listener-class>
            org.springframework.web.context.ContextLoaderListener
        </listener-class>
    </listener>
    <servlet>
        <servlet-name>CXFServlet</servlet-name>
        <servlet-class>
            org.apache.cxf.transport.servlet.CXFServlet
        </servlet-class>
        <load-on-startup>1</load-on-startup>
    </servlet>
    <servlet-mapping>
        <servlet-name>CXFServlet</servlet-name>
        <url-pattern>/*</url-pattern>
    </servlet-mapping>
</web-app>
```

同时，cxf-rest 是依赖于 Spring 框架来提供 bean 实例的管理，所以上下文配置在 beans.xml 中。

```xml
<?xml version="1.0" encoding="UTF-8"?>
<beans xmlns="http://www.springframework.org/schema/beans"
    xmlns:xsi="http://www.w3.org/2001/XMLSchema-instance"
    xmlns:jaxrs="http://cxf.apache.org/jaxrs"
    xmlns:context="http://www.springframework.org/schema/context"
    xsi:schemaLocation=" http://www.springframework.org/schema/beans
    http://www.springframework.org/schema/beans/spring-beans-4.2.xsd
    http://www.springframework.org/schema/context
    http://www.springframework.org/schema/context/spring-context-4.2.xsd

    http://cxf.apache.org/jaxrs http://cxf.apache.org/schemas/jaxrs.
xsd">
    <import resource="classpath:META-INF/cxf/cxf.xml"/>
    <context:property-placeholder/>
    <context:annotation-config/>
    <bean class="org.springframework.web.context.support.ServletCon-
textPropertyPlaceholderConfigurer"/>
```

```xml
    <bean class="org.springframework.beans.factory.config.Preferences-
PlaceholderConfigurer"/>
    <jaxrs:server id="services" address="/">
        <jaxrs:serviceBeans>
            <bean class="com.waylau.cxf.HelloWorld"/>
        </jaxrs:serviceBeans>
        <jaxrs:providers>
            <bean class="org.codehaus.jackson.jaxrs.JacksonJsonProvid-
er"/>
        </jaxrs:providers>
    </jaxrs:server>
</beans>
```

com.waylau.cxf.HelloWorld 是要提供 REST 服务的资源类。

```java
package com.waylau.cxf;
import javax.ws.rs.Consumes;
import javax.ws.rs.GET;
import javax.ws.rs.POST;
import javax.ws.rs.Path;
import javax.ws.rs.PathParam;
import javax.ws.rs.Produces;
import javax.ws.rs.core.Response;

@Path("/hello")
public class HelloWorld {

    @GET
    @Path("/echo/{input}")
    @Produces("text/plain")
    public String ping(@PathParam("input") String input) {
        return input;
    }

    @POST
    @Produces("application/json")
    @Consumes("application/json")
    @Path("/jsonBean")
    public Response modifyJson(JsonBean input) {
        input.setVal2(input.getVal1());
        return Response.ok().entity(input).build();
    }
}
```

该资源类定义了两个 REST API。其中，GET /hello/echo/{input} 会返回 input 变量的内容；POST /hello/jsonBean 则是返回传入的 JsonBean 对象。

JsonBean 就是一个典型的 POJO。

```java
package com.waylau.cxf;
```

```java
public class JsonBean {
    private String val1;
    private String val2;

    public String getVal1() {
        return val1;
    }

    public void setVal1(String val1) {
        this.val1 = val1;
    }

    public String getVal2() {
        return val2;
    }

    public void setVal2(String val2) {
        this.val2 = val2;
    }

}
```

HelloWorldIT 是应用的测试类。

```java
package com.waylau.cxf;

import static org.junit.Assert.assertEquals;

import java.io.InputStream;
import java.util.ArrayList;
import java.util.List;

import javax.ws.rs.core.Response;

import org.apache.cxf.helpers.IOUtils;
import org.apache.cxf.jaxrs.client.WebClient;
import org.codehaus.jackson.JsonParser;
import org.codehaus.jackson.map.MappingJsonFactory;
import org.junit.BeforeClass;
import org.junit.Test;

public class HelloWorldIT {
    private static String endpointUrl;

    @BeforeClass
    public static void beforeClass() {
        endpointUrl = System.getProperty("service.url");
    }
```

```
    @Test
    public void testPing() throws Exception {
        WebClient client = WebClient.create(endpointUrl + "/hello/echo/
SierraTangoNevada");
        Response r = client.accept("text/plain").get();
        assertEquals(Response.Status.OK.getStatusCode(), r.getStatus());

        String value = IOUtils.toString((InputStream)r.getEntity());
        assertEquals("SierraTangoNevada", value);
    }

    @Test
    public void testJsonRoundtrip() throws Exception {
        List<Object> providers = new ArrayList<>();
        providers.add(new org.codehaus.jackson.jaxrs.JacksonJsonProvid-
er());
        JsonBean inputBean = new JsonBean();
        inputBean.setVal1("Maple");
        WebClient client = WebClient.create(endpointUrl + "/hello/
jsonBean", providers);
        Response r = client.accept("application/json")
            .type("application/json")
            .post(inputBean);
        assertEquals(Response.Status.OK.getStatusCode(), r.getStatus());

        MappingJsonFactory factory = new MappingJsonFactory();
        JsonParser parser = factory.createJsonParser((InputStream)
r.getEntity());
        JsonBean output = parser.readValueAs(JsonBean.class);
        assertEquals("Maple", output.getVal2());
    }
}
```

3. 运行项目

进入项目的根目录下先测试运行：

```
$ mvn clean test
```

如果一切正常，能在控制台看到如下输出内容。

```
D:\workspaceGithub\cloud-native-book-demos\samples\ch02\cxf-rest>mvn
clean test
[INFO] Scanning for projects...
[INFO]
[INFO] ----------------------------------------------------------------
--------
[INFO] Building Simple CXF JAX-RS webapp service using spring configura-
tion 1.0-SNAPSHOT
[INFO] ----------------------------------------------------------------
```

```
--------
[INFO]
...
[INFO] Reserved port 3134 for test.server.port
[INFO]
[INFO] --- maven-compiler-plugin:3.1:testCompile (default-testCompile)
@ cxf-rest ---
[INFO] Changes detected - recompiling the module!
[WARNING] File encoding has not been set, using platform encoding GBK,
i.e. build is platform dependent!
[INFO] Compiling 1 source file to D:\workspaceGithub\cloud-native-book-
demos\samples\ch02\cxf-rest\target\test-classes
[WARNING] 读取D:\workspaceMaven\org\springframework\spring-core\4.3.14.
RELEASE\spring-core-4.3.14.RELEASE.jar时出错; invalid LOC header (bad
signature)
[INFO]
[INFO] --- maven-surefire-plugin:2.12.4:test (default-test) @ cxf-rest
---
[INFO] -----------------------------------------------------------------
--------
[INFO] BUILD SUCCESS
[INFO] -----------------------------------------------------------------
--------
[INFO] Total time: 9.315 s
[INFO] Finished at: 2018-06-06T23:50:30+08:00
[INFO] Final Memory: 24M/195M
[INFO] -----------------------------------------------------------------
--------
```

为了节省篇幅，以上只保留了输出的核心内容。

由于项目内嵌了 Tomcat 运行插件，因此，可以直接执行以下命令来启动项目。

```
$ mvn tomcat7:run
```

运行结果如下。

```
D:\workspaceGithub\cloud-native-book-demos\samples\ch02\cxf-rest>mvn
tomcat7:run
[INFO] Scanning for projects...
[INFO]
[INFO] -----------------------------------------------------------------
--------
[INFO] Building Simple CXF JAX-RS webapp service using spring configura-
tion 1.0-SNAPSHOT
[INFO] -----------------------------------------------------------------
--------
[INFO]
[INFO] >>> tomcat7-maven-plugin:2.0:run (default-cli) > compile @ cxf-
rest >>>
[INFO]
```

```
[INFO] --- maven-resources-plugin:2.6:resources (default-resources) @
cxf-rest ---
[WARNING] Using platform encoding (GBK actually) to copy filtered re-
sources, i.e. build is platform dependent!
[INFO] skip non existing resourceDirectory D:\workspaceGithub\cloud-na-
tive-book-demos\samples\ch02\cxf-rest\src\main\resources
[INFO]
[INFO] --- maven-compiler-plugin:3.1:compile (default-compile) @ cxf-
rest ---
[INFO] Nothing to compile - all classes are up to date
[INFO]
[INFO] <<< tomcat7-maven-plugin:2.0:run (default-cli) < compile @ cxf-
rest <<<
[INFO]
[INFO]
[INFO] --- tomcat7-maven-plugin:2.0:run (default-cli) @ cxf-rest ---
[INFO] Running war on http://localhost:13000/jaxrs-service
[INFO] Using existing Tomcat server configuration at D:\workspaceGithub\
cloud-native-book-demos\samples\ch02\cxf-rest\target\tomcat
[INFO] create webapp with contextPath: /jaxrs-service
六月 07, 2018 12:18:11 上午 org.apache.coyote.AbstractProtocol init
信息: Initializing ProtocolHandler ["http-bio-13000"]
六月 07, 2018 12:18:11 上午 org.apache.catalina.core.StandardService
startInternal
信息: Starting service Tomcat
六月 07, 2018 12:18:11 上午 org.apache.catalina.core.StandardEngine
startInternal
信息: Starting Servlet Engine: Apache Tomcat/7.0.30
六月 07, 2018 12:18:13 上午 org.apache.catalina.core.ApplicationContext
log
信息: No Spring WebApplicationInitializer types detected on classpath
六月 07, 2018 12:18:13 上午 org.apache.catalina.core.ApplicationContext
log
信息: Initializing Spring root WebApplicationContext
六月 07, 2018 12:18:13 上午 org.springframework.web.context.ContextLoader
initWebApplicationContext
信息: Root WebApplicationContext: initialization started
六月 07, 2018 12:18:13 上午 org.springframework.context.support.Abstract
ApplicationContext prepareRefresh
信息: Refreshing Root WebApplicationContext: startup date [Thu Jun 07
00:18:13 CST 2018]; root of context hierarchy
六月 07, 2018 12:18:13 上午 org.springframework.beans.factory.xml.XmlBean
DefinitionReader loadBeanDefinitions
信息: Loading XML bean definitions from ServletContext resource [/WEB-
INF/beans.xml]
六月 07, 2018 12:18:13 上午 org.springframework.beans.factory.xml.XmlBean
DefinitionReader loadBeanDefinitions
```

```
信息: Loading XML bean definitions from class path resource [META-INF/
cxf/cxf.xml]
六月 07, 2018 12:18:14 上午 org.springframework.beans.factory.annotation.
AutowiredAnnotationBeanPostProcessor <init>
信息: JSR-330 'javax.inject.Inject' annotation found and supported for
autowiring
六月 07, 2018 12:18:14 上午 org.apache.cxf.endpoint.ServerImpl initDesti-
nation
信息: Setting the server's publish address to be /
六月 07, 2018 12:18:14 上午 org.springframework.web.context.ContextLoader
initWebApplicationContext
信息: Root WebApplicationContext: initialization completed in 1083 ms
六月 07, 2018 12:18:14 上午 org.apache.coyote.AbstractProtocol start
信息: Starting ProtocolHandler ["http-bio-13000"]
```

项目启动后，就可以尝试与部署在 /hello 下的资源进行交互。将资源的 URL 输入浏览器，或者在控制台用 curl 命令执行，可以看到如下输出内容。

```
$ curl http://localhost:13000/jaxrs-service/hello/echo/waylau
waylau
$ curl -H "Content-type: application/json" -X POST -d '{"val1":"hello",
"val2":"world"}'  http://localhost:13000/jaxrs-service/hello/jsonBean
{"val1": "hello","val2": "hello"}
```

注意：官方提供的 Maven 项目源码存在 Bug，执行过程中可能出现错误。读者可以参阅笔者修改后的源码内容。

2.3.4 Spring Web MVC 框架

Spring Web MVC 框架简称 Spring MVC，它实现了 Web 开发中的经典 MVC（Model-View-Controller）模式。MVC 由以下三部分组成。

（1）模型（Model）：应用程序的核心功能，管理模块中用到的数据和值。

（2）视图（View）：提供模型的展示，管理模型如何显示给用户，是应用程序的外观展现。

（3）控制器（Controller）：对用户的输入做出反应，管理用户和视图的交互，是连接模型和视图的纽带。

Spring Web MVC 是基于 Servlet API 构建的，自 Spring 框架诞生之日起，它就包含在 Spring 中了。严格来说，Spring Web MVC 并没有遵守 JAX-RS 规范，所以也称不上是 REST 框架。但是，Spring Web MVC 所暴露的接口可以是 REST 风格的 API，所以自然也能用来开发 REST 服务。

由于历史原因，Spring 及 Spring Web MVC 在市面上拥有非常大的占有率，因此，本小节会讲解如何通过 Spring Web MVC 来实现 REST 服务。

1. 接口设计

首先创建一个名为 spring-rest 的项目，实现简单的 REST 风格的 API。这里将会在系统中实现两个 API。

（1）GET http://localhost:8080/hello。

（2）GET http://localhost:8080/hello/way。

其中，第一个接口"/hello"将会返回"Hello World!"的字符串；而第二个接口"/hello/way"则会返回一个包含用户信息的 JSON 字符串。

2. 创建一个新项目

新创建的 spring-rest 项目，pom.xml 配置如下。

```xml
<project xmlns="http://maven.apache.org/POM/4.0.0"
    xmlns:xsi="http://www.w3.org/2001/XMLSchema-instance"
    xsi:schemaLocation="http://maven.apache.org/POM/4.0.0
    http://maven.apache.org/xsd/maven-4.0.0.xsd">
    <modelVersion>4.0.0</modelVersion>
    <groupId>com.waylau.spring</groupId>
    <artifactId>spring-rest</artifactId>
    <version>1.0.0</version>
    <name>spring-rest</name>
    <packaging>jar</packaging>
    <organization>
        <name>waylau.com</name>
        <url>https://waylau.com</url>
    </organization>

    <properties>
        <project.build.sourceEncoding>UTF-8</project.build.sourceEncoding>
        <spring.version>5.0.6.RELEASE</spring.version>
        <jetty.version>9.4.10.v20180503</jetty.version>
        <jackson.version>2.9.5</jackson.version>
    </properties>
    <dependencies>
        <dependency>
            <groupId>org.springframework</groupId>
            <artifactId>spring-webmvc</artifactId>
            <version>${spring.version}</version>
        </dependency>
        <dependency>
            <groupId>org.eclipse.jetty</groupId>
            <artifactId>jetty-servlet</artifactId>
            <version>${jetty.version}</version>
            <scope>provided</scope>
        </dependency>
        <dependency>
            <groupId>com.fasterxml.jackson.core</groupId>
            <artifactId>jackson-core</artifactId>
```

```
            <version>${jackson.version}</version>
        </dependency>
        <dependency>
            <groupId>com.fasterxml.jackson.core</groupId>
            <artifactId>jackson-databind</artifactId>
            <version>${jackson.version}</version>
        </dependency>
    </dependencies>

</project>
```

其中，spring-webmvc 是为了使用 Spring MVC 的功能；jetty-servlet 是为了提供内嵌的 Servlet 容器，这样就无须依赖外部容器，可以直接运行应用；jackson-core 和 jackson-databind 为应用提供 JSON 序列化的功能。

创建一个 User 类，用于存放用户信息。User 类是一个 POJO 类。

```java
public class User {
    private String username;
    private Integer age;

    public User(String username, Integer age) {
        this.username = username;
        this.age = age;
    }

    public String getUsername() {
        return username;
    }

    public void setUsername(String username) {
        this.username = username;
    }

    public Integer getAge() {
        return age;
    }

    public void setAge(Integer age) {
        this.age = age;
    }

}
```

创建 HelloController 用于处理用户的请求。

```java
@RestController
public class HelloController {
```

```
    @RequestMapping("/hello")
    public String hello() {
        return "Hello World! Welcome to visit waylau.com!";
    }

    @RequestMapping("/hello/way")
    public User helloWay() {
        return new User("Way Lau", 30);
    }
}
```

其中，映射到 "/hello" 的方法将会返回 "Hello World!" 的字符串；而映射到 "/hello/way" 的方法则会返回一个包含用户信息的 JSON 字符串。

3. 应用配置

本项目采用基于 Java 注解的配置。

AppConfiguration 是主应用配置。

```
import org.springframework.context.annotation.ComponentScan;
import org.springframework.context.annotation.Configuration;
import org.springframework.context.annotation.Import;

@Configuration
@ComponentScan(basePackages = { "com.waylau.spring" })
@Import({ MvcConfiguration.class })
public class AppConfiguration {

}
```

AppConfiguration 会扫描 "com.waylau.spring" 包下的文件，并自动将相关的 bean 进行注册。AppConfiguration 同时又引入了 MVC 的配置类 MvcConfiguration。

```
@EnableWebMvc
@Configuration
public class MvcConfiguration implements WebMvcConfigurer {

    public void extendMessageConverters(List<HttpMessageConverter<?>>
converters) {
        converters.add(new MappingJackson2HttpMessageConverter());
    }
}
```

MvcConfiguration 配置类一方面启用了 MVC 的功能，另一方面添加了 Jackson JSON 的转换器。

最后，需要引入 Jetty 服务器 JettyServer。

```
import org.eclipse.jetty.server.Server;
import org.eclipse.jetty.servlet.ServletContextHandler;
import org.eclipse.jetty.servlet.ServletHolder;
```

```
import org.springframework.web.context.ContextLoaderListener;
import org.springframework.web.context.WebApplicationContext;
import org.springframework.web.context.support.AnnotationConfigWebAppli-
cationContext;
import org.springframework.web.servlet.DispatcherServlet;
import com.waylau.spring.mvc.configuration.AppConfiguration;
public class JettyServer {
    private static final int DEFAULT_PORT = 8080;
    private static final String CONTEXT_PATH = "/";
    private static final String MAPPING_URL = "/*";
    public void run() throws Exception {
        Server server = new Server(DEFAULT_PORT);
        server.setHandler(servletContextHandler(webApplicationContext()));
        server.start();
        server.join();
    }
    private ServletContextHandler servletContextHandler(WebApplication-
Context context) {
        ServletContextHandler handler = new ServletContextHandler();
        handler.setContextPath(CONTEXT_PATH);
        handler.addServlet(new ServletHolder(new DispatcherServlet(con-
text)), MAPPING_URL);
        handler.addEventListener(new ContextLoaderListener(context));
        return handler;
    }
    private WebApplicationContext webApplicationContext() {
        AnnotationConfigWebApplicationContext context = new Annotation-
ConfigWebApplicationContext();
        context.register(AppConfiguration.class);
        return context;
    }
}
```

JettyServer 将会在 Application 类中进行启动。

```
public class Application {
    public static void main(String[] args) throws Exception {
        new JettyServer().run();;
    }
}
```

4. 运行项目

在编辑器中直接运行 Application 类即可。启动后，应能看到如下控制台信息。

```
2018-06-07 22:19:23.572:INFO::main: Logging initialized @305ms to org.
eclipse.jetty.util.log.StdErrLog
2018-06-07 22:19:23.982:INFO:oejs.Server:main: jetty-9.4.10.v20180503;
built: 2018-05-03T15:56:21.710Z; git: daa59876e6f384329b122929e-
70a80934569428c; jvm 1.8.0_162-b12
```

```
2018-06-07 22:19:24.096:INFO:oejshC.ROOT:main: Initializing Spring root
WebApplicationContext
六月 07, 2018 10:19:24 下午 org.springframework.web.context.ContextLoader
initWebApplicationContext
信息: Root WebApplicationContext: initialization started
六月 07, 2018 10:19:24 下午 org.springframework.context.support.Ab-
stractApplicationContext prepareRefresh
信息: Refreshing Root WebApplicationContext: startup date [Thu Jun 07
22:19:24 CST 2018]; root of context hierarchy
六月 07, 2018 10:19:24 下午 org.springframework.web.context.support.
AnnotationConfigWebApplicationContext loadBeanDefinitions
信息: Registering annotated classes: [class com.waylau.spring.mvc.config-
uration.AppConfiguration]
六月 07, 2018 10:19:25 下午 org.springframework.web.servlet.handler.
AbstractHandlerMethodMapping$MappingRegistry register
信息: Mapped "{[/hello]}" onto public java.lang.String com.waylau.
spring.mvc.controller.HelloController.hello()
六月 07, 2018 10:19:25 下午 org.springframework.web.servlet.handler.
AbstractHandlerMethodMapping$MappingRegistry register
信息: Mapped "{[/hello/way]}" onto public com.waylau.spring.mvc.vo.User
com.waylau.spring.mvc.controller.HelloController.helloWay()
六月 07, 2018 10:19:26 下午 org.springframework.web.servlet.mvc.method.
annotation.RequestMappingHandlerAdapter initControllerAdviceCache
信息: Looking for @ControllerAdvice: Root WebApplicationContext: startup
date [Thu Jun 07 22:19:24 CST 2018]; root of context hierarchy
六月 07, 2018 10:19:26 下午 org.springframework.web.context.ContextLoader
initWebApplicationContext
信息: Root WebApplicationContext: initialization completed in 2073 ms
2018-06-07 22:19:26.191:INFO:oejshC.ROOT:main: Initializing Spring
FrameworkServlet 'org.springframework.web.servlet.DispatcherServ-
let-246ae04d'
六月 07, 2018 10:19:26 下午 org.springframework.web.servlet.Framework-
Servlet initServletBean
信息: FrameworkServlet 'org.springframework.web.servlet.DispatcherServ-
let-246ae04d': initialization started
六月 07, 2018 10:19:26 下午 org.springframework.web.servlet.Framework-
Servlet initServletBean
信息: FrameworkServlet 'org.springframework.web.servlet.DispatcherServ-
let-246ae04d': initialization completed in 31 ms
2018-06-07 22:19:26.226:INFO:oejsh.ContextHandler:main: Started o.e.
j.s.ServletContextHandler@4ae9cfc1{/,null,AVAILABLE}
2018-06-07 22:19:26.610:INFO:oejs.AbstractConnector:main: Started
ServerConnector@5bf0fe62{HTTP/1.1, [http/1.1]}{0.0.0.0:8080}
2018-06-07 22:19:26.611:INFO:oejs.Server:main: Started @3346ms
```

分别在浏览器中访问地址 "http://localhost:8080/hello" 和 "http://localhost:8080/hello/way" 进行
测试，能看到图 2-4 和图 2-5 所示的响应效果。

图2-4　"/hello"接口的返回内容

图2-5　"/hello/way"接口的返回内容

2.4 内容协商

REST 架构的一个非常吸引人的地方在于，其接口具备内容协商的能力。也就是说，服务端并不事先提供具体的响应格式，而是由客户端来决定用什么格式。例如，客户端可以通过指定 Accept 头的媒体类型是 application/json 还是 application/xml，从而要求服务端响应回来的数据是 JSON 或是 XML。这个过程称为内容协商。

不管是 JSON 还是 XML，两者都是文本格式的。

2.4.1　二进制数据

互联网上存在大量的二进制数据，如图像或文件这样的媒体。那么，如何在 REST 接口中处理这些二进制数据呢？

下面的示例是采用 Jersey 框架实现文件的上传功能。

```
import java.io.File;
import java.io.FileOutputStream;
import java.io.IOException;
import java.io.InputStream;
```

```
import java.io.OutputStream;
import java.io.UnsupportedEncodingException;
import javax.activation.MimetypesFileTypeMap;
import javax.ws.rs.Consumes;
import javax.ws.rs.GET;
import javax.ws.rs.POST;
import javax.ws.rs.Path;
import javax.ws.rs.Produces;
import javax.ws.rs.core.MediaType;
import javax.ws.rs.core.Response;
import org.glassfish.jersey.media.multipart.FormDataContentDisposition;
import org.glassfish.jersey.media.multipart.FormDataParam;

@POST
@Path("upload")
@Consumes(MediaType.MULTIPART_FORM_DATA)
@Produces("application/json")
public Response uploadFile(
        @FormDataParam("file") InputStream fileInputStream,
        @FormDataParam("file") FormDataContentDisposition contentDispo-
sitionHeader) throws IOException {
    String fileName = contentDispositionHeader.getFileName();
    File file = new File(serverLocation + fileName);
    File parent = file.getParentFile();

    //判断目录是否存在，不存在则创建
    if(parent!=null&&!parent.exists()){
        parent.mkdirs();
    }
    file.createNewFile();
    OutputStream outpuStream = new FileOutputStream(file);
    int read = 0;
    byte[] bytes = new byte[1024];

    while ((read = fileInputStream.read(bytes)) != -1) {
        outpuStream.write(bytes, 0, read);
    }
    outpuStream.flush();
    outpuStream.close();
    fileInputStream.close();
    return Response.status(Response.Status.OK)
            .entity("Upload Success!").build();
}
```

其中，FormDataContentDisposition 和 FormDataParam 两个注解专门用于处理二进制数据格式。

Spring Web MVC 框架也具备处理二进制数据的能力。观察下面的代码片段。

```
import org.springframework.web.bind.annotation.PostMapping;
import org.springframework.web.bind.annotation.RequestMapping;
```

```java
import org.springframework.web.bind.annotation.RequestParam;
import org.springframework.web.bind.annotation.ResponseBody;
import org.springframework.web.multipart.MultipartFile;

@CrossOrigin(origins = "*", maxAge = 3600) // 允许所有域名访问
@Controller
public class FileController {
    ...

    /**
     * 上传接口
     *
     * @param file
     * @return
     */
    @PostMapping("/upload")
    @ResponseBody
    public ResponseEntity<String> handleFileUpload(@RequestParam("file")
MultipartFile file) {
        File returnFile = null;
        try {
            File f = new File(file.getOriginalFilename(), file.
getCon-tentType(), file.getSize(),new Binary(file.getBytes()));
            f.setMd5(MD5Util.getMD5(file.getInputStream()));
            returnFile = fileService.saveFile(f);
            String path = "//" + serverAddress + ":" + serverPort + "/
view/" + returnFile.getId();
            return ResponseEntity.status(HttpStatus.OK).body(path);
        } catch (IOException | NoSuchAlgorithmException ex) {
            ex.printStackTrace();
            return ResponseEntity.status(HttpStatus.INTERNAL_SERVER_ER-
ROR).body(ex.getMessage());
        }
    }
}
```

MultipartFile 专门用于处理二进制文件。

2.4.2　Google Protocol Buffers 传输协议

Google Protocol Buffers 是一款非常流行的传输协议。Protocol Buffers 以高效著称，其消息不包含描述消息结构的信息，仅包含消息中的数据。Protocol Buffers 作为一种轻便、高效的结构化数据存储格式，可以用于结构化数据串行化，或者说是序列化。它很适合做数据存储或 RPC 数据交换格式，也可用于通信协议、数据存储等领域的语言无关、平台无关、可扩展的序列化结构数据格式。目前提供了包括 Java、Python、C、.NET、PHP、Ruby 在内的多种语言的 API。

Spring 框架提供对于 Protocol Buffers 协议读写的支持。org.springframework.http.converter.protobuf.ProtobufHttpMessageConverter 就是处理 Protocol Buffers 协议的消息转换器。该转换器默认支持官方的 com.google.protobuf:protobuf-java 库中的 "application/x-protobuf" 和 "text/plain" 两种媒体类型。

对于 Jersey 框架而言，暂时还没有发现默认的 Protocol Buffers 转换器。不过 Jersey 是可拔插的，意味着自己写一个消息转换器作为扩展也不是难事。

以下是 Protocol Buffers 写转换器的实现。

```java
import java.io.ByteArrayOutputStream;
import java.io.IOException;
import java.io.OutputStream;
import java.lang.annotation.Annotation;
import java.lang.reflect.Type;
import java.util.Map;
import java.util.WeakHashMap;
import javax.ws.rs.Produces;
import javax.ws.rs.WebApplicationException;
import javax.ws.rs.core.MediaType;
import javax.ws.rs.core.MultivaluedMap;
import javax.ws.rs.ext.MessageBodyWriter;
import javax.ws.rs.ext.Provider;
import org.springframework.stereotype.Component;
import com.google.protobuf.Message;
@Component
@Provider
@Produces("application/x-protobuf")
public class ProtobufMessageBodyWriter implements MessageBodyWriter<Mes-
sage> {
    public boolean isWriteable(Class<?> type, Type genericType,
        Annotation[] annotations, MediaType mediaType) {
        return Message.class.isAssignableFrom(type);
    }
    private Map<Object, byte[]> buffer = new WeakHashMap<Object,
byte[]>();
    public long getSize(Message m, Class<?> type, Type genericType,
        Annotation[] annotations, MediaType mediaType) {
        ByteArrayOutputStream baos = new ByteArrayOutputStream();
        try {
            m.writeTo(baos);
        } catch (IOException e) {
            return -1;
        }
        byte[] bytes = baos.toByteArray();
        buffer.put(m, bytes);
        return bytes.length;
    }
    public void writeTo(Message m, Class type, Type genericType,
        Annotation[] annotations, MediaType mediaType,
```

```
        MultivaluedMap httpHeaders, OutputStream entityStream)
        throws IOException, WebApplicationException {
        entityStream.write(buffer.remove(m));
    }
}
```

以下是 Protocol Buffers 读转换器的实现。

```
import java.io.IOException;
import java.io.InputStream;
import java.lang.annotation.Annotation;
import java.lang.reflect.Method;
import java.lang.reflect.Type;
import javax.ws.rs.Consumes;
import javax.ws.rs.WebApplicationException;
import javax.ws.rs.core.MediaType;
import javax.ws.rs.core.MultivaluedMap;
import javax.ws.rs.ext.MessageBodyReader;
import javax.ws.rs.ext.Provider;
import org.springframework.stereotype.Component;
import com.google.protobuf.GeneratedMessage;
import com.google.protobuf.Message;

@Component
@Provider
@Consumes("application/x-protobuf")
public class ProtobufMessageBodyReader implements MessageBodyReader<Mes-
sage> {
    public boolean isReadable(Class<?> type, Type genericType,
        Annotation[] annotations, MediaType mediaType) {
        return Message.class.isAssignableFrom(type);
    }
    public Message readFrom(Class<Message> type, Type genericType,
Annotation[] annotations, MediaType mediaType, MultivaluedMap<String,
String> httpHeaders, InputStream entityStream) throws IOException,
WebApplicationException {
        try {
            Method newBuilder = type.getMethod("newBuilder");
            GeneratedMessage.Builder builder = (GeneratedMessage.Build-
er) newBuilder.invoke(type);
            return builder.mergeFrom(entityStream).build();
        } catch (Exception e) {
            throw new WebApplicationException(e);
        }
    }
}
```

2.5 异常处理

HTTP 协议定义了非常全面的状态码，用来标识当发出 HTTP 请求后，HTTP 的响应状态。当然，HTTP 状态码并不能被非专业人士所理解，所以有时需要将异常信息进行自定义处理。

2.5.1 HTTP 状态码

HTTP 状态码（HTTP Status Code）用以表示网页服务器 HTTP 响应状态的 3 位数字代码。它是由 RFC 2616 规范定义的，并得到 RFC 2518、RFC 2817、RFC 2295、RFC 2774、RFC 4918 等规范的扩展。

HTTP 状态码主要分为消息、成功、重定向、请求错误、服务器错误五类。

1. 1xx 消息

这一类型的状态码代表请求已被接收，需要继续处理。这类响应是临时响应，只包含状态行和某些可选的响应头信息，并以空行结束。由于 HTTP/1.0 协议中没有定义任何 1xx 状态码，因此除非在某些试验条件下，否则服务器禁止向此类客户端发送 1xx 响应。

（1）100：客户端应当继续发送请求。这个临时响应是用来通知客户端，它的部分请求已经被服务器接收，且仍未被拒绝。客户端应当继续发送请求的剩余部分，如果请求已经完成，则忽略这个响应。服务器必须在请求完成后向客户端发送一个最终响应。

（2）101：服务器已经理解了客户端的请求，并将通过 Upgrade 消息头通知客户端采用不同的协议来完成这个请求。在发送完这个响应最后的空行后，服务器将会切换到在 Upgrade 消息头中定义的那些协议。只有在切换新的协议更有好处时才应该采取此类措施。例如，切换到新的 HTTP 版本比旧版本更有优势，或者切换到一个实时且同步的协议以传送利用此类特性的资源。

（3）102：由 WebDAV（RFC 2518）扩展的状态码，代表处理将被继续执行。

2. 2xx 成功

这一类型的状态码代表请求已成功被服务器接收、理解并接受。

（1）200：请求已成功，请求所希望的响应头或数据体将随此响应返回。

（2）201：请求已经被实现，有一个新的资源已经根据请求的需要而建立，且其 URI 已经随 Location 头信息返回。假如需要的资源无法及时建立，则应当返回 "202 Accepted"。

（3）202：服务器已接收请求，但尚未处理。正如它可能被拒绝一样，最终该请求可能会也可能不会被执行。在异步操作的场合下，没有比发送这个状态码更方便的做法了。返回 202 状态码的响应目的是，允许服务器接收其他过程的请求（例如，某个每天只执行一次的基于批处理的操作），而不必让客户端一直保持与服务器的连接直到批处理操作全部完成。接收请求处理并返回 202 状态码的响应应当在返回的实体中包含一些指示处理当前状态的信息，以及指向处理状态监视器或状态预测的指针，以便用户能够估计操作是否已经完成。

（4）203：服务器已成功处理了请求，但返回的实体头部元信息不是在原始服务器上有效的确定集合，而是来自本地或第三方的复制。当前的信息可能是原始版本的子集或超集。例如，包含资源的元数据可能导致原始服务器知道元信息的超级。使用此状态码不是必需的，而且只有在响应不使用此状态码便会返回"200 OK"的情况下才是合适的。

（5）204：服务器成功处理了请求，但不需要返回任何实体内容，并且希望返回更新了的元信息。响应可能通过实体头部的形式，返回新的或更新后的元信息。如果存在这些头部信息，则应当与所请求的变量相呼应。如果客户端是浏览器，那么用户浏览器应保留发送了该请求的页面，而不产生任何文档视图上的变化，即使按照规范，新的或更新后的元信息也应当被应用到用户浏览器活动视图的文档中。由于 204 响应被禁止包含任何消息体，因此它始终以消息头后的第一个空行结束。

（6）205：服务器成功处理了请求，且没有返回任何内容。但是与 204 响应不同，返回此状态码的响应要求请求者重置文档视图。该响应主要用于接受用户输入后，立即重置表单，以便用户能够轻松地开始下一次输入。与 204 响应一样，该响应也被禁止包含任何消息体，且以消息头后的第一个空行结束。

（7）206：服务器已经成功处理了部分 GET 请求。FlashGet 或迅雷这类 HTTP 下载工具都是使用此类响应实现断点续传，或者将一个大文档分解为多个下载段同时下载。

（8）207：由 WebDAV（RFC 2518）扩展的状态码，代表之后的消息体将是一个 XML 消息，并且可能依照之前子请求数量的不同，包含一系列独立的响应代码。

3. 3xx 重定向

这类状态码代表需要客户端采取进一步的操作才能完成请求。这些状态码通常用来重定向，后续的请求地址（重定向目标）在本次响应的 Location 域中指明。

（1）300：被请求的资源有一系列可供选择的回馈信息，每个都有自己特定的地址和浏览器驱动的商议信息。用户或浏览器能够自行选择一个首选的地址进行重定向。

（2）301：被请求的资源已永久移动到新位置，并且将来任何对此资源的引用都应该使用本响应返回的若干个 URI 之一。

（3）302：请求的资源现在临时从不同的 URI 响应请求。由于这样的重定向是临时的，客户端应当继续向原有地址发送以后的请求。

（4）303：对应当前请求的响应可以在另一个 URI 上被找到，而且客户端应当采用 GET 的方式访问那个资源。

（5）304：如果客户端发送了一个带条件的 GET 请求且该请求已被允许，而文档的内容（自上次访问以来或者根据请求的条件）并没有改变，则服务器应当返回这个状态码。

（6）305：被请求的资源必须通过指定的代理才能被访问。Location 域中将给出指定的代理所在的 URI 信息，接收者需要重复发送一个单独的请求，通过这个代理才能访问相应资源。只有原始服务器才能建立 305 响应。

（7）306：在新版的规范中，306 状态码已经不再被使用。

（8）307：请求的资源现在临时从不同的 URI 响应请求。由于这样的重定向是临时的，客户端应当继续向原有地址发送以后的请求。只有在 Cache-Control 或 Expires 中进行了指定的情况下，这个响应才是可缓存的。

4. 4xx 请求错误

这类状态码代表客户端可能发生了错误，妨碍了服务器的处理。除非响应的是一个 HEAD 请求，否则服务器就应该返回一个解释当前错误状况的实体，并说明这是临时的还是永久性的状况。这些状态码适用于任何请求方法。浏览器应当向用户显示任何包含在此类错误响应中的实体内容。

（1）400：语义有误，当前请求无法被服务器理解。除非进行修改，否则客户端不应该重复提交这个请求。请求参数有误。

（2）401：当前请求需要用户验证。该响应必须包含一个适用于被请求资源的 WWW-Authenticate 信息头用以询问用户信息。客户端可以重复提交一个包含恰当的 Authorization 信息头的请求。如果当前请求已经包含了 Authorization 证书，那么 401 响应代表服务器验证已经拒绝了那些证书。如果 401 响应包含与前一个响应相同的身份验证询问，且浏览器已经至少尝试了一次验证，那么浏览器应当向用户展示响应中包含的实体信息，因为这个实体信息中可能包含相关诊断信息。

（3）402：该状态码是为了将来可能的需求而预留的。

（4）403：服务器已经理解请求，但是拒绝执行它。与 401 响应不同的是，身份验证并不能提供任何帮助，而且这个请求也不应该被重复提交。如果这不是一个 HEAD 请求，而且服务器希望能够讲清楚为何请求不能被执行，那么就应该在实体内描述拒绝的原因。当然服务器也可以返回一个 404 响应，假如它不希望让客户端获得任何信息。

（5）404：请求失败，请求所希望得到的资源未在服务器上发现。没有信息能够告知用户这个状况到底是暂时的还是永久的。假如服务器知道情况，应当使用 410 状态码来告知旧资源因为某些内部的配置机制问题，已经永久不可用，而且没有任何可跳转的地址。404 这个状态码被广泛应用于当服务器不想揭示到底为何请求被拒绝，或者没有其他适合的响应可用的情况下。

（6）405：请求行中指定的请求方法不能被用于请求相应的资源。该响应必须返回一个 Allow 信息头用以表示当前资源能够接受的请求方法的列表。鉴于 PUT、DELETE 方法会对服务器上的资源进行写操作，因而绝大部分的网页服务器都不支持或者在默认配置下不允许上述请求方法，对于此类请求均会返回 405 错误。

（7）406：请求资源的内容特性无法满足请求头中的条件，因而无法生成响应实体。除非这是一个 HEAD 请求，否则该响应就应当返回一个包含可让用户或浏览器从中选择最合适的实体特性及地址列表的实体。实体的格式由 Content-Type 头中定义的媒体类型决定。浏览器可以根据格式及自身能力自行做出最佳选择。但是，规范中并没有定义任何做出此类自动选择的标准。

（8）407：与 401 响应类似，只不过客户端必须在代理服务器上进行身份验证。代理服务器必须返回一个 Proxy-Authenticate 用以进行身份询问。客户端可以返回一个 Proxy-Authorization 信息头用以验证。

（9）408：请求超时。客户端没有在服务器预备等待的时间内完成一个请求的发送。客户端可以随时再次提交这一请求而无须进行任何更改。

（10）409：由于与被请求资源的当前状态存在冲突，请求无法完成。这个代码只允许在这样的情况下才能被使用——用户被认为能够解决冲突，并且会重新提交新的请求。该响应应当包含足够的信息以便用户发现冲突的源头。冲突通常发生于对 PUT 请求的处理中。例如，在采用版本检查的环境下，某次 PUT 提交的对特定资源的修改请求所附带的版本信息与之前的某个（第三方）请求相冲突，那么此时服务器就应该返回一个 409 错误，告知用户请求无法完成。此时，响应实体中很可能会包含两个冲突版本之间的差异比较，以便用户重新提交归并以后的新版本。

（11）410：被请求的资源在服务器上已经不再可用，而且没有任何已知的转发地址。这样的状况应当被认为是永久性的。如果可能，拥有链接编辑功能的客户端应当在获得用户许可后删除所有指向这个地址的引用。如果服务器不知道或无法确定这个状况是否为永久的，那么就应该使用 404 状态码。除非额外说明，否则这个响应是可缓存的。410 响应的目的主要是帮助网站管理员维护网站，通知用户该资源已经不再可用，并且服务器拥有者希望所有指向这个资源的远端连接也被删除。

（12）411：服务器拒绝在没有定义 Content-Length 头的情况下接收请求。在添加了表明请求消息体长度的有效 Content-Length 头之后，客户端可以再次提交该请求。

（13）412：服务器在验证请求的头字段中给出先决条件时，没能满足其中的一个或多个。这个状态码允许客户端获取资源时在请求的元信息（请求头字段数据）中设置先决条件，以此避免该请求方法被应用到其希望的内容以外的资源上。

（14）413：服务器拒绝处理当前请求，因为该请求提交的实体数据大小超过了服务器愿意或能够处理的范围。此种情况下，服务器可以关闭连接以免客户端继续发送此请求。如果这个状况是临时的，服务器应当返回一个 Retry-After 的响应头，以告知客户端可以在多长时间以后重新尝试。

（15）414：请求的 URI 长度超过了服务器能够解释的长度，因此服务器拒绝对该请求提供服务。

（16）415：对于当前请求的方法和所请求的资源，请求中提交的实体并不是服务器中所支持的格式，因此请求被拒绝。

（17）416：如果请求中包含了 Range 请求头，并且 Range 中指定的任何数据范围都与当前资源的可用范围不重合，同时请求中又没有定义 If-Range 请求头，那么服务器就应当返回 416 状态码。假如 Range 使用的是字节范围，那么这种情况就是指请求指定的所有数据范围的首字节位置都超过了当前资源的长度。服务器也应当在返回 416 状态码的同时，包含一个 Content-Range 实体头，用以指明当前资源的长度。这个响应也被禁止使用 multipart/byteranges 作为其 Content-Type。

（18）417：在请求头 Expect 中指定的预期内容无法被服务器满足，或者这个服务器是一个代理服务器时，它有明显的证据证明在当前路由的下一个节点上，Expect 的内容无法被满足。

（19）421：从当前客户端所在的 IP 地址到服务器的连接数超过了服务器许可的最大范围。这里的 IP 地址通常指的是从服务器上看到的客户端地址（如用户的网关或代理服务器地址）。在这种情况下，连接数的计算可能涉及不止一个终端用户。

（20）422：请求格式正确，但是由于含有语义错误，因此无法响应。

（21）423：当前资源被锁定。

（22）424：由于之前的某个请求发生的错误，导致当前请求失败，如 PROPPATCH。

（23）426：客户端应当切换到 TLS/1.0。

（24）449：由微软扩展，代表请求应当在执行完适当的操作后进行重试。

（25）451：该请求由于法律原因不可用。

5. 5xx 服务器错误

这类状态码代表了服务器在处理请求的过程中有错误或异常状态发生，也有可能是服务器意识到以当前的软硬件资源无法完成对请求的处理。除非这是一个 HEAD 请求，否则服务器应当包含一个解释当前错误状态及这个状况是临时的还是永久的解释信息实体。浏览器应当向用户展示任何在当前响应中被包含的实体。

（1）500：服务器遇到了一个未曾预料的状况，导致它无法完成对请求的处理。一般来说，这个问题会在服务器的程序码出错时出现。

（2）501：服务器不支持当前请求所需要的某个功能（当服务器无法识别请求的方法，并且无法支持其对任何资源的请求时）。

（3）502：作为网关或者代理工作的服务器尝试执行请求时，从上游服务器接收到无效的响应。

（4）503：由于临时的服务器维护或过载，服务器当前无法处理请求。这个状况是临时的，并且将在一段时间后恢复。如果能够预计延迟时间，那么响应中可以包含一个 Retry-After 头用以标明这个延迟时间。如果没有给出这个 Retry-After 信息，那么客户端应当以处理 500 响应的方式处理它。

（5）504：作为网关或代理工作的服务器尝试执行请求时，未能及时从上游服务器（URI 标识出的服务器，如 HTTP、FTP、LDAP）或辅助服务器（如 DNS）收到响应。

（6）505：服务器不支持或拒绝支持在请求中使用的 HTTP 版本。这暗示服务器不能或不愿使用与客户端相同的版本。响应中应当包含一个描述了为何版本不被支持及服务器支持哪些协议的实体。

（7）506：代表服务器存在内部配置错误。被请求的协商变元资源被配置为在透明内容协商中使用自己，因此在一个协商处理中不是一个合适的重点。

（8）507：服务器无法存储完成请求所必需的内容。这个状况被认为是临时的。

（9）509：服务器达到带宽限制。这不是一个官方的状态码，但是仍被广泛使用。

（10）510：获取资源所需要的策略并没有被满足。

2.5.2　自定义异常信息

HTTP 状态码非常全面地定义了 HTTP 通信过程中的各种状态。这些状态码与具体的编程语言和平台无关，因此具有比较好的通用性。

但是，对于普通系统用户而言，这类编码的专业性太强，毕竟普通用户在登录时如果系统仅仅提示 "403"，用户无法意识到发生了什么错误。这时提示 "输入的密码错误" 更能让人理解。因此，有时需要自定义异常信息，让 HTTP 的状态码转义为普通用户所能理解的异常信息。

下面的 Response 类就是一个统一响应的值对象。

```java
public class Response {
    private boolean success; // 处理是否成功
    private String message;  // 处理后消息提示
    private Object body;      // 返回数据
    public boolean isSuccess() {
        return success;
    }
    public void setSuccess(boolean success) {
        this.success = success;
    }
    public String getMessage() {
        return message;
    }
    public void setMessage(String message) {
        this.message = message;
    }
    public Object getBody() {
        return body;
    }
    public void setBody(Object body) {
        this.body = body;
    }
    public Response(boolean success, String message) {
        this.success = success;
        this.message = message;
    }
    public Response(boolean success, String message, Object body) {
        this.success = success;
        this.message = message;
        this.body = body;
    }
}
```

Response 简单地将处理结果分为成功和不成功两类，并且将用户可以理解的错误信息 message 作为消息返回。Response 可以配合 Spring MVC 的 RequestBody 来使用。

```
import org.springframework.web.bind.annotation.RequestBody;
@DeleteMapping("/{username}/blogs/{id}")
@PreAuthorize("authentication.name.equals(#username)")
public ResponseEntity<Response> deleteBlog(@PathVariable("username")
String username, @PathVariable("id") Long id) {
    try {
        blogService.removeBlog(id);
    } catch (Exception e) {
        return ResponseEntity.ok().body(new Response(false, e.getMes-
sage()));
    }
    String redirectUrl = "/u/" + username + "/blogs";
    return ResponseEntity.ok().body(new Response(true, "处理成功", redi-
rectUrl));
}
```

当然，Spring MVC 可以做得更多。Spring MVC 支持使用 @ExceptionHandler 注解的处理方法来监听和响应 Spring MVC 控制器中的错误条件。通常情况下，@ExceptionHandler 处理程序与可能抛出异常的处理程序位于相同的控制器组件中。但是，这些异常处理程序不会在多个控制器中共享。如果想集中异常处理逻辑，请使用 @ControllerAdvice 组件。@ControllerAdvice 是一种特殊类型的组件，可以为任意数量的控制器引入行为（并响应异常）。

以下是使用 @ControllerAdvice 及 @ExceptionHandler 的示例。

```
@ControllerAdvice(annotations = RestController.class)
public class CustomerControllerAdvice {
    private final MediaType vndErrorMediaType = MediaType.parseMedia-
Type("application/vnd.error");
    @ExceptionHandler(CustomerNotFoundException.class)
    ResponseEntity<VndErrors> notFoundException(CustomerNotFoundExcep-
tion e) {
        return this.error(e, HttpStatus.NOT_FOUND, e.getCustomerId() +
"");
    }
    @ExceptionHandler(IllegalArgumentException.class)
    ResponseEntity<VndErrors> assertionException(IllegalArgumentExcep-
tion ex) {
        return this.error(ex, HttpStatus.NOT_FOUND, ex.getLocalizedMes-
sage());
    }
    private <E extends Exception> ResponseEntity<VndErrors> error(E
error,HttpStatus httpStatus, String logref) {
        String msg = Optional.of(error.getMessage()).orElse(
        error.getClass().getSimpleName());
        HttpHeaders httpHeaders = new HttpHeaders();
```

```
        httpHeaders.setContentType(this.vndErrorMediaType);
        return new ResponseEntity<>(new VndErrors(logref, msg), http-
Headers,httpStatus);
    }
}
```

2.6 API 管理

一款不断为客户创造价值的软件，其关键在于它是可变化的。只有软件不断满足客户的需要，客户才会肯定软件的价值。对于好的 REST 服务而言，变化也是无可避免的。那么如何做好对 REST API 的管理呢？

事实上，Cloud Native 架构最大的好处之一就是，它鼓励小批量更改。通过微服务的方式来快速开发出服务，并使各个微服务之间得到独立部署，最终实现有效隔离。这样，即便其中某个服务发生故障，仍然不会对其他服务产生影响。而且微服务是独立部署、发布的，可以实现快速升级或更新，这对于整个系统而言是无感知的。因此，Cloud Native 架构能够容忍故障，并且鼓励频繁变化。

变化的 API 所带来的另一个好处是，客户能及时获知软件的新功能。而这些新功能往往是客户的价值所在。越早将新功能进行部署、发布，就能越早交付给客户使用，也就能越早得到客户的正向反馈，从而驱动软件发生改变，最终软件将得到进化。

2.6.1 版本化

虽然变化无法避免，但软件必须能够区分不同的变化所带来的差异，这就需要版本化。理想情况下，REST API 所带来的语义是不变的。就如同面向接口编程，接口往往是固定不变的，唯一需要变动的是接口的实现细节。REST API 同样如此。

举例来说，有一个 REST API "http://waylau.com/blogs/001"，这个 API 所代表的语义是"查询 ID 为 001 的博客文章"。那么正常情况下，不论系统如何进化，访问这个 API 时都应该返回"ID 为 001 的博客文章"内容，这就是接口的固化。当然，这个 API 返回的内容细节是允许有差异的，毕竟博客内容是会发生更改的。

但是，有些场景的 REST API 并不能做到完全地前后兼容。毕竟，客户端和服务器端是两套不同的软件产品，它们的进化是独立的，所以在某个时间段内，客户端所要调用的 API 与服务器端想要提供的 API 存在差异。例如，服务器端想要将某个接口 A 替换为接口 B，但此时客户端仍然在使用接口 A，而未升级做好使用接口 B 的准备。面对这种场景，服务器端需要同时提供接口 A 和接口 B 两个版本。等到客户端完全做好了切换到接口 B 的准备时，再将接口 A 进行下线就比较安全了。

在 REST API 中有一些常见的方法是在 URL 中对版本进行编码，将其编码为任意 HTTP 头，或者将其编码为请求的 Accept 头中指定的内容类型的一部分。

以下是 Spring MVC 中实现版本化的示例。

```java
import org.springframework.web.bind.annotation.*;
import static org.springframework.http.MediaType.APPLICATION_JSON_VAL-
UE;
@RestController
@RequestMapping("/api")
public class VersionedRestController {
    public static final String V1_MEDIA_TYPE_VALUE
        = "application/vnd.bootiful.demo-v1+json";
    public static final String V2_MEDIA_TYPE_VALUE
        = "application/vnd.bootiful.demo-v2+json";
    private enum ApiVersion {
        v1, v2
    }
    public static class Greeting {
        private String how;
        private String version;
        public Greeting(String how, ApiVersion version) {
            this.how = how;
            this.version = version.toString();
        }
        public String getHow() {
            return how;
        }
        public String getVersion() {
            return version;
        }
    }
    @GetMapping(value = "/{version}/hi", produces = APPLICATION_JSON_
VALUE)
    Greeting greetWithPathVariable(@PathVariable ApiVersion version) {
        return greet(version, "path-variable");
    }
    @GetMapping(value = "/hi", produces = APPLICATION_JSON_VALUE)
    Greeting greetWithHeader(@RequestHeader("X-API-Version") ApiVersion
version) {
        return this.greet(version, "header");
    }
    @GetMapping(value = "/hi", produces = V1_MEDIA_TYPE_VALUE)
    Greeting greetWithContentNegotiationV1() {
        return this.greet(ApiVersion.v1, "content-negotiation");
    }
    @GetMapping(value = "/hi", produces = V2_MEDIA_TYPE_VALUE)
    Greeting greetWithContentNegotiationV2() {
        return this.greet(ApiVersion.v2, "content-negotiation");
```

```
    }
    private Greeting greet(ApiVersion version, String how) {
        return new Greeting(how, version);
    }
}
```

这种方法用于在 URL 中指定 API 的版本。

当使用以下命令进行测试时，

```
curl http://localhost:8080/api/V2/hi
```

Spring MVC 会自动将 URL 参数映射到相应 ApiVersion 枚举的实例中。

当使用以下命令进行测试时，

```
curl -H "X-API-Version:V1" http://localhost:8080/api/hi
```

该方法自动将请求标头转换为相应 ApiVersion 枚举的实例。

当使用以下命令进行测试时，

```
curl -H "Accept:application/vnd.bootiful.demo-v1+json" http://local-
host:8080/api/hi
```

此控制器处理程序将处理"application/vnd.bootiful.demo-v1+json"媒体类型的请求。

当使用以下命令进行测试时，

```
curl -H "Accept:application/vnd.bootiful.demo-v2+json" http://local-
host:8080/api/hi
```

此控制器处理程序将处理"application/vnd.bootiful.demo-v2+json"媒体类型的请求。

2.6.2　文档化

在敏捷开发中不推荐使用文档，原因在于，实际项目中文档的更新往往落后于代码实现。这种文档也被称为"死文档"，因为无法正确反映实际的软件工作方式。

我们推崇"代码即文档"，毕竟，只有当前的代码最能反映当前软件的行为。换言之，如果将文档写入代码，就没有必要再为代码写文档了。那么，如何做到"代码即文档"呢？

1. 代码命名要有含义

首先，使用有意义的变量名和方法名。如果变量名称已经表明了它们所代表的意思，方法名也说明了它们所能实现的功能，那么就完全不需要去读代码或读文档来弄明白代码的作用。

其次，编写方法时，即使最后的方法只有三四行代码，也要尽量让代码保持简洁。一个方法应专注于一件事情，而且方法名要表明它的功能。

最后，对于一个类中的每一个成员名，都应该达到只读名称就知道它们所包含的信息。这个规则对变量和输入参数也同样适用。

2. 自动文档化

某些情况下，用户无法直接看到源码，所以文档仍然有其存在的价值。例如，服务 A 依赖于服务 B 的 REST 接口，那么服务 B 就需要提供一份详细的 REST 接口说明给服务 A，这样服务 A 才能通过文档来了解 REST 接口的对接细节。

为了避免产生"死文档"，很多工具提供了自动化手段来生成"新鲜"的文档。JavaDoc 是第一个大规模的例子，尽管其他语言自此引入了替代方案。JavaDoc 由开发人员维护，因为它与代码一起工作，开发人员能够始终看到文档，反映了代码的真实性。

超媒体提供了许多关于精心设计的 API 使用的线索。HTTP OPTION 告知开发人员给定资源支持哪些 HTTP 动词，超媒体链接告知开发人员一个资源有什么关系，模式告知开发人员给定资源的可接受有效载荷的结构。尽管如此，也并没有很好的方式来记录预期的 HTTP 请求参数或标题，以及解释动机或意图。文档最好是用于描述动机，而不是实现。业界有一些非常好用的 REST API 文档生成工具，如 Swagger、Spring RESTDocs 等。

2.6.3 可视化

有时候，我们需要掌握 REST API 的使用情况，例如，API 的调用次数、成功率、告警数等，这时就需要 REST API 的可视化界面。

Swagger UI（项目地址为 https://swagger.io/tools/swagger-ui）允许任何人（无论是开发团队还是最终用户）在没有任何实现逻辑的情况下对 API 资源进行可视化和交互。它是从 OpenAPI 规范中自动生成的，其可视化文档使后端实现和客户端消费变得轻松。图 2-6 展示了 Swagger UI 的使用界面。

图2-6　Swagger UI 界面

另外一款值得称道的是 Spring Boot Admin（项目地址为 https://github.com/codecentric/spring-boot-admin），专门用于监控和配置以 Spring Boot 为基础的微服务。其优势在于，能够为 Spring Boot 技术栈提供一流的可视化管理界面。但同时，也限制了它只能在 Spring Boot 应用中使用。图 2-7 展示了 Spring Boot Admin 的使用界面。

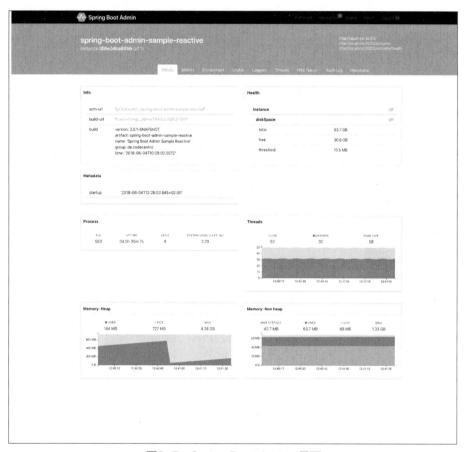

图2-7　Spring Boot Admin 界面

2.7 客户端

之前的章节中演示了使用 curl 来发起 HTTP 请求到 REST 接口，这个 curl 就是一款小巧的 REST 客户端。本节将讨论各种更高级别的 REST 客户端，以及讲解如何编程实现与 REST API 进行交互。

2.7.1 浏览器插件

很多浏览器支持以插件的方式来安排 REST 客户端。这些客户端往往能够拥有完整的 HTTP 协议操作，如 GET、POST、PUT 或 DELETE 方法，这让测试 REST API 变得非常简单。常见的插件包括 Postman、RESTClient 或 HttpRequester 等。

Postman 只能安装在 Google Chrome 浏览器中，这在一定程度上限制了 Postman 的使用。但好在 Postman 已经有独立安装包了，这意味着它可以摆脱浏览器，作为桌面应用来进行安装。

如果是 Firefox 用户，那么可以选择安装 RESTClient 或 HttpRequester。这些插件在功能上大致相同。在 Firefox 的安装插件界面，输入关键字 "restclinet" 就能看到这两款插件的信息，单击 "安装" 按钮即可，如图 2-8 所示。

图2-8　在Firefox 安装 REST 客户端插件

在 HttpRequester 中的请求 URL 中填写接口地址（示例为 http://localhost:8080/users/1），然后单击 "Submit" 按钮提交测试请求，在右侧响应中能看到返回的 JSON 数据。图 2-9 展示了 HttpRequester 的使用过程。

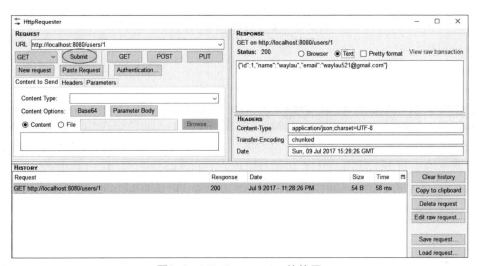

图2-9　HttpRequester 的使用

2.7.2　JAX-RS 客户端

JAX-RS 规范中定义了 REST 客户端 API，用于以编程的方式来访问 Web 资源。它提供比 HttpURLConnection 更高级别的 API 及与 JAX-RS 提供者的集成。这些 API 均位于 javax.ws.rs.client 包中。

下面演示如何使用这些 API。

1. 初始化 Client 实例

Client 实例能够使用 Client API 来访问 Web 资源。Client 的默认实例可以通过在 ClientBuilder 上调用 newClient 方法获得。Client 实例可以使用从 Configurable 继承的方法进行配置，如下所示。

```
// 默认客户端实例
Client client = ClientBuilder.newClient();
// 默认客户端附加配置
client.property("MyProperty", "MyValue")
.register(MyProvider.class)
.register(MyFeature.class);
```

2. 资源访问

Client 初始化之后，就可以使用流畅的 API 访问 Web 资源，通过 Builder 模式的方法链来构建参数，并最终提交 HTTP 请求。

以下示例可以获取 http://example.org/hello 上的资源，并以“text/plain”媒体类型来表示。

```
Client client = ClientBuilder.newClient();
Response res = client.target("http://example.org/hello")
.request("text/plain").get();
```

从概念上讲，提交请求所需的步骤如下。

（1）获取客户端实例。

（2）创建 WebTarget。

（3）从 WebTarget 创建请求。

（4）提交请求或获取准备好的调用以供日后提交。

方法链并不局限于上面所示的例子，还可以通过设置 Header、Cookie、查询参数等来进一步指定请求。例如：

```
Response res = client.target("http://example.org/hello")
.queryParam("MyParam","...")
.request("text/plain")
.header("MyHeader", "...")
.get();
```

3.Client Target

构建复杂的 URI 时，使用 WebTarget 的好处变得明显，例如，可以用来扩展路径或模板的

URI。以下示例突出显示了这些情况。

```
WebTarget base = client.target("http://example.org/");
WebTarget hello = base.path("hello").path("{whom}");
Response res = hello.resolveTemplate("whom", "world").request("...").
get();
```

4. 类型化的实体

类型化的实体支持响应的内容转换为指定的类型。以下示例将响应的内容转换为了 Customer 类型的实体。

```
Customer c = client.target("http://examples.org/customers/123")
.request("application/xml").get(Customer.class);
```

5. 调用

调用是一个已经准备好执行的请求。调用提供了一个通用接口，使创建者和提交者之间的关注点分离。具体而言，提交者不需要知道调用是如何准备的，只需要知道如何执行。提交者执行时可以是同步或是异步的。

来看下面的例子。

```
// 创建者执行
Invocation inv1 = client.target("http://examples.org/atm/balance")
.queryParam("card", "111122223333").queryParam("pin", "9876")
.request("text/plain").buildGet();
Invocation inv2 = client.target("http://examples.org/atm/withdrawal")
.queryParam("card", "111122223333").queryParam("pin", "9876")
.request().buildPost(text("50.0"));
Collection<Invocation> invs = Arrays.asList(inv1, inv2);
// 提交者执行
Collection<Response> ress =
    Collections.transform(invs,new F<Invocation, Response>() {
        @Override
        public Response apply(Invocation inv) {
            return inv.invoke();
        }
    });
```

在这个例子中，两个调用被创建者准备好，并存储在一个集合中。提交者遍历集合，通过 Invocation.invoke 方法以同步方式执行调用。当然，也可以通过 Invocation.submit 方法来执行异步调用。

2.7.3 Spring 客户端

Spring 提供了多种 REST 客户端，包括传统的 RestTemplate 及 WebClient。这两种客户端分别有其对应的应用场景。

1. RestTemplate

RestTemplate 就是 Spring 原生的 REST 客户端，用于执行 HTTP 请求，遵循类似于 Spring 框架中其他模板类的方法，如 JdbcTemplate、JmsTemplate 等。借助 RestTemplate，Spring 应用能够方便地使用 REST 资源。模板方法将过程中与特定实现相关的部分委托给接口，而这个接口的不同实现定义了接口的不同行为。RestTemplate 定义了 36 个与 REST 资源交互的方法，其中大多数都对应 HTTP 的方法。其实，这里面只有 11 个独立的方法，其中 10 个有三种重载形式，而第 11 个则重载了 6 次，这样一共形成了 36 个方法。这 11 个独立的方法如下。

（1）delete()：在特定的 URL 上对资源执行 HTTP DELETE 操作。

（2）exchange()：在 URL 上执行特定的 HTTP 方法，返回包含对象的 ResponseEntity，这个对象是从响应体中映射得到的。

（3）execute()：在 URL 上执行特定的 HTTP 方法，返回一个从响应体映射得到的对象。

（4）getForEntity()：发送一个 HTTP GET 请求，返回的 ResponseEntity 包含了响应体所映射成的对象。

（5）getForObject()：发送一个 HTTP GET 请求，返回的请求体将映射为一个对象。

（6）postForEntity()：发送（POST）数据到一个 URL，返回包含一个对象的 ResponseEntity，这个对象是从响应体中映射得到的。

（7）postForObject()：发送（POST）数据到一个 URL，返回根据响应体匹配形成的对象。

（8）headForHeaders()：发送 HTTP HEAD 请求，返回包含特定资源 URL 的 HTTP 头。

（9）optionsForAllow()：发送 HTTP OPTIONS 请求，返回对特定 URL 的 Allow 头信息。

（10）postForLocation()：发送（POST）数据到一个 URL，返回新创建资源的 URL。

（11）put()：传送（PUT）资源到特定的 URL。

实际上，由于 POST 操作的非幂等性，它几乎可以代替其他的 CRUD 操作。以下是一个典型的 RestTemplate 用法示例。

```
String result = restTemplate.getForObject(
        "http://example.com/hotels/{hotel}/bookings/{booking}",
        String.class, "42", "21");
```

RestTemplate 主要适用于同步的 API 调用的场景。这种调用往往是 I/O 阻塞的。而另外一款 WebClient，则能够提供更为强大的响应式编程。

2. WebClient

WebClient 是一种响应式客户端，它提供了比 RestTemplate 更为强大的功能。WebClient 公开了一个函数式的流式 API，并且是非阻塞 I/O，这样就能实现比 RestTemplate 更高效的、更高并发的 Web 请求。

相较于 RestTemplate，WebClient 非常适合流式场景。

以下是一个典型的 WebClient 用法示例。

```
WebClient client = WebClient.create("http://example.org");

Mono<Person> result = client.get()
        .uri("/persons/{id}", id).accept(MediaType.APPLICATION_JSON)
        .retrieve()
        .bodyToMono(Person.class);
```

有关 Spring 的更多内容，可以参阅笔者所著的《Spring 5 开发大全》。

2.8 实战：开启第一个微服务

本节将讲解如何开启第一个基于 Spring Boot 的微服务项目。创建 Spring Boot 应用的过程是非常简单的，甚至不需要输入一行代码，就能够完成一个 Spring Boot 项目的构建。

2.8.1 初始化一个 Spring Boot 原型

Spring Initializr 是用于初始化 Spring Boot 项目的可视化平台。虽然通过 Maven 或 Gradle 来添加 Spring Boot 提供的 Starter 非常简单，但是由于组件和关联部分众多，因此有这样一个可视化的配置构建管理平台对于用户来说非常友好。下面将演示如何通过 Spring Initializr 初始化一个 Spring Boot 项目原型。

访问网站 https://start.spring.io/，该网站是 Spring 提供的官方 Spring Initializr 网站，当然，也可以搭建自己的 Spring Initializr 平台，有兴趣的读者可以访问 https://github.com/spring-io/initializr/ 来获取 Spring Initializr 项目源码。

按照 Spring Initializr 页面提示，输入相应的项目元数据（Project Metadata）资料，并选择依赖。由于这里是要初始化一个 Web 项目，因此在依赖搜索框中输入关键字"web"，并且选择"Web: Full-stack web development with Tomcat and Spring MVC"选项。该项目将会采用 Spring MVC 作为 MVC 的框架，并且集成 Tomcat 作为内嵌的 Web 容器。图 2-10 展示了 Spring Initializr 的管理界面。

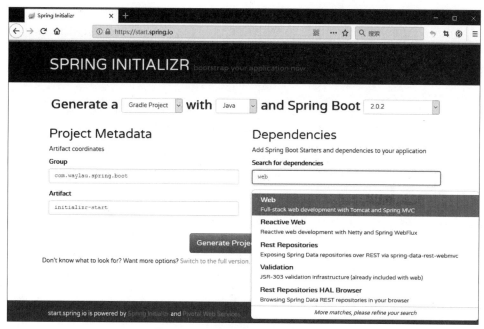

图2-10　Spring Initializr 管理界面

这里采用 Gradle 作为项目管理工具①，选择最新的 Spring Boot 版本，Group 的信息设置为"com.waylau.spring.boot"，Artifact 设置为"initializr-start"。单击"Generate Project"按钮，此时，可以下载到以项目"initializr-start"命名的 zip 包。该压缩包包含了这个原型项目的所有源码及配置，将该压缩包解压后，就能获得 initializr-start 项目的完整源码。

这里并没有输入一行代码，却完成了一个完整的 Spring Boot 项目的搭建。

2.8.2　用 Gradle 编译项目

切换到 initializr-start 项目的根目录下，执行 gradle build 来对项目进行构建，构建过程如下。

```
$ gradle build
Starting a Gradle Daemon, 1 incompatible and 1 stopped Daemons could
not be reused, use --status for details
Download https://repo.maven.apache.org/maven2/org/springframework/boot/
spring-boot-gradle-plugin/2.0.2.RELEASE/spring-boot-gradle-plugin-
2.0.2.RELEASE.pom
Download https://repo.maven.apache.org/maven2/org/springframework/boot/
spring-boot-tools/2.0.2.RELEASE/spring-boot-tools-2.0.2.RELEASE.pom
Download https://repo.maven.apache.org/maven2/org/springframework/boot/
spring-boot-loader-tools/2.0.2.RELEASE/spring-boot-loader-tools-
2.0.2.RELEASE.pom
```

① 有关 Gradle 的使用，可以参阅笔者所著的开源电子书《Gradle 2 用户指南》，见 https://github.com/waylau/Gradle-2-User-Guide。（访问时间：2019 年 1 月 14 日）

```
Download https://repo.maven.apache.org/maven2/org/springframework/boot/
spring-boot-loader-tools/2.0.2.RELEASE/spring-boot-loader-tools-
2.0.2.RELEASE.jar
Download https://repo.maven.apache.org/maven2/org/springframework/boot/
spring-boot-gradle-plugin/2.0.2.RELEASE/spring-boot-gradle-plugin-
2.0.2.RELEASE.jar
Download https://repo.maven.apache.org/maven2/org/springframework/boot/
spring-boot-starter-web/2.0.2.RELEASE/spring-boot-starter-web-2.0.2.RE-
LEASE.pom
Download https://repo.maven.apache.org/maven2/org/springframework/boot/
spring-boot-starter-json/2.0.2.RELEASE/spring-boot-starter-json-
2.0.2.RELEASE.pom
Download https://repo.maven.apache.org/maven2/org/springframework/boot/
spring-boot-starter-tomcat/2.0.2.RELEASE/spring-boot-starter-tomcat-
2.0.2.RELEASE.pom
Download https://repo.maven.apache.org/maven2/org/apache/tomcat/embed/
tomcat-embed-websocket/8.5.31/tomcat-embed-websocket-8.5.31.pom
...
> Task :test
2018-06-14 23:44:22.995  INFO 13260 --- [        Thread-5]
o.s.w.c.s.GenericWebApplicationContext : Closing org.springframework.web.
context.support.GenericWebApplicationContext@b202133: startup date [Thu
Jun 14 23:44:20 CST 2018]; root of context hierarchy
BUILD SUCCESSFUL in 9m 50s
5 actionable tasks: 5 executed
```

下面来分析执行 gradle build 的整个过程发生了什么。

首先，在编译开始阶段，Gradle 会解析项目配置文件，然后去 Maven 仓库找相关的依赖，并下载到本地。速度快慢取决于本地的网络。控制台会打印整个下载、编译、测试的过程，为了节省篇幅，本书省去了大部分下载过程。最后，看到 "BUILD SUCCESSFUL" 字样，证明已经编译成功了。

回到项目的根目录下，可以发现多出了一个 build 目录，在 build/libs 下可以看到一个 initializr-start-0.0.1-SNAPSHOT.jar 文件，该文件就是项目编译后的可执行文件。在项目的根目录，通过以下命令来运行该文件。

```
java -jar build/libs/initializr-start-0.0.1-SNAPSHOT.jar
```

成功运行后，可以在控制台看到如下输出。

```
$ java -jar build/libs/initializr-start-0.0.1-SNAPSHOT.jar

D:\workspaceGithub\cloud-native-book-demos\samples\ch02\initial-
izr-start>java -jar build/libs/initializr-start-0.0.1-SNAPSHOT.jar
```

```
   .   ____          _            __ _ _
  /\\ / ___'_ __ _ _(_)_ __  __ _ \ \ \ \
 ( ( )\___ | '_ | '_| | '_ \/ _` | \ \ \ \
  \\/  ___)| |_)| | | | | || (_| |  ) ) ) )
   '  |____| .__|_| |_|_| |_\__, | / / / /
  =========|_|==============|___/=/_/_/_/
  :: Spring Boot ::        (v2.0.2.RELEASE)

2018-06-14 23:45:11.607  INFO 12360 --- [           main]
c.w.s.b.i.InitializrStartApplication    : Starting InitializrStartAp-
plication on AGOC3-705091335 with PID 12360 (D:\workspaceGithub\cloud-
native-book-demos\samples\ch02\initializr-start\build\libs\initial-
izr-start-0.0.1-SNAPSHOT.jar started by Administrator in D:\workspace-
Github\cloud-native-book-demos\samples\ch02\initializr-start)

...

2018-06-14 23:45:14.487  INFO 12360 --- [           main]
o.s.w.s.handler.SimpleUrlHandlerMapping : Mapped URL path [/**] onto
handler of type [class org.springframework.web.servlet.resource.Re-
sourceHttpRequestHandler]
2018-06-14 23:45:14.694  INFO 12360 --- [           main] o.s.j.e.a.An-
notationMBeanExporter          : Registering beans for JMX exposure on
startup
2018-06-14 23:45:14.833  INFO 12360 --- [           main]
o.s.b.w.embedded.tomcat.TomcatWebServer : Tomcat started on port(s):
8080 (http) with context path ''
2018-06-14 23:45:14.839  INFO 12360 --- [           main]
c.w.s.b.i.InitializrStartApplication    : Started InitializrStartAp-
plication in 3.901 seconds (JVM running for 4.681)
```

观察控制台输出的内容（为了节省篇幅，这里省去了中间的大部分内容）。在开始部分，是一个大大的 "Spring" 的标志，下面还标明了 Spring Boot 的版本号。该标志也被称为 Spring Boot 的 "banner"。用户可以自定义符合自己个性需求的 banner。例如，在类路径添加一个 banner.txt 文件，或者通过将 banner.location 设置到此类文件的位置来更改。如果文件有一个不寻常的编码，也可以设置 banner.charset（默认是 UTF-8）。除了文本文件，还可以将 banner.gif、banner.jpg 或 banner.png 图像文件添加到类路径中，或者设置 banner.image.location 属性。这些图像将被转换成 ASCII 艺术表现，并打印在控制台上方。

Spring Boot 默认寻找 Banner 的顺序如下。

（1）依次在类路径下找文件 banner.gif、banner.jpg 或 banner.png，先找到哪个就用哪个。

（2）继续在类路径下找 banner.txt。

（3）如果上面都没有找到，则用默认的 Spring Boot Banner，就是在控制台输出的最常见的那个。

（4）从最后的输出内容中可以观察到，该项目使用的是 Tomcat 容器，项目使用的端口号是 8080。

在控制台输入"Ctrl+C"，可以关闭该程序。

2.8.3 探索项目

启动项目后，在浏览器中输入 http://localhost:8080/，可以得到如下信息。

```
Whitelabel Error Page

This application has no explicit mapping for /error, so you are seeing
this as a fallback.

Sat Apr 21 23:32:39 CST 2018
There was an unexpected error (type=Not Found, status=404).
No message available
```

由于项目中还没有任何对请求的处理程序，因此 Spring Boot 返回了上述默认的错误提示信息。

观察 initializr-start 项目的目录结构：

```
initializr-start
│   .gitignore
│   build.gradle
│   gradlew
│   gradlew.bat
│   settings.gradle
│
├──.gradle
│   ├──4.5
│   │   ├──fileChanges
│   │   │       last-build.bin
│   │   │
│   │   ├──fileContent
│   │   │       annotation-processors.bin
│   │   │       fileContent.lock
│   │   │
│   │   ├──fileHashes
│   │   │       fileHashes.bin
│   │   │       fileHashes.lock
│   │   │       resourceHashesCache.bin
│   │   │
│   │   └──taskHistory
│   │           taskHistory.bin
│   │           taskHistory.lock
│   │
│   ├──buildOutputCleanup
│   │       buildOutputCleanup.lock
```

```
|   |          cache.properties
|   |          outputFiles.bin
|   |
|   └─vcsWorkingDirs
|          gc.properties
|
├─build
|   ├─classes
|   |   └─java
|   |       ├─main
|   |       |   └─com
|   |       |       └─waylau
|   |       |           └─spring
|   |       |               └─boot
|   |       |                   └─initializrstart
|   |       |                         InitializrStartApplication.class
|   |       |
|   |       └─test
|   |           └─com
|   |               └─waylau
|   |                   └─spring
|   |                       └─boot
|   |                           └─initializrstart
|   |                                 InitializrStartApplicationTests.
class
|   |
|   ├─libs
|   |       initializr-start-0.0.1-SNAPSHOT.jar
|   |
|   ├─reports
|   |   └─tests
|   |       └─test
|   |           |   index.html
|   |           |
|   |           ├─classes
|   |           |       com.waylau.spring.boot.initializrstart.Initial-
izrStartApplicationTests.html
|   |           |
|   |           ├─css
|   |           |       base-style.css
|   |           |       style.css
|   |           |
|   |           ├─js
|   |           |       report.js
|   |           |
|   |           └─packages
|   |                   com.waylau.spring.boot.initializrstart.html
|   |
|   ├─resources
```

```
|    |    └─main
|    |    |    application.properties
|    |    |
|    |    ├─static
|    |    └─templates
|    ├─test-results
|    |    └─test
|    |    |    TEST-com.waylau.spring.boot.initializrstart.Initializr-
StartApplicationTests.xml
|    |    |
|    |    └─binary
|    |         output.bin
|    |         output.bin.idx
|    |         results.bin
|    |
|    └─tmp
|         ├─bootJar
|         |    MANIFEST.MF
|         |
|         ├─compileJava
|         └─compileTestJava
├─gradle
|    └─wrapper
|         gradle-wrapper.jar
|         gradle-wrapper.properties
|
└─src
     ├─main
     |    ├─java
     |    |    └─com
     |    |         └─waylau
     |    |              └─spring
     |    |                   └─boot
     |    |                        └─initializrstart
     |    |                             InitializrStartApplication.java
     |    |
     |    └─resources
     |         |    application.properties
     |         |
     |         ├─static
     |         └─templates
     └─test
          └─java
               └─com
                    └─waylau
                         └─spring
                              └─boot
                                   └─initializrstart
                                        InitializrStartApplicationTests.
```

```
java
```

这个目录结构中包含了以下信息。

1. build.gradle 文件

在项目的根目录中可以看到 build.gradle 文件，这个是项目的构建脚本。Gradle 以 Groovy 语言为基础，面向 Java 应用为主，是基于 DSL（领域特定语言）语法的自动化构建工具。Gradle 这个工具集成了构建、测试、发布及常用的其他功能，如软件打包、生成注释文档等。跟以往的 Maven 等构架工具不同，配置文件不需要烦琐的 XML，而是需要简洁的 Groovy 语言脚本。

对于本项目的 build.gradle 文件中配置的含义，这里已经添加了详细注释。

```
// buildscript 代码块中脚本优先执行
buildscript {
    // ext用于定义动态属性
    ext {
        springBootVersion = '2.0.2.RELEASE'
    }
    // 使用了中央仓库
    repositories {
        mavenCentral()
    }
    // classpath 声明了在执行其余的脚本时，ClassLoader 可以使用这些依赖项
    dependencies {
        classpath("org.springframework.boot:spring-boot-gradle-plug-
in:${springBootVersion}")
    }
}
// 使用插件
apply plugin: 'java'
apply plugin: 'eclipse'
apply plugin: 'org.springframework.boot'
apply plugin: 'io.spring.dependency-management'
// 指定了生成的编译文件版本，默认打成了jar包
group = 'com.waylau.spring.boot'
version = '0.0.1-SNAPSHOT'
// 指定编译.java文件的JDK 版本
sourceCompatibility = 1.8
repositories {
    mavenCentral()
}
// 依赖关系
dependencies {
    // 该依赖用于编译阶段
    compile('org.springframework.boot:spring-boot-starter-web')
    // 该依赖用于测试阶段
    testCompile('org.springframework.boot:spring-boot-starter-test')
}
```

2. gradlew 和 gradlew.bat

gradlew 和 gradlew.bat 这两个文件是 Gradle Wrapper 用于构建项目的脚本。使用 Gradle Wrapper 的好处在于，项目组成员不必预先在本地安装好 Gradle 工具。在用 Gradle Wrapper 构建项目时，Gradle Wrapper 首先会去检查本地是否存在 Gradle，如果没有，则会根据配置上的 Gradle 的版本和安装包的位置来自动获取安装包并构建项目。使用 Gradle Wrapper 的另一个好处在于，所有的项目组成员能够统一项目所使用的 Gradle 版本，从而规避了由于环境不一致而导致的编译失败的问题。对于 Gradle Wrapper 的使用，在类似于 UNIX 的平台（如 Linux 和 Mac OS）上直接运行 gradlew 脚本，就会自动完成 Gradle 环境的搭建。而在 Windows 环境下，则执行 gradlew.bat 文件。

3. build 和 .gradle

build 和 .gradle 都是在 Gradle 对项目进行构建后生成的目录或文件。

4. Gradle Wrapper

Gradle Wrapper 免去了用户在使用 Gradle 进行项目构建时需要安装 Gradle 的烦琐步骤。每个 Gradle Wrapper 都被绑定到一个特定版本的 Gradle，所以当第一次在给定的 Gradle 版本下运行上面的命令之一时，它将下载相应的 Gradle 发布包，并使用它来执行构建。默认情况下，Gradle Wrapper 的发布包指向的是官网的 Web 服务地址，相关配置记录在了 gradle-wrapper.properties 文件中。查看 Spring Boot 提供的 Gradle Wrapper 的配置，参数 "distributionUrl" 用于指定发布包的位置。

```
#Tue Feb 06 12:27:20 CET 2018
distributionBase=GRADLE_USER_HOME
distributionPath=wrapper/dists
zipStoreBase=GRADLE_USER_HOME
zipStorePath=wrapper/dists
distributionUrl=https\://services.gradle.org/distributions/gradle-
4.5.1-bin.zip
```

从上述配置可以看出，当前 Spring Boot 采用的是 Gradle 4.5.1 版本。也可以自行修改版本和发布包存放的位置。下面的例子指定了发布包的位置是在本地的文件系统中。

```
distributionUrl=file\:/D:/software/webdev/java/gradle-4.5-all.zip
```

5. src 目录

如果用过 Maven，那么肯定对 src 目录不陌生。Gradle 约定了该目录下的 main 目录下是程序的源码，test 目录下是测试用的代码。

注意：由于 Gradle 工具是舶来品，因此对于国人来说，很多时候会觉得编译速度非常慢。其中很大一部分原因是网络的限制，因为 Gradle 及 Maven 的中央仓库都架设在国外，所以在国内访问时，速度上肯定会有一些限制。

2.8.4　实现第一个服务

上述几步就完成了第一个微服务项目的初始化。为了实现服务，需要在这个 initializr-start 项目的基础上进行改造。复制 initializr-start 项目内容成为一个新的项目"boot-rest"来作为第一个服务的演示项目。

进入 boot-rest 项目的 src 目录下，应该能够看到 com.waylau.spring.boot.initializrstart 包及 InitializrStartApplication.java 文件。为了规范，将该包名改为 com.waylau.spring.boot，将 InitializrStart-Application.java 更名为 Application.java。

1. 观察 Application.java

打开 Application.java 文件，观察代码：

```
package com.waylau.spring.boot.blog;
import org.springframework.boot.SpringApplication;
import org.springframework.boot.autoconfigure.SpringBootApplication;
@SpringBootApplication
public class Application {
    public static void main(String[] args) {
        SpringApplication.run(Application.class, args);
    }
}
```

在上述代码中，首先看到的是 @SpringBootApplication 注解。对于经常使用 Spring 的用户而言，很多开发者总是使用 @Configuration、@EnableAutoConfiguration 和 @ComponentScan 注解他们的 main 类。由于这些注解被如此频繁地一起使用，因此 Spring Boot 提供了一个方便的 @SpringBoot-Application 注解，该注解等同于默认属性使用 @Configuration、@EnableAutoConfiguration 和 @ComponentScan 的默认属性。即：

```
@SpringBootApplication = （默认属性的） @Configuration + @EnableAutoConfigu-
ration + @ComponentScan
```

（1）@Configuration：经常与 @Bean 组合使用，使用这两个注解就可以创建一个简单的 Spring 配置类，可以用来替代相应的 XML 配置文件。@Configuration 的注解类标识这个类可以使用 Spring IoC 容器作为 bean 定义的来源。@Bean 注解告知 Spring，一个带有 @Bean 的注解方法将返回一个对象，该对象应该被注册为在 Spring 应用程序上下文中的 bean。

（2）@EnableAutoConfiguration：能够自动配置 Spring 的上下文，试图猜测和配置开发者想要的 bean 类，通常会自动根据开发者的类路径和 bean 定义自动配置。

（3）@ComponentScan：会自动扫描指定包下的全部标有 @Component 的类，并注册成 bean，当然也包括 @Component 下的子注解 @Service、@Repository、@Controller。这些 bean 一般是结合 @Autowired 构造函数来注入。

2. 编写控制器 HelloController

创建 com.waylau.spring.boot.controller 包，用于放置控制器类。HelloController.java 的代码非常简单。当请求到 /hello 路径时，将会响应 "Hello World!" 字样的字符串。代码如下。

```java
import org.springframework.web.bind.annotation.RequestMapping;
import org.springframework.web.bind.annotation.RestController;
@RestController
public class HelloController {
    @RequestMapping("/hello")
    public String hello() {
        return "Hello World! Welcome to visit waylau.com!";
    }
}
```

@RestController 等价于 @Controller 与 @ResponseBody 的组合，主要用于返回在 RESTful 应用中常用的 JSON 格式数据。其中：

（1）@ResponseBody：该注解指示方法返回值应绑定到 Web 响应正文。

（2）@RequestMapping：是一个用来处理请求地址映射的注解，可用于类或方法上。用于类上，表示类中所有响应请求的方法都是以该地址作为父路径。根据方法的不同，还可以用 GetMapping、PostMapping、PutMapping、DeleteMapping、PathMapping 代替。

（3）@RestController：暗示用户，这是一个支持 REST 的控制器。

3. 编写测试用例

进入 test 目录下，默认生成了测试用例的包 com.waylau.spring.boot.initializrstart 及测试类 InitializrStartApplicationTests.java。将测试用例包更名为 com.waylau.spring.boot，测试用例类更名为 ApplicationTests.java 文件。相对于源程序一一对应，在测试用例包下创建 com.waylau.spring.boot.blog.controller 包，用于放置控制器的测试类。

测试类 HelloControllerTest.java 代码如下：

```java
import org.junit.Test;
import org.junit.runner.RunWith;
import org.springframework.beans.factory.annotation.Autowired;
import org.springframework.boot.test.autoconfigure.web.servlet.AutoConfigureMockMvc;
import org.springframework.boot.test.context.SpringBootTest;
import org.springframework.http.MediaType;
import org.springframework.test.context.junit4.SpringRunner;
import org.springframework.test.web.servlet.MockMvc;
import org.springframework.test.web.servlet.request.MockMvcRequestBuilders;
import static org.hamcrest.Matchers.equalTo;
import static org.springframework.test.web.servlet.result.MockMvcResultMatchers.content;
```

```
import static org.springframework.test.web.servlet.result.MockMvcRe-
sultMatchers.status;
@RunWith(SpringRunner.class)
@SpringBootTest
@AutoConfigureMockMvc
public class HelloControllerTest {
    @Autowired
    private MockMvc mockMvc;
    @Test
    public void testHello() throws Exception {
        mockMvc.perform(MockMvcRequestBuilders.get("/hello").accept(Me-
diaType.APPLICATION_JSON))
                .andExpect(status().isOk())
                .andExpect(content().string(equalTo("Hello World! Wel-
come to visit waylau.com!")));
    }
}
```

用 JUnit 运行该测试，绿色表示该代码测试通过。

4. 运行程序

执行 gradle build 来进行编译。然后执行 java -jar build/libs/boot-rest-1.0.0.jar 来运行程序。

```
$ java -jar build/libs/hello-world-1.0.0.jar

  .   ____          _            __ _ _
 /\\ / ___'_ __ _ _(_)_ __  __ _ \ \ \ \
( ( )\___ | '_ | '_| | '_ \/ _` | \ \ \ \
 \\/  ___)| |_)| | | | | || (_| |  ) ) ) )
  '  |____| .__|_| |_|_| |_\__, | / / / /
 =========|_|==============|___/=/_/_/_/
 :: Spring Boot ::        (v2.0.2.RELEASE)

2018-06-15 00:12:36.363  INFO 12040 --- [           main] com.waylau.
spring.boot.Application      : Starting Application on AGOC3-705091335
with PID 12040 (D:\workspaceGithub\cloud-native-book-demos\samples\ch02\
boot-rest\build\libs\boot-rest-1.0.0.jar started by Administrator in
D:\workspaceGithub\cloud-native-book-demos\samples\ch02\boot-rest)
2018-06-15 00:12:36.363  INFO 12040 --- [           main] com.waylau.
spring.boot.Application      : No active profile set, falling back to
default profiles: default
2018-06-15 00:12:36.429  INFO 12040 --- [           main] ConfigServ-
letWebServerApplicationContext : Refreshing org.springframework.boot.
web.servlet.context.AnnotationConfigServletWebServerApplicationContex-
t@2db0f6b2: startup date [Fri Jun 15 00:12:36 CST 2018]; root of con-
text hierarchy
2018-06-15 00:12:37.829  INFO 12040 --- [           main] o.s.b.w.em-
bedded.tomcat.TomcatWebServer  : Tomcat initialized with port(s): 8080
(http)
2018-06-15 00:12:37.869  INFO 12040 --- [           main] o.apache.
```

```
catalina.core.StandardService   : Starting service [Tomcat]
2018-06-15 00:12:37.869  INFO 12040 --- [          main] org.apache.
catalina.core.StandardEngine  : Starting Servlet Engine: Apache Tom-
cat/8.5.31
2018-06-15 00:12:37.879  INFO 12040 --- [ost-startStop-1] o.a.catalina.
core.AprLifecycleListener   : The APR based Apache Tomcat Native library
which allows optimal performance in production environments was not
found on the java.library.path: [C:\ProgramData\Oracle\Java\javapath;C:\
WINDOWS\Sun\Java\bin;C:\WINDOWS\system32;C:\WINDOWS;C:\ProgramData\
Oracle\Java\javapath;C:\Program Files\Docker\Docker\Resources\bin;C:\
WINDOWS\system32;C:\WINDOWS;C:\WINDOWS\System32\Wbem;C:\WINDOWS\Sys-
tem32\WindowsPowerShell\v1.0\;".;C:\Program Files\Java\jdk1.8.0_162\
bin";D:\Program Files\gradle-4.5\bin;D:\Program Files\apache-maven-3.-
5.2\bin;D:\Program Files\MySQL\mysql-5.7.17-winx64\bin;D:\Program Files\
nodejs\;C:\Program Files (x86)\Pandoc\;C:\Program Files\TortoiseGit\
bin;C:\Program Files\Git\cmd;D:\Program Files\Calibre2\;C:\WINDOWS\
System32\OpenSSH\;C:\Ruby24-x64\bin;C:\Users\Administrator\AppData\
Local\Microsoft\WindowsApps;d:\Program Files (x86)\Microsoft VS Code\
bin;C:\Users\Administrator\AppData\Roaming\npm;C:\Program Files\erl9.2\
sbin;".;C:\Program Files\Java\jdk1.8.0_162\bin";;.]
2018-06-15 00:12:37.969  INFO 12040 --- [ost-startStop-1]
o.a.c.c.C.[Tomcat].[localhost].[/]       : Initializing Spring embedded
WebApplicationContext
2018-06-15 00:12:37.969  INFO 12040 --- [ost-startStop-1] o.s.web.
context.ContextLoader          : Root WebApplicationContext: initial-
ization completed in 1540 ms
2018-06-15 00:12:38.129  INFO 12040 --- [ost-startStop-1] o.s.b.w.serv-
let.ServletRegistrationBean  : Servlet dispatcherServlet mapped to [/]
2018-06-15 00:12:38.129  INFO 12040 --- [ost-startStop-1]
o.s.b.w.servlet.FilterRegistrationBean   : Mapping filter: 'characterEn-
codingFilter' to: [/*]
2018-06-15 00:12:38.129  INFO 12040 --- [ost-startStop-1]
o.s.b.w.servlet.FilterRegistrationBean   : Mapping filter: 'hiddenHttp-
MethodFilter' to: [/*]
2018-06-15 00:12:38.139  INFO 12040 --- [ost-startStop-1]
o.s.b.w.servlet.FilterRegistrationBean   : Mapping filter: 'httpPutForm-
ContentFilter' to: [/*]
2018-06-15 00:12:38.139  INFO 12040 --- [ost-startStop-1] o.s.b.w.serv-
let.FilterRegistrationBean   : Mapping filter: 'requestContextFilter'
to: [/*]
2018-06-15 00:12:38.279  INFO 12040 --- [          main]
o.s.w.s.handler.SimpleUrlHandlerMapping  : Mapped URL path [/**/favi-
con.ico] onto handler of type [class org.springframework.web.servlet.
resource.ResourceHttpRequestHandler]
2018-06-15 00:12:38.493  INFO 12040 --- [          main]
s.w.s.m.m.a.RequestMappingHandlerAdapter : Looking for @ControllerAd-
vice: org.springframework.boot.web.servlet.context.AnnotationConfigServ-
letWebServerApplicationContext@2db0f6b2: startup date [Fri Jun 15
00:12:36 CST 2018]; root of context hierarchy
```

```
2018-06-15 00:12:38.571  INFO 12040 --- [        main]
s.w.s.m.m.a.RequestMappingHandlerMapping : Mapped "{[/hello]}" onto
public java.lang.String com.waylau.spring.boot.controller.HelloControl-
ler.hello()
2018-06-15 00:12:38.571  INFO 12040 --- [        main]
s.w.s.m.m.a.RequestMappingHandlerMapping : Mapped "{[/error]}" onto
public org.springframework.http.ResponseEntity<java.util.Map<java.lang.
String, java.lang.Object>> org.springframework.boot.autoconfigure.web.
servlet.error.BasicErrorController.error(javax.servlet.http.HttpServle-
tRequest)
2018-06-15 00:12:38.571  INFO 12040 --- [        main]
s.w.s.m.m.a.RequestMappingHandlerMapping : Mapped "{[/error],produc-
es=[text/html]}" onto public org.springframework.web.servlet.Mode-
lAndView org.springframework.boot.autoconfigure.web.servlet.error.Ba-
sicErrorController.errorHtml(javax.servlet.http.HttpServletRequest,ja-
vax.servlet.http.HttpServletResponse)
2018-06-15 00:12:38.601  INFO 12040 --- [        main]
o.s.w.s.handler.SimpleUrlHandlerMapping  : Mapped URL path [/webjars/**]
onto handler of type [class org.springframework.web.servlet.resource.
ResourceHttpRequestHandler]
2018-06-15 00:12:38.601  INFO 12040 --- [        main]
o.s.w.s.handler.SimpleUrlHandlerMapping  : Mapped URL path [/**] onto
handler of type [class org.springframework.web.servlet.resource.Re-
sourceHttpRequestHandler]
2018-06-15 00:12:38.741  INFO 12040 --- [        main] o.s.j.e.a.An-
notationMBeanExporter      : Registering beans for JMX exposure on
startup
2018-06-15 00:12:38.791  INFO 12040 --- [        main]
o.s.b.w.embedded.tomcat.TomcatWebServer  : Tomcat started on port(s):
8080 (http) with context path ''
2018-06-15 00:12:38.791  INFO 12040 --- [        main] com.waylau.
spring.boot.Application      : Started Application in 2.748 seconds
(JVM running for 3.218)
```

5. 访问程序

在浏览器中访问 http://localhost:8080/hello ，可以看到 "Hello World! Welcome to visit waylau. com!" 字样，如图 2–11 所示。

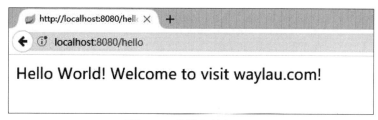

图2-11　浏览器访问界面

至此，就编写完了一个基于 Spring Boot 的微服务程序。

第3章

Cloud Native 测试

3.1 测试概述

软件测试的目的，一方面是检测软件中的 Bug，另一方面是检验软件系统是否满足需求。Cloud Native 应用可以涉及底层基础架构或直接面向用户的 App，拥有比传统软件更加复杂的测试场景。从组件到整个系统，测试都是推动反馈循环的主要方式。

3.1.1 传统测试所面临的问题

每个开发者都理解测试的重要性，然而，在传统的软件开发企业中，测试工作却往往得不到技术人员的足够重视。总结起来，传统的测试工作主要面临以下问题。

1. 开发与测试相对立

在传统的软件公司组织机构中，开发人员与测试人员往往分属于不同部门，担负不同的职责。开发人员为了实现功能需求，从而生产代码；测试人员为了减少更多功能上的问题，从而要求开发人员不断返工，对代码进行修改。表面上看，好像是测试人员在给开发人员"找碴"，无法很好地相处，因此开发与测试的关系是对立的。

2. 事后测试

按照传统的开发流程，以敏捷开发模式为例，开发团队在迭代过程结束后会发布一个版本，以提供给测试团队进行测试。由于在开发过程中，迭代周期一般以月计算，因此从输出一个迭代，到这个迭代的功能完全测试完成，往往会经历数周时间。也就是说，等到开发人员拿到测试团队的测试报告时，报告中所反馈的问题极有可能已经距离发现问题一个多月了。别说一个月前的代码，即便是开发人员自己在一个星期前写的代码，让他们记忆起来也是很困难的。开发人员不得不花大量时间再去熟悉原有的代码，以查找错误产生的根源。所以说，对于测试工作而言，这种事后测试的流程，时间隔得越久，修复问题的成本也就越高。

3. 测试方法陈旧

很多企业的测试方法往往比较陈旧，无法适应当前软件开发的大环境，而且测试职位仍然属于人力密集型的，往往需要进行大量的手工测试。手工测试在整个测试过程中必不可少，但如果手工测试比例较大，则会带来极大的工作量，而且由于其机械重复性质，也大大限制了测试人员的水平。测试人员不得不处于这种低级别的重复工作中，无法发挥其才智，也就无法对企业的测试提出改进措施。

4. 技术发生了巨大的变革

互联网的发展急剧加快了当今计算机技术的变革。当今的软件设计、开发和部署方式也发生了很大的改变。随着越来越多的公司从桌面应用转向 Web 应用，很多风靡一时的测试书籍中所提及的测试方法和最佳实践，在当前的互联网环境下效率会大大降低甚至毫无效果，还可能会带来副作用。特别是以微服务为代表的 Cloud Native 应用的发展，让传统的测试技术面临巨大的变革。

5. 测试工作被低估

大家都清楚测试的重要性，一款软件要交付给用户，必须要经过测试才能放心。但相对于开发工作而言，测试工作往往会被"看低一等"，毕竟在大多数人眼中，开发工作是负责产出的，而测试工作往往只是默默地在背后付出。大多数技术人员也心存偏见，认为从事测试工作的人员，都是因为其技术水平不够，才会选择做测试职位。

6. 发布缓慢

在传统的开发过程中，版本的发布必须要经过版本的测试。由于传统的测试工作采用了事后测试的策略，修复问题的周期被拉长了，时间成本被加大了，最终导致的是产品发布的延迟。延期的发布又会导致需求无法得到客户的及时确认，需求的变更也就无法提前实现，这样，项目无疑就陷入了恶性循环。

Cloud Native 应用往往要求以快速迭代的方式使应用得到进化，而这正是传统测试方式所无法满足的。

3.1.2 如何破解测试面临的问题

针对上面所列的问题，解决的方法大致归纳为以下几种。

1. 开发与测试混合

在 *How Google Tests Software* 一书中，将开发、测试及质量的关系表述为："质量不等于测试。当你把开发过程和测试放到一起，就像在搅拌机里混合搅拌那样，直到不能区分彼此的时候，你就得到了质量。"这意味着质量更像是一种预防行为，而不是事后检测。质量是开发过程的问题，而不是测试问题。所以要保证软件质量，必须让开发和测试同时开展。每开发完一段代码就立刻测试，完成更多的代码就做更多的测试。

Google 公司有一个专门的职位，称为软件测试开发工程师（Software Engineer in Test，SET）。Google 认为，没有人比实际写代码的人更适合做测试，所以将测试纳入开发过程，成为开发中必不可少的一部分。

2. 测试角色的转变

在 GTAC 2011 大会上，James Whittaker 和 Alberto Savoia 发表演讲，称"测试已死"（Test is Dead）。当然，这里所谓的"测试已死"并不是指测试人员或测试工作不再被需要了，而是指传统的测试流程及测试组织架构要进行调整。测试的角色已然发生了转变，新兴的软件测试工作也不再只是传统的测试人员的职责了。

在 Google，负责测试工作的部门称为工程生产力团队，他们推崇"You build it, you break it, you fix it"的理念，即自己的代码所产生的 Bug 需要开发人员自己来负责。这样，传统的测试角色将会消失，取而代之的是开发人员测试和自动化测试。与依赖于手工测试人员相比，未来的软件团队将依赖内部全体员工测试、Beta 版大众测试和早期用户测试。

测试角色往往是租赁形式的，这样就可以在各个项目组之间流动，而且测试角色并不承担项目组主要的测试任务，只是给项目组提供测试方面的指导，测试工作由项目组自己来完成。这样可以保证测试人员的人数比较少，并可以最大化地将测试技术在公司内部推广。

3. 积极发布，及时得到反馈

在开发实践中推崇持续集成和持续发布。持续集成和持续发布的成功实践，有利于形成"需求→开发→集成→测试→部署"的可持续的反馈闭环，从而使需求分析、产品的用户体验及交互设计、开发、测试、运维等角色密切协作，减少了资源的浪费。

一些互联网产品甚至打出了"永远 Beta 版本"的口号，即产品在没有完全定型时就直接上线交付给用户使用，通过用户的反馈来持续对产品进行完善。特别是一些开源的、社区驱动的产品，由于其功能需求往往来自真正的用户、社区用户及开发者，这些用户对产品的建议往往会被项目组所采纳，从而纳入技术。比较有代表性的例子是 Linux 和 GitHub。

4. 增大自动化测试的比例

最大化自动测试的比例有利于减少企业的成本，同时也有利于提升测试的效率。

Google 刻意保持测试人员的最少化，以此来保障测试力量的最优化。最少化测试人员还能迫使开发人员在软件的整个生命期间都参与到测试中，尤其是在项目的早期阶段，测试基础架构容易建立的时候。

如果测试能够自动化进行，而不需要人类智慧判断，那就应该以自动化的方式实现。当然，有些手工测试仍然是无可避免的，如用户体验、保留的数据是否包含隐私等。还有些是探索性的测试，往往也依赖于手工测试。

5. 合理安排测试的介入时机

测试工作应该及早介入，一般情况下，应该在项目立项时介入，并伴随整个项目的生命周期。在需求分析出来后，测试不只是对程序的测试，文档测试也同样重要。需求分析评审时，测试人员应该积极参与，因为所有的测试计划和测试用例都会以客户需求为准绳。需求不但是开发的工作依据，同时也是测试的工作依据。

3.2 测试的类型、范围和比例

在当今的互联网开发模式中，虽然传统的测试角色已经发生了巨大的变革，但就测试工作而言，其本质并未改变，其目的都是检验软件系统是否满足需求，以及检测软件中是否存在 Bug。下面就对常用的测试方案做一番探讨。

3.2.1 测试类型

图 3-1 展示的是一个通用性的测试金字塔。

图3-1 测试金字塔

这个测试金字塔自下而上地将测试分为不同的类型。

1. 单元测试

单元测试是软件开发过程中要进行的最低级别的测试活动，软件的独立单元将在与程序的其他部分相分离的情况下进行测试。

单元测试的范围被局限在服务内部，是围绕一组相关联的案例编写的。例如，在 C 语言中，单元通常是指一个函数；在 Java 等面向对象的编程语言中，单元通常是指一个类。所谓的单元，就是指人为规定的最小的被测功能模块。因为测试范围小，所以执行速度很快。

单元测试用例往往由编写模块的开发人员来编写。在 TDD（Test Driven Development，测试驱动开发）的开发实践中，开发人员在开发功能代码之前，需要先编写单元测试用例代码，测试代码确定了需要编写什么样的产品代码。TDD 在敏捷开发中被广泛采用。

单元测试往往可以通过 xUnit 等框架来进行自动化测试。例如，在 Java 平台中，JUnit 测试框架（http://junit.org/）就是单元测试的事实上的标准。

2. 集成测试

集成测试主要用于测试各个模块能否正确交互，并测试其作为子系统的交互性，以查看接口是否存在缺陷。集成测试的目的在于，通过集成模块检查路径畅通与否，来确认模块与外部组件的交互情况。

集成测试可以结合 CI（Continuous Integration，持续集成）的实践，快速找到外部组件间的逻辑回归与断裂，从而评估各个单独模块中所含逻辑的正确性。集成测试按照不同的项目类型，有时也细分为组件测试、契约测试等。例如，在微服务架构中，微服务中的组件测试是使用测试替代与内部 API 端点通过替换外部协作的组件，来实现对各个组件的独立测试。组件测试提供给测试者一个受控的测试环境，并帮助他们从消费者角度引导测试，允许综合测试，提高测试的执行次数，并通过尽量减少可移动部件来降低整体构件的复杂性。组件测试也能确认微服务的网络配置是否正确，

以及是否能够对网络请求进行处理。而契约测试会测试外部服务的边界，以查看服务调用的输入 /
输出，并测试该服务能否符合契约预期。

3. 系统测试

系统测试用于测试集成系统运行的完整性，这里涉及应用系统的前端界面和后台数据存储。该
测试可能会涉及外部依赖资源，如数据库、文件系统、网络服务等。系统测试在一些面向服务的
系统架构中被称为"端到端测试"。因此在微服务测试方案中，端到端测试占据了重要的位置。在
微服务架构中有一些执行相同行为的可移动部件，端到端测试时需要找出覆盖缺口，并确保在架构
重构时业务功能不会受到影响。

由于系统测试是面向整个系统来进行测试的，因此测试的涉及面会更广，所需要的测试时间也
更长。

3.2.2　测试范围

不同的测试类型，其对应的测试范围也不同。单元测试的测试范围最小，意味着其隔离性更好，
同时也能在最快的时间内得到测试结果。单元测试有助于及早发现程序的缺陷，降低 修复的成本。
系统测试的测试范围最广，所需要的测试时间也最长。如果在系统测试阶段发现缺陷，则修复该缺
陷的成本也就更高。

在 Google 公司，对于测试的类型和范围，一般按照规模划分为小型测试、中型测试和大型测试，
也就是平常理解的单元测试、集成测试和系统测试。

1. 小型测试

小型测试是为了验证一个代码单元的功能，一般与运行环境隔离。小型测试是所有测试类型中
范围最小的。在预设的范围内，小型测试可以提供更加全面的底层代码覆盖率。小型测试中外部的
服务，如文件系统、网络、数据库等，必须通过 mock 或 fake 来实现，这样可以减少被测试类所需
的依赖。小型测试可以拥有更加频繁的执行频率，并且可以很快地发现问题并修复问题。

2. 中型测试

中型测试主要用于验证多个模块之间的交互是否正常。一般情况下，在 Google 由 SET 来执行
中型测试。对于中型测试，推荐使用 mock 来解决外部服务的依赖问题。有时出于性能考虑，在不
能使用 mock 的场景下，也可以使用轻量级的 fake。

3. 大型测试

大型测试是在一个较高的层次上运行的，以此来验证系统作为一个整体是否工作正常。

3.2.3　测试比例

每种测试类型都有其优缺点，特别是系统测试，其涉及的范围很广，花费的时间成本也很高。

所以在实际的测试过程中，要合理安排各种测试类型的测试比例。正如测试金字塔所展示的，越是底层测试，所需要的测试数量就越大。那么，每种测试类型需要占用多大的比例呢？实际上，这里并没有一个具体的数字。按照经验来说，顺着金字塔从上往下，下面一层的测试数量要比上面一层的测试数量多出一个数量级。

当然，这种比例也并非固定不变的。如果当前的测试比例存在问题，那么就要及时调整并尝试不同类型的测试比例，以符合自己项目的实际情况。

3.3 如何进行微服务的测试

在测试工作方面，相较于传统的架构，微服务架构更具复杂性。一方面，随着微服务数量的增长，测试的用例也会持续增长；另一方面，由于微服务之间存在着一定的依赖性，在测试过程中如何来处理这些依赖，就变得极为重要。

本节将从微服务架构的单元测试、集成测试和系统测试 3 个方面来展开讨论。

3.3.1 微服务的单元测试

单元测试要求将测试范围局限在服务内部，这样可以保证测试的隔离性，将测试的影响降到最低。在实际编码前，TDD 要求程序员先编写测试用例。一开始，所有的测试用例应该是全部失败的，然后再写代码让这些测试用例逐个通过。也就是说，要先编写足够的测试用例使测试失败，再编写足够的代码使测试成功。这样，程序员编码的目的就会更加明确。

当然，编写测试用例并非 TDD 的全部。在测试成功后，还需要对成功的代码及时进行重构，从而消除代码的"坏味道"。

1. 重构代码的原因

"重构"（Refactoring）一词最早起源于 Martin Fowler 的《重构：改善既有代码的设计》一书。所谓重构，就是在不改变代码外部行为的前提下对代码进行修改，以改善程序的内部结构。重构的前提是代码的行为是正确的，也就是说，代码功能已经通过测试了，这是重构的前提。只有正确的代码才有重构的意义。

那么，既然代码都正确了，为什么还要花费时间去改动代码、重构代码呢？重构的原因是，大部分程序员无法写出完美的代码。他们无法对自己编写的代码完全信任，这也是需要对自己所写的代码进行测试的原因，重构也是如此。归纳起来，以下几方面是软件需要重构的原因。

（1）软件不一定一开始就是正确的。天才程序员只是少数，大多数人不可避免地会犯错，所以很多程序员无法一次性写出正确的代码，只能不断地测试和重构，以改善代码。连 Martin Fowler

这样的大师都承认自己的编码水平同大多数人一样，是需要测试和重构的。

（2）随着时间的推移，软件的行为变得难以理解。这种现象特别集中在一些规模大、历史久、代码质量差的软件中。这些软件的实现，或者脱离了最初的设计，或者混乱不堪，让人无法理解，特别是缺少"活文档"来进行指导，导致代码最终"腐烂变味"。

（3）能运行的代码并不一定是好代码。任何程序员都能写出计算机能理解的代码，但唯有写出人类容易理解的代码，才是优秀的程序员。

正是由于这些事实的存在，才促使重构成为 TDD 中必不可少的实践之一。程序员对程序进行重构，是出于以下目的。

（1）消除重复。代码在首次编码时，只是为了让程序通过测试，其间可能会有大量的重复代码及"僵尸代码"的存在，所以需要在重构阶段消除重复代码。

（2）使代码易理解、易修改。一开始，程序员优先考虑的是程序的正确性，在代码的规范上并未加以注意，所以需要在重构阶段改善代码。

（3）改进软件的设计。好的想法并非一气呵成，当对以前的代码有更好的解决方案时，果断进行重构来改进软件设计。

（4）查找 Bug，提高质量。良好的代码不但能让程序员易于理解，还有利于他们来发现问题、修复问题。测试与重构是相辅相成的。

（5）提高编码效率和编码水平。重构技术有利于消除重复代码，减少冗余代码，提升程序员的编码水平。程序员编码水平的提升，也会体现在其编码效率上。

2. 应该何时进行重构

那么，程序员应该在何时进行重构呢？

（1）随时重构。也就是说，将重构当作开发的一种习惯，重构应该与测试一样自然。

（2）事不过三，三则重构。当代码存在重复时，就要进行重构了。

（3）添加新功能时。添加了新功能，对原有的代码结构进行了调整，意味着需要重新进行单元测试及重构。

（4）修改错误后。修复错误后，需要重新对接口进行单元测试及重构。

（5）代码审查。代码审查是发现"代码坏味道"的好时机，也是进行重构的绝佳机会。

3. 代码的"坏味道"

如果一段代码是不稳定或有一些潜在问题的，那么肯定会有一些明显的痕迹，就像食物要腐坏之前会发出异味一样，这些痕迹就是"代码坏味道"。以下就是常见的"代码坏味道"。

（1）DuplicatedCode（重复代码）：重复是万恶之源。解决方法是将公共函数进行提取。

（2）LongMethod（过长函数）：过长函数会导致责任不明确、难以切割、难以理解等一系列问题。解决方法是将长函数拆分成若干个短函数。

（3）LargeClass（过大的类）：会导致职责不明确、难以理解。解决方法是拆分成若干个小类。

（4）LongParameterList（过长参数列）：过长参数列其实是没有真正地遵从面向对象的编码方式，对于程序员来说也是难以理解的。解决方法是将参数封装成结构或类。

（5）DivergentChange（发散式变化）：当对多个需求进行修改时，都会动到这种类。解决方法是对代码进行拆分，将总是一起变化的东西放在一起。

（6）ShotgunSurgery（霰弹式修改）：在没有封装变化处改动一个需求，就会涉及多个类被修改。解决方法是将各个修改点集中起来，抽象成一个新类。

（7）FeatureEnvy（依恋情结）：一个类对其他类存在过多的依赖，如某个类使用了大量其他类的成员，这就是 FeatureEnvy。解决方法是将该类并到其所依赖的类中。

（8）DataClumps（数据泥团）：数据泥团是经常一起出现的大堆数据。如果数据是有意义的，那么将结构数据转变为对象就可以解决。

（9）PrimitiveObsession（基本类型偏执）：热衷于使用 int、long、String 等基本类型。解决方法是将其修改成使用类来替代。

（10）SwitchStatements（switch 惊悚现身）：当 switch 语句判断的条件过多时，则要考虑少用 switch 语句，采用多态来代替。

（11）ParallelInheritanceHierarchies（平行继承体系）：过多平行的类，使用类继承并联起来。解决方法是去掉其中一个类的继承关系。

（12）LazyClass（冗赘类）：针对这些冗赘类，解决方法是把这些不再重要的类中的逻辑合并到相关类，并删除旧的类。

（13）SpeculativeGenerality（夸夸其谈未来性）：对于这些没有用的类，直接删除即可。

（14）TemporaryField（令人迷惑的暂时字段）：对于这些字段，解决方法是将这些临时变量集中到一个新类中管理。

（15）MessageChains（过度耦合的消息链）：使用真正需要的函数和对象，而不要依赖于消息链。

（16）MiddleMan（中间人）：存在过度代理的问题，解决方法是用继承代替委托。

（17）InappropriateIntimacy（狎昵关系）：两个类彼此使用对方的 private 值域。解决方法是划清界限后拆散，或合并，或改成单项联系。

（18）AlternativeClasseswithDifferentInterfaces（异曲同工的类）：这些类往往是相似的类，但是却有不同的接口。解决方法是对这些类进行重命名、移动函数或抽象子类重复作用的类，从而合并成一个类。

（19）IncompleteLibraryClass（不完美的库类）：解决方法是包一层函数或包成新的类。

（20）DataClass（纯稚的数据类）：这些类很简单，往往仅有公共成员变量或简单的操作函数。解决方法是将相关操作封装进去，减少 public 成员变量。

（21）RefusedBequest（拒绝遗赠）：这些类的表现是，父类中方法很多，但子类只用到有限的几个。解决方法是使用代理来代替继承关系。

（22）Comments（过多的注释）：注释多了，就说明代码不清楚了。解决方法是写注释前先重构，去掉多余的注释。

4. 减少测试的依赖

首先，我们必须承认，对象间的依赖不可避免。对象与对象之间通过协作来完成功能，任意一个对象都有可能用到另外对象的属性、方法等成员。但同时也要认识到，代码中对象间过度复杂的依赖关系往往是不提倡的，因为对象之间的关联性越大，意味着代码改动一处，影响的范围就会越大，而这完全不利于系统的测试、重构和后期维护。所以在现代软件开发和测试过程中应该尽量降低代码之间的依赖。

相较于传统 Java EE 的开发模式，DI（Dependency Injection，依赖注入）使代码更少地依赖容器，并削减了计算机程序的耦合问题。通过简单的 new 操作，构成程序员应用的 POJO 对象即可在 JUnit 或 TestNG 下进行测试。即使没有 Spring 或其他 IoC 容器，也可以使用 mock 来模拟对象进行独立测试。清晰的分层和组件化的代码会促进单元测试的简化。例如，运行单元测试时，程序员可以通过 stub 或 mock 来对 DAO 或资源库接口进行代替，从而实现对服务层对象的测试，这个过程中程序员无须访问持久层数据。这样就能减少对基础设施的依赖。在测试过程中，真实对象具有不可确定的行为，有可能产生不可预测的效果（如股票行情、天气预报等），同时，真实对象存在以下问题。

（1）真实对象很难被创建。

（2）真实对象的某些行为很难被触发。

（3）真实对象实际上还不存在（和其他开发小组或和新的硬件打交道）等。

正是由于真实对象在测试的过程中存在以上问题，因此测试中广泛地采用 mock 测试来代替。在单元测试上下文中，一个 mock 对象是指这样的一个对象——它能够用一些"虚构的占位符"功能来"模拟"实现一些对象接口。在测试过程中，这些虚构的占位符对象可用简单方式来模仿对于一个组件期望的行为和结果，从而让程序员专注于组件本身的彻底测试，而不用担心其他依赖性问题。

mock 对象经常被用于单元测试。用 mock 对象来进行测试，就是在测试过程中，对于某些不容易构造（如 HttpServletRequest 必须在 Servlet 容器中才能构造出来）或不容易获取的比较复杂的对象（如 JDBC 中的 ResultSet 对象），用一个虚拟的对象（mock 对象）来创建，以便测试的测试方法。

mock 最大的功能是把单元测试的耦合分解开，如果编写的代码对另一个类或接口有依赖，那么它能够模拟这些依赖，并验证所调用的依赖行为。

mock 对象测试的关键步骤如下。

（1）使用一个接口来描述这个对象。

（2）在产品代码中实现这个接口。

（3）在测试代码中实现这个接口。

（4）在被测试代码中通过接口来引用 mock 对象。测试代码本身不知道这个引用的对象是真实对象还是 mock 对象。

目前，在 Java 阵营中主要的 mock 测试工具有 Mockito、JMock、EasyMock 等。

3.3.2 Mock 与 Stub 的区别

mock 和 stub 都是为了替换外部依赖对象，但两者有以下区别。

（1）前者称为 mockist TDD，而后者一般称为 classic TDD。

（2）前者是基于行为的验证（Behavior Verification），后者是基于状态的验证（State Verification）。

（3）前者使用的是模拟的对象，后者使用的是真实的对象。

现在通过一个例子来看看 mock 与 stub 之间的区别。假如程序员要给发送 mail 的行为做一个测试，就可以像下面这样写一个简单的 stub。

```java
// 待测试的接口
public interface MailService(){
    public void send(Message msg);
}
// stub 测试类
public class MailServiceStub implements MailService {
    private List<Message> messages = new ArrayList<Message>();
    public void send(Message msg) {
        messages.add(msg);
    }
    public int numberSent() {
        return messages.size();
    }
}
```

可以像下面这样在 stub 上使用状态验证的测试方法。

```java
public class OrserStateTester {
    Order order = new Order(TALISKER , 51);
    MailServiceStub mailer = new MailServiceStub();
    order.setMailer(mailer);
    order.fill(warehouse);
    // 通过发送的消息数来验证
    assertEquals(1 , mailer.numberSent());
}
```

当然，这是一个非常简单的测试，只会发送一条 message。这里还没有测试它是否会发送给正确的人员或者内容是否正确。

如果使用 mock，那么这个测试看起来就不太一样了。

```
class OrderInteractionTester
                  ...
    public void testOrderSendsMailIfUnFilled() {
        Order order = new Order(TALISKER , 51);
        Mock warehouse = mock(Warehouse.class);
        Mock mailer = mock(MailService.class);
        order.setMailer((MailService)mailer.proxy());
        order.expects(once()).method("hasInventory").withAnyArgument()
        .will(returnValue(false));
        order.fill((Warehouse)warehouse.proxy())
    }
}
```

在这两个例子中，分别使用了 stub 和 mock 来代替真实的 MailService 对象。不同的是，stub 使用的是状态确认的方法，而 mock 使用的是行为确认的方法。想要在 stub 中使用状态确认，需要在 stub 中增加额外的方法来协助验证。因此，stub 实现了 MailService，但是增加了额外的测试方法。

3.3.3　微服务的集成测试

集成测试也称为组装测试或联合测试，可以说是单元测试的逻辑扩展。它最简单的形式是把两个已经测试过的单元组合成一个组件，测试它们之间的接口。从使用的基本技术上来讲，集成测试与单元测试在很多方面都很相似。程序员可以使用相同的测试运行器和对构建系统的支持。集成测试和单元测试一个比较大的区别在于，集成测试使用了较少的 mock。

例如，涉及数据访问层的测试时，单元测试会简单地模拟从后端数据库返回的数据，而集成测试则会采用一个真实的数据库。数据库是一个测试资源类型及能暴露问题的极好的例子。

在微服务架构的集成测试中，程序员更加关注的是服务测试。

1. 服务接口

在微服务的架构中，服务接口大多以 RESTful API 的形式暴露。REST 是面向资源的，使用 HTTP 协议来完成相关通信，其主要的数据交换格式为 JSON，当然也可以是 XML、HTML、二进制文件等多媒体类型。对于资源的操作包括获取、创建、修改和删除，它们都可以用 HTTP 协议的 GET、POST、PUT 和 DELETE 方法来映射相关的操作。

进行服务测试时，如果只想对单个服务功能进行测试，那么为了对相关的其他服务进行隔离，则需要给所有的外部服务合作者进行"打桩"。每一个下游合作者都需要一个打桩服务，然后在进行服务测试时启动它们，并确保它们是正常运行的。程序员还需要对被测试服务进行配置，保证能够在测试过程中连接到这些打桩服务。同时，为了模仿真实的服务，程序员还需要配置打桩服务，为被测试服务的请求发回响应。

下面是一个采用 Spring 框架实现的关于"用户车辆信息"测试接口的例子。

```
import org.junit.*;
import org.junit.runner.*;
import org.springframework.beans.factory.annotation.*;
import org.springframework.boot.test.autoconfigure.web.servlet.*;
import org.springframework.boot.test.mock.mockito.*;
import static org.assertj.core.api.Assertions.*;
import static org.mockito.BDDMockito.*;
import static org.springframework.test.web.servlet.request.MockMvcRe-
questBuilders.*;
import static org.springframework.test.web.servlet.result.MockMvcRe-
sultMatchers.*;
@RunWith(SpringRunner.class)
@WebMvcTest(UserVehicleController.class)
public class MyControllerTests {
    @Autowired
    private MockMvc mvc;
    @MockBean
    private UserVehicleService userVehicleService;
    @Test
    public void testExample() throws Exception {
        given(this.userVehicleService.getVehicleDetails("sboot"))
                .willReturn(new VehicleDetails("BMW", "X7"));
        this.mvc.perform(get("/sboot/vehicle").accept(MediaType.TEXT_
PLAIN))
                .andExpect(status().isOk()).andExpect(content().
string("BMW X7"));
    }
}
```

在该测试中，程序员用 mock 模拟了 /sboot/vehicle 接口的数据 VehicleDetails("BMW","X7")，并通过 MockMvc 来进行测试结果的判断。

2. 客户端

有非常多的客户端可以用于测试 RESTful 服务。可以直接通过浏览器来进行测试，如本书前面介绍过的 RESTClient、Postman 等。很多应用框架本身提供了用于测试 RESTful API 的类库，如 Java 平台的像 Spring 的 RestTemplate 和像 Jersey 的 Client API 等，.NET 平台的 RestSharp（http://restsharp.org）等。也有一些独立安装的 REST 测试软件，如 SoapUI（https://www.soapui.org）等，当然最简便的方式莫过于使用 curl 在命令行中进行测试。

下面是一个测试 Elasticsearch 是否启动成功的例子，可以在终端直接使用 curl 来执行以下操作。

```
$ curl 'http://localhost:9200/?pretty'
```

curl 提供了一种将请求提交到 Elasticsearch 的便捷方式，可以在终端看到与下面类似的响应。

```
{
  "name" : "2RvnJex",
```

```
"cluster_name" : "elasticsearch",
"cluster_uuid" : "uqcQAMTtTIO6CanROYgveQ",
"version" : {
  "number" : "5.5.0",
  "build_hash" : "260387d",
  "build_date" : "2017-06-30T23:16:05.735Z",
  "build_snapshot" : false,
  "lucene_version" : "6.6.0"
},
"tagline" : "You Know, for Search"
}
```

3.3.4 微服务的系统测试

引入微服务架构后，随着微服务数量的增多，测试用例也随之增多，测试工作越来越依赖于测试的自动化。Maven 或 Gradle 等构建工具都会将测试纳入其生命周期内，所以，只要写好相关的单元测试用例，单元测试及集成测试就能在构建过程中自动执行。构建完成后，可以马上看到测试报告。

在系统测试阶段，除了自动化测试外，手工测试也是无法避免的。Docker 等容器为自动化测试提供了基础设施，也为手工测试带来了新的变革。

在基于容器的持续部署流程中，软件会最终被打包成容器镜像，从而可以部署到任意环境而无须担心工作变量不一致所带来的问题。进入部署阶段意味着集成测试及单元测试都已经通过了，但这显然并不是测试的全部，很多测试必须要在上线部署后才能进行，如一些非功能性的需求。同时，用户对于需求的期望是否与最初的设计相符，这个也必须要等到产品上线后才能验证。所以，上线后的测试工作仍然非常重要，下面是几种常见的测试类型。

1. 冒烟测试

所谓的冒烟测试，是指对一个新编译的软件版本进行正式测试前，为了确认软件基本功能是否正常而进行的测试。软件经过冒烟测试后，才会进行后续的正式测试工作。冒烟测试的执行者往往是版本编译人员。

由于冒烟测试耗时短，并且能够验证软件大部分的功能，因此在 CI/CD 的构建过程中，每天都会执行冒烟测试。

2. 蓝绿部署

蓝绿部署通过部署新旧两套版本来降低发布新版本的风险。其原理是，当部署新版本后（绿部署），旧版本（蓝部署）仍然需要在生产环境中保持可用一段时间。如果新版本上线，测试没有问题后，那么所有的生产负荷就会从旧版本切换到新版本中。

以下是一个蓝绿部署的例子。其中，v1 代表的是服务的旧版本（深色），v2 代表的是新版本（浅色），如图 3-2 所示。

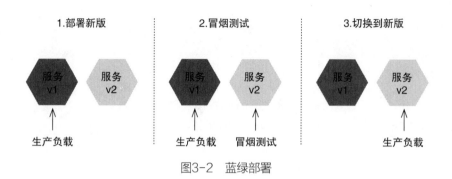

图3-2 蓝绿部署

这里有以下几个注意事项。

（1）蓝绿两个部署环境是一致的，并且两者应该是完全隔离的（可以是不同的主机或不同的容器）。

（2）蓝绿环境之间有一个类似于切换器的装置，用于流量的切换，这个装置可以是负载均衡器、反向代理或路由器。

（3）新版本（绿部署）测试失败后，可以马上回溯到旧版本。

（4）蓝绿部署经常与冒烟测试结合使用。

实施蓝绿部署的整个过程是自动化处理的，用户并不会感觉到任何宕机或服务重启。

3. A/B 测试

A/B 测试是一种新兴的软件测试方法。A/B 测试本质上是将软件分成 A、B 两个不同的版本来进行分离实验。A/B 测试的目的在于，通过科学的实验设计、采样样本、流量分割与小流量测试等方式，来获得具有代表性的实验结论，并确保该结论在推广到全部流量之前是可信赖的。例如，在经过一段时间的测试后，实验结论显示，B 版本的用户认可度较高，于是，线上系统就可以更新到 B 版本上了。

4. 金丝雀发布

金丝雀发布 [1] 是增量发布的一种类型，它的执行方式是，在原有软件生产版本可用的情况下，同时部署一个新的版本。这样，部分生产流量就会引流到新部署的版本，从而来验证系统是否按照预期的内容执行。这些预期的内容可以是功能性的需求，也可以是非功能性的需求。例如，程序员可以验证新部署的服务的请求响应时间是否在 1 秒以内。如果新版本没有达到预期的效果，那么可以迅速回溯到旧版本。如果达到了预期的效果，那么可以将更多的生产流量引流到新版本上去。

金丝雀发布与 A/B 测试非常类似，两者往往结合在一起使用。金丝雀发布与蓝绿部署的差异在于，其新旧版本并存的时间更长一些。

---

[1] 金丝雀发布的由来。在 17 世纪，英国矿井工人发现，金丝雀对瓦斯这种气体十分敏感。空气中哪怕有极其微量的瓦斯，金丝雀也会停止歌唱；而当瓦斯含量超过一定限度时，虽然人类对此毫无察觉，但金丝雀却会毒发身亡。因此，在当时采矿设备相对简陋的条件下，工人们每次下井时都会带上一只金丝雀作为瓦斯检测的工具，以便在危险状况下紧急撤离。

3.3.5　保障代码覆盖率

单元测试不仅用来保证当前代码的正确性，更重要的是用来保证代码修复、改进或重构之后的正确性。充足的单元测试可以提供足够多的测试场景，从而保障软件的健壮性。

有一些工具可以提供单元测试的代码覆盖率，如 Emma、JaCoCo、EclEmma 等。

JaCoCo（项目地址为 http://www.eclemma.org/jacoco）是由 EclEmma 团队开发的代码覆盖库。JaCoCo 在 JVM 中嵌入代理，扫描遍历的代码路径并创建报告。此报告可以导入更广泛的 DevOps 代码质量工具，如 SonarQube 等。SonarQube 是一个平台，可以帮助开发人员用众多插件管理代码质量，并与 DevOps 流程很好地集成。SonarQube 之所以是一个平台，是因为它有多个组件，如服务器、数据库和特定语言的扫描程序等。

EclEmma（项目地址为 https://www.eclemma.org/）是 Eclipse 出品的免费 Java 代码覆盖工具，它将代码覆盖率分析直接引入 Eclipse 工作台，并具有如下特性。

（1）快速的开发 / 测试周期：像 JUnit 一样，从工作台内部启动测试运行可直接进行代码覆盖率分析。

（2）丰富的覆盖率分析：覆盖率结果在 Java 源代码编辑器中被立即总结和突出显示。

（3）非侵入性：EclEmma 不需要修改用户的项目或执行任何其他设置。

自 EclEmma 2.0 版本以后，都是基于 JaCoCo 库来实现代码覆盖库的。

3.4　Spring 测试框架

在 Spring 应用中，集成测试经常需要关注以下几方面的内容。

（1）Spring IoC 容器上下文是否正常注入。

（2）使用 JDBC 或 ORM 工具访问数据，这些工具所要完成的业务逻辑（如 SQL 语句、Hibernate 查询、JPA 实体映射）是否正确等。

所以，集成测试是非常有必要的。

Spring 框架的 spring-test 模块为集成测试提供了一流的支持。此 Spring 的测试不依赖于应用程序服务器或其他部署环境。这样的测试比单元测试运行速度要慢，但比等效的 Selenium 测试或依赖于部署到应用程序服务器的远程测试要快得多。

在 Spring 2.5 及更高版本中，单元测试和集成测试支持以注解驱动的 Spring TestContext 框架的形式提供。TestContext 框架不受所使用的实际测试框架的影响，因此允许在各种环境中进行测试，包括 JUnit、TestNG 等。

Spring 的集成测试支持以下功能。

（1）在测试执行之间管理 Spring IoC 容器缓存。

（2）提供测试夹具实例的依赖注入。

（3）提供适合集成测试的事务管理。

（4）提供特定于 Spring 的基类，以帮助开发人员编写集成测试。

3.4.1 Spring TestContext 框架

Spring TestContext 框架是用于单元测试和集成测试的通用框架。它基于注解驱动，并且与所使用的具体测试框架无关。Spring TestContext 框架位于 org.springframework.test.context 包中，它提供了通用的、注解驱动的单元测试和集成测试支持。TestContext 框架也非常重视约定大于配置，合理的默认值可以通过基于注解的配置来覆盖。

除了通用的测试基础架构外，TestContext 框架还为 JUnit 4、JUnit Jupiter（又名 JUnit 5）和 TestNG 提供了明确的支持。对于 JUnit 4 和 TestNG，Spring 提供了抽象的支持类。此外，Spring 为 JUnit 4 提供了一个自定义的 JUnit Runner 和自定义 JUnit 规则，以及 JUnit Jupiter 的一个自定义扩展，允许编写基于 POJO 的测试类。POJO 测试类不需要扩展特定的类层次结构，如抽象支持类等。

Spring TestContext 框架的核心由 TestContextManager 类和 TestContext、TestExecutionListener 及 SmartContextLoader 接口组成。每个测试类都创建一个 TestContextManager。TestContextManager 反过来管理一个 TestContext 来保存当前测试的上下文，还会在测试进行时更新 TestContext 的状态，并委托给 TestExecutionListener 实现。TestExecutionListener 实现通过提供依赖注入、管理事务等来实际执行测试。SmartContextLoader 负责为给定的测试类加载一个 ApplicationContext。下面分别进行讲解。

1. TestContext

TestContext 封装了执行测试的上下文，与正在使用的实际测试框架无关，并为其负责的测试实例提供上下文管理和缓存支持。如果有需要，TestContext 也会委托给一个 SmartContextLoader 来加载一个 ApplicationContext。

2. TestContextManager

TestContextManager 是 Spring TestContext 框架的主要入口点，负责管理单个 TestContext，并在定义良好的测试执行点向每个注册的 TestExecutionListener 发送信号通知事件。这些执行点如下。

（1）在特定测试框架的所有 before class 或者 before all 方法之前。

（2）在测试实例之后处理。

（3）在特定测试框架的所有 before 或 before each 之前。

（4）在执行测试方法之前，但在测试设置之后。

（5）在测试方法执行之后，但在测试关闭之前立即执行。

（6）在任何一个特定的测试框架的每个 after 或 after each 方法之后。

（7）在任何一个特定的测试框架的每个 after class 或 after all 方法之后。

3. TestExecutionListener

TestExecutionListener 定义了 API，用于响应 TestContextManager 发布的测试执行事件，并与监听器一起注册。

4. ContextLoader

ContextLoader 是在 Spring 2.5 中引入的策略接口，主要用于在使用 Spring TestContext 框架管理集成测试时，加载 ApplicationContext。

SmartContextLoader 是 Spring 3.1 中引入的 ContextLoader 接口的扩展。SmartContextLoader SPI 取代了 Spring 2.5 中引入的 ContextLoader SPI。具体来说，SmartContextLoader 可以选择处理资源位置、注解类或上下文初始值设定项。此外，SmartContextLoader 可以在加载的上下文中设置激活的 bean 定义配置文件和测试属性源。

Spring 提供了以下实现。

（1）DelegatingSmartContextLoader：根据为测试类声明的配置、默认位置或默认配置类的存在，在内部委派给 AnnotationConfigContextLoader 及 GenericXmlContextLoader 或 GenericGroovy-XmlContextLoader 的两个默认加载器之一。Groovy 支持仅在 Groovy 位于类路径中时才能启用。

（2）WebDelegatingSmartContextLoader：根据为测试类声明的配置、默认位置或默认配置类的存在，在内部委派给 AnnotationConfigWebContextLoader 及 GenericXmlWebContextLoader 或 GenericGroovyXmlWebContextLoader 的两个默认加载器之一。只有在测试类中存在 @WebAppConfiguration 时，才会使用 Web 的 ContextLoader。Groovy 支持仅在 Groovy 位于类路径中时才能启用。

（3）AnnotationConfigContextLoader：从注解类加载标准的 ApplicationContext。

（4）AnnotationConfigWebContextLoader：从注解类加载 WebApplicationContext。

（5）GenericGroovyXmlContextLoader：从 Groovy 脚本或 XML 配置文件的资源位置加载标准的 ApplicationContext。

（6）GenericGroovyXmlWebContextLoader：从 Groovy 脚本或 XML 配置文件的资源位置加载 WebApplicationContext。

（7）GenericXmlContextLoader：从 XML 资源位置加载标准的 ApplicationContext。

（8）GenericXmlWebContextLoader：从 XML 资源位置加载 WebApplicationContext。

（9）GenericPropertiesContextLoader：从 Java 属性文件加载标准的 ApplicationContext。

3.4.2　Spring MVC Test 框架

Spring MVC Test 框架可以与 JUnit、TestNG 或任何其他测试框架一起使用，来测试 Spring

MVC 代码。Spring MVC Test 框架建立在 spring-test 模块的 Servlet API Mock 对象上，因此可以不再依赖所运行的 Servlet 容器。它使用 DispatcherServlet 来提供完整的 Spring MVC 运行时行为，并提供对使用 TestContext 框架加载实际的 Spring 配置及独立模式的支持，在独立模式下，可以手动实例化控制器并进行测试。

Spring MVC Test 还为使用 RestTemplate 的代码提供了客户端支持。客户端测试模拟服务器响应，也不再依赖所运行的服务器。

Spring Boot 提供了一个选项，可以编写包含正在运行的服务器的完整的端到端集成测试。

1. 服务端测试概述

使用 JUnit 或 TestNG 为 Spring MVC 控制器编写简单的单元测试非常简单，只需实例化控制器，为其注入 mock 或 stub 的依赖关系，并根据需要来调用 MockHttpServletRequest、MockHttpServlet-Response 等的方法。但是，在编写这样的单元测试时，还有很多部分没有经过测试，如请求映射、数据绑定、类型转换、验证等。此外，其他控制器方法（如 @InitBinder、@ModelAttribute 和 @ExceptionHandler）也可能作为请求处理生命周期的一部分被调用。

Spring MVC Test 的目标是通过执行请求并通过实际的 DispatcherServlet 生成响应来为测试控制器提供一种有效的方法。Spring MVC Test 建立在 spring-test 模块中的 "Mock" 实现上。这允许执行请求并生成响应，而不需要在 Servlet 容器中运行。大多数情况下，所有流程都应该像运行时一样工作，并且能覆盖一些单元测试无法覆盖的场景。

以下是一个基于 JUnit Jupiter 的使用 Spring MVC Test 的例子。

```
import static org.springframework.test.web.servlet.request.MockMvcRequestBuilders.*;
import static org.springframework.test.web.servlet.result.MockMvcResultMatchers.*;

@SpringJUnitWebConfig(locations = "test-servlet-context.xml")
class ExampleTests {
    private MockMvc mockMvc;
    @BeforeEach
    void setup(WebApplicationContext wac) {
        this.mockMvc = MockMvcBuilders.webAppContextSetup(wac).build();
    }
    @Test
    void getAccount() throws Exception {
        this.mockMvc.perform(get("/accounts/1")
            .accept(MediaType.parseMediaType("application/ json;
charset=UTF-8")))
            .andExpect(status().isOk())
            .andExpect(content().contentType("application/json"))
            .andExpect(jsonPath("$.name").value("Lee"));
    }
```

```
}
```

上面的测试依赖于 TestContext 框架的 WebApplicationContext 支持，用于从位于与测试类相同的包中的 XML 配置文件加载 Spring 配置。当然，配置也是支持基于 Java 和 Groovy 的配置。

在该例子中，MockMvc 实例用于对 "/accounts/1" 执行 GET 请求，并验证结果响应的状态为 200，内容类型为 "application/json"，响应主体是一个属性为 "name"、值为 "Lee" 的 JSON。jsonPath 语法是通过 Jayway 的 JsonPath（项目地址为 https://github.com/json-path/JsonPath）支持的。

该例子中的测试 API 需要静态导入，如 MockMvcRequestBuilders.*、MockMvcResultMatchers.* 和 MockMvcBuilders.*。找到这些类的简单方法是搜索匹配 "MockMvc *" 的类型。

2. 选择测试策略

创建 MockMvc 实例有两个主要选项。

第一种方式是通过 TestContext 框架加载 Spring MVC 配置，该框架加载 Spring 配置，并将 WebApplicationContext 注入测试中以用于构建 MockMvc 实例。

```
@RunWith(SpringRunner.class)
@WebAppConfiguration
@ContextConfiguration("my-servlet-context.xml")
public class MyWebTests {
    @Autowired
    private WebApplicationContext wac;
    private MockMvc mockMvc;
    @Before
    public void setup() {
        this.mockMvc = MockMvcBuilders.webAppContextSetup(this.wac).
build();
    }
    ...
}
```

第二个是简单地创建一个控制器实例而不加载 Spring 配置。相对于 MVC JavaConfig 或 MVC 命名空间而言，基本的默认配置是自动创建的，并且可以在一定程度上进行自定义。

```
public class MyWebTests {

    private MockMvc mockMvc;

    @Before
    public void setup() {
        this.mockMvc =
            MockMvcBuilders.standaloneSetup(new AccountController()).
build();
    }
    ...
}
```

那么，这两种方式如何来抉择呢？

第一种方式也被称为"webAppContextSetup"，会加载实际的 Spring MVC 配置，从而产生更完整的集成测试。由于 TestContext 框架缓存了加载的 Spring 配置，因此即使在测试套件中引入了更多的测试，也可以帮助保持测试的快速运行。此外，可以通过 Spring 配置将 Mock 服务注入控制器中，以便继续专注于测试 Web 层。以下是一个用 Mockito 声明 Mock 服务的例子。

```
<bean id="accountService" class="org.mockito.Mockito" factory-
method="mock">
    <constructor-arg value="com.waylau.AccountService"/>
</bean>
```

然后，可以将 Mock 服务注入测试，以便设置和验证期望值。

```
@RunWith(SpringRunner.class)
@WebAppConfiguration
@ContextConfiguration("test-servlet-context.xml")
public class AccountTests {
    @Autowired
    private WebApplicationContext wac;
    private MockMvc mockMvc;
    @Autowired
    private AccountService accountService;
    ...
}
```

第二种方式也被称为"standaloneSetup"，更接近于单元测试。它一次测试一个控制器，控制器可以手动注入 Mock 依赖关系，而不涉及加载 Spring 配置。这样的测试更注重风格，更容易让人看到哪个控制器正在测试，是否需要特定的 Spring MVC 配置工作等。另外，"standaloneSetup"也是一种非常方便的方式——用来编写临时测试来验证特定行为或调试问题。

选择哪种方式，没有绝对的答案。但是，使用"standaloneSetup"意味着需要额外的"webApp-ContextSetup"测试来验证 Spring MVC 配置。或者，可以选择使用"webAppContextSetup"来编写所有测试，以便始终根据实际的 Spring MVC 配置进行测试。

3. 设置测试功能

无论使用哪个 MockMvc 构建器，所有 MockMvcBuilder 实现都提供了一些常用和非常有用的功能。例如，可以为所有请求声明 Accept 头，并期望所有响应中的状态为 200 及 Content-Type 头，如下所示。

```
MockMVc mockMvc = standaloneSetup(new MusicController())
        .defaultRequest(get("/").accept(MediaType.APPLICATION_JSON))
        .alwaysExpect(status().isOk())
        .alwaysExpect(content().contentType("application/json;char-
set=UTF-8"))
        .build();
```

此外，第三方框架（和应用程序）可以通过 MockMvcConfigurer 预先打包安装指令。Spring 框架有一个这样的内置实现，有助于跨请求保存和重用 HTTP 会话。它的使用方法如下：

```
MockMvc mockMvc = MockMvcBuilders.standaloneSetup(new TestController())
        .apply(sharedHttpSession())
        .build();
```

4. 执行请求

使用任何 HTTP 方法来执行请求都是很容易的。

```
mockMvc.perform(post("/hotels/{id}", 42).accept(MediaType.APPLICATION_
JSON));
```

也可以使用 MockMultipartHttpServletRequest 来实现文件的上传请求，还可以执行内部使用，这样就不需要实际解析多重请求，而是必须设置它。

```
mockMvc.perform(multipart("/doc").file("a1", "ABC".getBytes("UTF-8")));
```

可以在 URI 模板样式中指定查询参数。

```
mockMvc.perform(get("/hotels?foo={foo}", "bar"));
```

或者可以添加表示表单参数查询的 Servlet 请求参数。

```
mockMvc.perform(get("/hotels").param("foo", "bar"));
```

如果应用程序代码依赖于 Servlet 请求参数，并且不会显式检查查询字符串（最常见的情况），那么使用哪个选项并不重要。

在大多数情况下，最好从请求 URI 中省略上下文路径和 Servlet 路径。如果必须使用完整请求 URI 进行测试，那么要确保设置了相应的 contextPath 和 servletPath，以便请求映射可以正常工作。

```
mockMvc.perform(get("/app/main/hotels/{id}").contextPath("/app").
servletPath("/main"))
```

看上面的例子，在每个执行请求中设置 contextPath 和 servletPath 是相当烦琐的。因此，可以通过设置通用的、默认的请求属性来减少设置。

```
public class MyWebTests {
    private MockMvc mockMvc;
    @Before
    public void setup() {
        mockMvc = standaloneSetup(new AccountController())
            .defaultRequest(get("/")
            .contextPath("/app").servletPath("/main")
            .accept(MediaType.APPLICATION_JSON).build();
    }
    ...
}
```

上述设置将影响通过 MockMvc 实例执行的每个请求。如果在给定的请求中也指定了相同的属性，它将覆盖默认值。

5. 定义期望

期望值可以通过在执行请求后附加一个或多个 .andExpect(...) 来定义。

```
mockMvc.perform(get("/accounts/1")).andExpect(status().isOk());
```

MockMvcResultMatchers.* 提供了许多期望，这些期望分为以下两大类。

（1）第一类断言验证响应的属性。例如，响应状态、标题和内容。这些是最重要的结果。

（2）第二类断言超出了相应结果。这些断言允许检查 Spring MVC 特定的方面，如用哪个控制器方法处理请求，是否引发和处理了异常，模型的内容是什么，选择了什么视图，添加了哪些 flash 属性等。它们还允许检查 Servlet 特定的方面，如请求和会话属性。

以下测试断言绑定或验证失败。

```
mockMvc.perform(post("/persons"))
    .andExpect(status().isOk())
    .andExpect(model().attributeHasErrors("person"));
```

在编写测试时，很多时候打印出执行请求的结果是很有用的。可以通过如下代码完成，其中 print() 是从 MockMvcResultHandlers 静态导入的。

```
mockMvc.perform(post("/persons"))
    .andDo(print())
    .andExpect(status().isOk())
    .andExpect(model().attributeHasErrors("person"));
```

只要请求处理不会导致未处理的异常，print() 方法就会将所有可用的结果数据打印到 System. out。Spring Framework 4.2 引入了 log() 方法和 print() 方法的两个额外变体，一个接受 Output-Stream，另一个接受 Writer。例如，调用 print(System.err) 会将结果数据打印到 System.err，而调用 print(myWriter) 会将结果数据打印到一个自定义写入器。如果希望将结果数据记录下来而不是打印出来，只需调用 log() 方法，该方法会将结果数据记录为 org.springframework.test.web.servlet.result 日志记录类别下的单个 DEBUG 消息。

在某些情况下，我们可能希望直接访问结果并验证其他方式无法验证的内容。这可以通过在所有其他期望之后追加 .andReturn() 来实现。

```
MvcResult mvcResult = mockMvc.perform(post("/persons")).andExpect(sta-
tus().isOk()).andReturn();
```

如果所有测试都重复相同的期望，那么在构建 MockMvc 实例时，可以设置一个共同期望。

```
standaloneSetup(new SimpleController())
    .alwaysExpect(status().isOk())
```

```
    .alwaysExpect(content().contentType("application/json;charset=UTF-8"))
    .build()
```

当 JSON 响应内容包含使用 Spring HATEOAS 创建的超媒体链接时，可以使用 JsonPath 表达式验证生成的链接。

```
mockMvc.perform(get("/people").accept(MediaType.APPLICATION_JSON))
    .andExpect(jsonPath("$.links[?(@.rel == 'self')].href")
    .value("http://localhost:8080/people"));
```

当 XML 响应内容包含使用 Spring HATEOAS 创建的超媒体链接时，可以使用 XPath 表达式验证生成的链接。

```
Map<String, String> ns = Collections.singletonMap("ns", "http://www.
w3.org/2005/Atom");
mockMvc.perform(get("/handle").accept(MediaType.APPLICATION_XML))
    .andExpect(xpath("/person/ns:link[@rel='self']/@href", ns)
    .string("http://localhost:8080/people"));
```

3.4.3　Spring Boot Test 框架

Spring Boot Test 框架扩展并简化了 Spring 框架所提供的 spring-test 模块。使用 Spring Boot Test 框架只需简单地引入以下依赖即可。

```
<dependency>
    <groupId>org.springframework.boot</groupId>
    <artifactId>spring-boot-starter-test</artifactId>
    <scope>test</scope>
</dependency>
```

需要注意的是，scope 更改为 test，这意味着正在定义的依赖关系在正常运行时不是必需的，仅用于编译和测试执行。

编写基于 Spring Boot Test 的测试类。HelloControllerTest.java 代码是在前面的章节中创建的，所以这里不再赘述。具体的代码如下。

```
import org.junit.Test;
import org.junit.runner.RunWith;
import org.springframework.beans.factory.annotation.Autowired;
import org.springframework.boot.test.autoconfigure.web.servlet.AutoCon-
figureMockMvc;
import org.springframework.boot.test.context.SpringBootTest;
import org.springframework.http.MediaType;
import org.springframework.test.context.junit4.SpringRunner;
import org.springframework.test.web.servlet.MockMvc;
import org.springframework.test.web.servlet.request.MockMvcRequestBuild-
```

```
ers;
import static org.hamcrest.Matchers.equalTo;
import static org.springframework.test.web.servlet.result.MockMvcRe-
sultMatchers.content;
import static org.springframework.test.web.servlet.result.MockMvcRe-
sultMatchers.status;

@RunWith(SpringRunner.class)
@SpringBootTest
@AutoConfigureMockMvc
public class HelloControllerTest {
    @Autowired
    private MockMvc mockMvc;
    @Test
    public void testHello() throws Exception {
        mockMvc.perform(MockMvcRequestBuilders.get("/hello")
.accept(MediaType.APPLICATION_JSON))
                .andExpect(status().isOk())
                .andExpect(content().string(equalTo("Hello World! Wel-
come to visit waylau.com!")));
    }
}
```

有关 Spring 框架的更多内容，可以参阅笔者所著的《Spring 5 开发大全》。

第4章

服务路由

4.1 如何找到服务

Cloud Native 系统是动态的，因为服务往往随着需求的变化而变化。即使服务的一个实例消失或新系统被添加到系统，服务也必须能够发现并能够与其他服务通信。那么服务是如何找到它所依赖的其他服务的呢?

4.1.1 DNS

服务发现意味着发布的服务可以让别人找到。在互联网中，最常用的服务发现机制莫过于域名。通过域名，可以发现该域名所对应的 IP，继而能够找到发布到这个 IP 的服务。域名和主机的关系并非一对一的，有可能多个域名都映射到了同一个 IP 下面。DNS（Domain Name System，域名系统）是因特网的一项核心服务，它作为可以将域名和 IP 地址相互映射的一个分布式数据库，能够使人们更方便地访问互联网，而不用去记住能够被机器直接读取的 IP 地址串。

开发人员可以使用 DNS，但 DNS 不一定适合在 Cloud Native 环境中使用。DNS 在使用 DNS 服务的客户端缓存中受益。缓存意味着客户端可以"解析"不再存在的陈旧 IP 地址。可以以较低的生存时间值（Time To Live，TTL）使这些缓存失效，但是带来的负面影响是，不得不花费大量时间重新解析 DNS 记录。在云环境中，DNS 需要额外的解决时间，因为请求必须离开云端，然后通过路由器重新进入。许多云提供商支持多宿主 DNS 解析，包含私人地址和公共地址。在这种情况下，从云中的一个服务调用另一个服务是快速且高效的，但是它要求代码库知道 DNS 方案的复杂性。这意味着其实现的复杂性在开发人员的本地环境中很难重现。

另外，DNS 本身是一个非常简单的协议，因此，它无法应答有关系统状态或拓扑结构的基本请求。假设有一个 REST 客户端在调用某个节点上运行的服务，该服务实例映射到了 DNS。如果实例关闭，那么客户端将会被阻塞。所以在处理 DNS 负载均衡时，路由变得尤为重要。负载均衡器是需要管理的又一块运营基础架构，这些架构有其局限性，而且实现起来并不简单。

简而言之，DNS 并不适合 Cloud Native 架构系统。

4.1.2 服务注册与发现

知道上面的问题后，就能更好地理解为什么 Cloud Native 架构中的服务需要一套注册和发现机制。服务注册和发现正如互联网上的 DNS，可以让启动的每个微服务都被注册进一个服务注册表（或称为注册中心），当其他微服务需要调用这个服务时，就通过服务的名称来获取这个服务。因为多个服务实例都是映射到同一个服务名称的，所以通过服务名称来访问就可以使用其中的任意一个服务实例，也就可以实现负载均衡了。

微服务实例要想让其他的服务调用方感知到，就需要服务发现机制。通过服务发现，调用方可以及时拿到可用服务实例的列表。

在 Cloud Native 架构中，对于服务发现的需求如下。

（1）微服务的部署往往利用虚拟的主机或容器技术，所分配的主机位置往往是虚拟的。

（2）微服务的服务实例的网络位置往往是动态分配的。

（3）微服务要满足容错和扩展等需求，因此服务实例会经常动态变更，这意味着服务的位置也会动态变更。

（4）同一个服务往往会配置多个实例，需要服务发现机制来决定使用其中的哪个实例。

因此，客户端代码需要使用更加复杂的服务发现机制。服务发现有两大模式：客户端发现模式和服务端发现模式。

4.1.3　客户端发现机制

图 4-1 展示了客户端发现模式的架构。

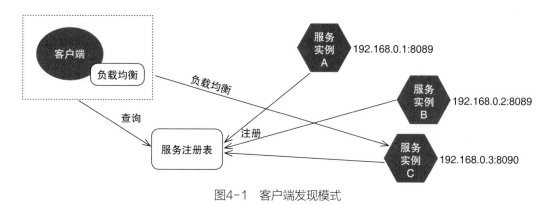

图4-1　客户端发现模式

服务注册表中的实例也是动态变化的。当有新的实例启动时，实例会将实例信息注册到服务注册表中；当实例下线或不可用时，服务注册表也能及时感知到，并将不可用的实例及时从服务注册表中清除。服务注册表可以采取心跳机制等来实现对于服务实例的感知。

很多技术框架提供这种客户端发现模式。Netflix 提供了完整的服务注册及服务发现的实现方式。Netflix Eureka 提供了服务注册表的功能，为服务实例注册管理和查询可用实例提供了 REST API 接口。Netflix Ribbon 的主要功能是提供客户端的软件负载均衡算法，将 Netflix 的中间层服务连接在一起。Netflix Ribbon 客户端组件提供一系列完善的配置项，如连接超时、重试等。简单来说，就是在服务注册表所列出的实例，Netflix Ribbon 会自动帮助开发人员基于某种规则（如简单轮询、随即连接等）去连接这些实例。Netflix 也提供了非常简便的方式来让开发人员使用 Netflix Ribbon 实现自定义的负载均衡算法。

ZooKeeper 是 Apache 基金会下的一个开源的、高可用的分布式应用协调服务，也被广泛应用于服务发现。

客户端发现模式的优点是，该模式相对直接，除了服务注册外，其他部分基本无须做改动。此外，由于客户端已经知晓所有可用的服务实例，因此能够针对特定应用来实现智能的负载均衡。

客户端发现模式的缺点是，客户端需要与服务注册表进行绑定，要针对服务端用到的每个编程语言和框架来实现客户端的服务发现逻辑。

4.1.4 服务端发现机制

另外一种服务发现的模式是服务端发现模式。该模式是客户端通过负载均衡器向某个服务提出请求，负载均衡器查询服务注册表，并将请求转发到可用的服务实例。与客户端发现模式类似，服务实例在服务注册表中注册或注销。图 4-2 展现了这种服务端发现模式的架构。

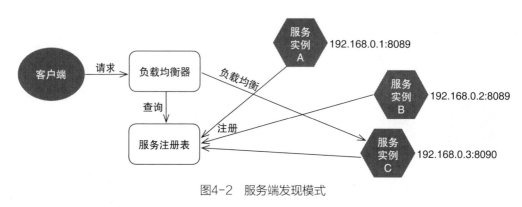

图4-2　服务端发现模式

与客户端发现模式不同，服务端发现模式需要有专门的负载均衡器来分发请求。这样客户端就可以保持相对简单，无须自己实现负载均衡机制。

DNS 域名解析可以提供最简单方式的服务端发现功能。它作为域名和 IP 地址相互映射的一个分布式数据库，能够让人们更方便地访问互联网。通过浏览器访问网站时只需要记住网站的域名即可，而不需要记住那些不太容易理解的 IP 地址。每个 DNS 域名可以映射多个服务实例。但 DNS 也有限制，例如，它无法及时感知服务实例是否有效，不能按照服务器的处理能力来分配负载等。所以一个常用的解决方法是，在 DNS 服务器与服务实例之间搭建一个负载均衡器。

在商业产品领域，Amazon 公司的 Elastic Load Balancing（项目地址为 https://aws.amazon.com/cn/elasticloadbalancing）提供了服务端发现路由的功能，可以在多个 Amazon EC2 实例之间自动分配应用程序的传入流量。它可以实现应用程序容错功能，从而无缝提供路由应用程序流量所需的负载均衡容量。Elastic Load Balancing 提供两种类型的负载均衡器，一种是 Classic 负载均衡器，可基于应用程序或网络级信息路由流量；另一种是应用程序负载均衡器，可基于包括请求内容的高级应用程序级信息路由流量。Classic 负载均衡器适用于在多个 EC2 实例之间进行简单的流量负载均衡，而应用程序负载均衡器则适用于需要高级路由功能、微服务和基于容器的架构的应用程序。应用程序负载均衡器可将流量路由至多个服务，也可在同一 EC2 实例的多个端口之间进行负载均衡。这两种类型均具备高可用性、自动扩展功能和可靠的安全性。

在开源领域，Kubernetes（项目地址为 https://kubernetes.io）及 NGINX（项目地址为 http://nginx.org）也能用作服务端发现的负载均衡器。NGINX 是一个高性能的 HTTP 和反向代理服务器，在连接高并发的情况下，可以作为 Apache 服务器不错的替代品；在分布式系统中，经常被作为负载均衡服务器使用。

Kubernetes 作为 Docker 生态圈中的重要一员，是 Google 多年大规模容器管理技术的开源版本。其中，Kubernetes 的 Proxy（代理）组件实现了负载均衡功能。Proxy 会根据 Load Balancer 将请求透明地转发到集群中可用的服务实例。

使用服务端发现模式的好处是，通常会简化客户端的开发工作，因为客户端并不需要关心负载均衡的细节工作，其所要做的工作就是将请求发送到负载均衡器即可。市面上也提供了很多商业或开源负载均衡器的实现，开箱即用，方案也比较成熟。

实施服务端发现模式也有难点，一个比较大的问题是，需要考虑如何配置和管理负载均衡器，使其成为高可用的系统组件。

4.2 实战：实现服务注册与发现

在 Cloud Native 架构中，服务的注册与发现是最核心的功能。通过服务的注册和发现机制，微服务之间才能进行相互通信、相互协作。

本节将基于 Eureka 来实现服务注册与发现功能。

4.2.1 选择 Eureka 的原因

在 Spring Cloud 技术栈中，Eureka 作为服务注册中心，对整个微服务架构起着最重要的整合作用。Eureka 是 Netflix 开源的一款提供服务注册和发现的产品。Eureka 的项目主页为 https://github.com/spring-cloud/spring-cloud-netflix，有兴趣的读者可以去查看源码。本小节将着重讲解选择使用 Eureka 的原因，大致有以下几方面。

1. 完整的服务注册和发现机制

Eureka 提供了完整的服务注册和发现机制，并且经受住了 Netflix 自身的生产环境考验，使用起来相对比较省心。

2. 与 Spring Cloud 无缝集成

Spring Cloud 有一套非常完善的开源代码来整合 Eureka，所以在 Spring Boot 上应用起来非常方便，与 Spring 框架的兼容性很好。

3. 高可用性

Eureka 还支持在应用自身的容器中启动，也就是说，应用启动后，既充当了 Eureka 客户端的角色，同时也是服务的提供者。这就极大地提高了服务的可用性，同时也减少了外部依赖。

4. 开源

由于代码是开源的，因此非常便于排查问题和了解它的实现原理。同时，广大开发者也能持续为该项目做出贡献。

4.2.2 集成 Eureka Server

创建一个新的应用称为"eureka-server"。该应用的 build.gradle 详细配置如下。

```
// buildscript代码块中脚本优先执行
buildscript {
    // ext用于定义动态属性
    ext {
        springBootVersion = '2.0.3.RELEASE'
    }
    // 使用了Maven的中央仓库及Spring自带的仓库（也可以指定其他仓库）
    repositories {
        //mavenCentral()
        maven { url "https://repo.spring.io/snapshot" }
        maven { url "https://repo.spring.io/milestone" }
        maven { url "http://maven.aliyun.com/nexus/content/groups/
public/" }
    }
    //依赖关系
    dependencies {
        // classpath声明了在执行其余的脚本时，ClassLoader可以使用这些依赖项
        classpath("org.springframework.boot:spring-boot-gradle-plug-
in:${springBootVersion}")
    }
}
// 使用插件
apply plugin: 'java'
apply plugin: 'eclipse'
apply plugin: 'org.springframework.boot'
apply plugin: 'io.spring.dependency-management'
// 指定了生成的编译文件版本，默认是打成了jar包
group = 'com.waylau.spring.cloud'
version = '1.0.0'
// 指定编译.java文件的JDK版本
sourceCompatibility = 1.8
// 使用了Maven的中央仓库及Spring自带的仓库（也可以指定其他仓库）
repositories {
    //mavenCentral()
    maven { url "https://repo.spring.io/snapshot" }
```

```
    maven { url "https://repo.spring.io/milestone" }
    maven { url "http://maven.aliyun.com/nexus/content/groups/public/"
}
}
ext {
    springCloudVersion = 'Finchley.RELEASE'
}
dependencies {
    // 添加 Spring Cloud Starter Netflix Eureka Server 依赖
    compile('org.springframework.cloud:spring-cloud-starter-netflix-eu-
reka-server')
    // 该依赖用于测试阶段
    testCompile('org.springframework.boot:spring-boot-starter-test')
}
dependencyManagement {
    imports {
        mavenBom "org.springframework.cloud:spring-cloud-dependen-cies:
${springCloudVersion}"
    }
}
```

其中，Spring Cloud Starter Netflix Eureka Server 自身又依赖了如下项目。

```
<dependencies>
    <dependency>
        <groupId>org.springframework.cloud</groupId>
        <artifactId>spring-cloud-starter</artifactId>
    </dependency>
    <dependency>
        <groupId>org.springframework.cloud</groupId>
        <artifactId>spring-cloud-netflix-eureka-server</artifactId>
    </dependency>
    <dependency>
        <groupId>org.springframework.cloud</groupId>
        <artifactId>spring-cloud-starter-netflix-archaius</artifactId>
    </dependency>
    <dependency>
        <groupId>org.springframework.cloud</groupId>
        <artifactId>spring-cloud-starter-netflix-ribbon</artifactId>
    </dependency>
    <dependency>
        <groupId>com.netflix.ribbon</groupId>
        <artifactId>ribbon-eureka</artifactId>
    </dependency>
</dependencies>
```

所有配置都能够在 Spring Cloud Starter Netflix Eureka Server 项目的 .pom 文件中查看到。

下面演示集成 Eureka Server 的过程。

1. 启用 Eureka Server

要启用 Eureka Server，在应用的根目录的 Application 类上增加 @EnableEurekaServer 注解即可。

```
import org.springframework.boot.SpringApplication;
import org.springframework.boot.autoconfigure.SpringBootApplication;
import org.springframework.cloud.netflix.eureka.server.EnableEurekaServer;
@SpringBootApplication
@EnableEurekaServer
public class Application {
    public static void main(String[] args) {
        SpringApplication.run(Application.class, args);
    }
}
```

该注解就是为了激活 Eureka Server 相关的自动配置类 org.springframework.cloud.netflix.eureka. server.EurekaServerAutoConfiguration。

2. 修改项目配置

修改 application.properties，增加如下配置。

```
server.port: 8761
eureka.instance.hostname: localhost
eureka.client.registerWithEureka: false
eureka.client.fetchRegistry: false
eureka.client.serviceUrl.defaultZone: http://${eureka.instance.hostname}:${server.port}/eureka/
```

以上配置的含义如下。

（1）server.port：指明了应用启动的端口号。

（2）eureka.instance.hostname：应用的主机名称。

（3）eureka.client.registerWithEureka：值为 false 意味着自身仅作为服务器，不作为客户端。

（4）eureka.client.fetchRegistry：值为 false 意味着无须注册自身。

（5）eureka.client.serviceUrl.defaultZone：指明了应用的 URL。

3. 清空资源目录

在 src/main/resources 目录下，除了 application.properties 文件，将其他没有用到的目录或文件都删除，特别是 templates 目录，因为这个目录会覆盖 Eureka Server 自带的管理界面。

4. 启动

启动应用，访问 http://localhost:8761，可以看到图 4-3 所示的 Eureka Server 自带的 UI 管理界面。

图4-3　Eureka Server 管理界面

至此，Eureka Server 注册服务器搭建完毕。

4.2.3　集成 Eureka Client

创建一个新的应用称为"eureka-client"，以作为 Eureka Client。与 eureka-server 相比，eureka-client 应用的 build.gradle 配置的变化主要是在依赖方面，将 Eureka Server 的依赖改为 Eureka Client 即可。

```
dependencies {
    // 添加Spring Cloud Starter Netflix Eureka Client依赖
    compile('org.springframework.cloud:spring-cloud-starter-netflix-eu-
reka-client')
    compile('org.springframework.boot:spring-boot-starter-web')
    // 该依赖用于测试阶段
    testCompile('org.springframework.boot:spring-boot-starter-test')
}
```

下面演示集成 Eureka Client 的过程。

1. 一个最简单的 Eureka Client

将 @EnableEurekaServer 注解改为 @EnableDiscoveryClient。

```
import org.springframework.boot.SpringApplication;
import org.springframework.boot.autoconfigure.SpringBootApplication;
import org.springframework.cloud.client.discovery.EnableDiscoveryCli-ent;
@SpringBootApplication
@EnableDiscoveryClient
public class Application {
    public static void main(String[] args) {
        SpringApplication.run(Application.class, args);
    }
}
```

org.springframework.cloud.client.discovery.EnableDiscoveryClient 注解就是一个自动发现客户端的实现。

2. 修改项目配置

将 application.properties 修改为如下配置。

```
spring.application.name:eureka-client
eureka.client.serviceUrl.defaultZone:http://localhost:8761/eureka/
```

以上配置的含义如下。

（1）spring.application.name：指定应用的名称。

（2）eureka.client.serviceUrl.defaultZone：指明 Eureka Server 的位置。

4.2.4 服务的注册与发现

先运行 Eureka Server 实例 eureka-server，它启动在了 8761 端口。然后分别在 8081 和 8082 上启动 Eureka Client 实例 eureka-client。

```
java -jar eureka-client-1.0.0.jar --server.port=8081
```

```
java -jar eureka-client-1.0.0.jar --server.port=8082
```

这样，就可以在 Eureka Server 上看到这两个实例的信息。访问 http://localhost:8761，可以看到图 4-4 所示的 Eureka Server 自带的 UI 管理界面。

图4-4　Eureka Client 管理界面

在管理界面的"Instances currently registered with Eureka"中，能看到每个 Eureka Client 的状态，在相同的应用（指具有相同的 spring.application.name）中，能够看到每个应用的实例。如果 Eureka Client 离线了，Eureka Server 也能及时感知到。不同的应用之间能够通过应用的名称来互相发现。从界面中也可以看出，Eureka Server 运行的 IP 为 192.168.1.101。

第5章

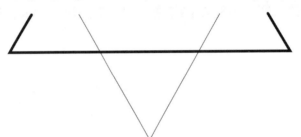

Cloud Native 安全

5.1 认证与授权

应用程序安全性的两个主要领域是认证（Authentication）与授权（Authorization）。

（1）认证："认证"是建立主体 （Principal）的过程。"主体"通常是指可以在应用程序中执行操作的用户、设备或其他系统。

（2）授权：也称为"访问控制"（Access-control），是指决定是否允许主体在应用程序中执行操作。为了到达需要授权决定的点，认证过程已经建立了主体的身份。

本节将详细介绍 Cloud Native 应用中常用的认证与授权机制。

5.1.1 基本认证

基本认证在 Web 应用中是非常流行的认证机制。基本身份验证通常用于无状态客户端，它们在每个请求中传递其凭证。将其与基于表单的认证结合使用是很常见的，例如，常用语基于浏览器的用户界面和作为 Web 服务的应用。但是，基本认证将密码作为纯文本传输是不安全的，所以它只能在真正通过加密的传输层（如 HTTPS）中使用。

图 5–1 展示的是浏览器所提供的基本认证登录框。

图5-1　基本认证登录框

5.1.2 摘要认证

摘要认证尝试解决基本认证的许多弱点，特别是确保凭证不会以明文方式通过网络发送。许多用户代理支持摘要身份验证，包括 Mozilla Firefox 和 Internet Explorer。管理摘要认证的标准由 RFC 2617 定义，RFC 2617 更新了较早版本的 RFC 2069 规定的摘要认证标准。大多数用户代理实现了 RFC 2617 规范。如果需要使用未加密的 HTTP（即没有 TLS/HTTPS）并希望最大化认证过程的安全性，摘要认证是非常有吸引力的选择。同时，摘要认证是 WebDAV 协议的强制性要求，如 RFC 2518 第 17.1 节所述："您不应该在现代应用程序中使用摘要，因为它被认为是不安全的。最明显的问题是您必须以明文、加密或 MD5 格式存储密码。所有这些存储格式都被认为不安全。相反，您应该使用单向自适应密码散列（如 bCrypt、PBKDF2、SCrypt 等）"。

摘要认证的中心是一个"随机数"，这是服务器生成的值。Spring Security 的随机数采用以下格式。

```
base64(expirationTime + ":" + md5Hex(expirationTime + ":" + key))
expirationTime:    随机数到期的日期和时间，以毫秒为单位
key:               用于防止随机数标记被修改的私钥
```

5.1.3 摘要认证的密码加密

如果密码都是以明文形式存储在数据库中，那么就会给系统安全带来极大的风险。所以在摘要认证中，需要对密码进行加密存储。

Spring Security 所使用的密码加密算法格式为 HEX(MD5(username:realm:password))，所以，使用账号 waylau 、密码 123456 时，生成的密码如下。

```
waylau:spring security tutorial:123456  -> b7ace5658b44f7295e7e8e-
36da421502
```

具体生成密码的代码可以查看 ApplicationTests.java。

```java
@Test
public void testGenerateDigestEncodePassword() {
    String username = "waylau";
    String realm = "spring security tutorial";
    String password = "123456";
    String a1Md5 = this.encodePasswordInA1Format(username, realm, password);

    System.out.println("a1Md5:" + a1Md5);
}
private String encodePasswordInA1Format(String username, String realm,
String password) {
    String a1 = username + ":" + realm + ":" + password;
    return md5Hex(a1);
}
private String md5Hex(String data) {
    MessageDigest digest;
    try {
        digest = MessageDigest.getInstance("MD5");
    }
    catch (NoSuchAlgorithmException e) {
        throw new IllegalStateException("No MD5 algorithm available!");
    }
    return new String(Hex.encode(digest.digest(data.getBytes())));
}
```

这样，数据库中可以存储加密后的密码，避免了明文存储的风险。在初始化用户时，把加密后的密码存储进数据库即可。以下是具体示例代码。

```
INSERT INTO user (id, username, password, name, age) VALUES (1, 'way-
```

```
lau', 'b7ace5658b44f7295e7e8e36da421502', '老卫', 30);
```

5.1.4　通用密码加密

前面已经谈到了在摘要认证中应该使用密码加密，但同时也需要注意到这种方式的一些限制。例如，该加密方式只适用于摘要认证，而且摘要认证只能采用该种方式进行密码加密。那么，如何在其他认证类型（如基本认证、Form 表单认证）中进行用户信息的加密呢？

1. MD5 算法

任何一个正式的企业应用都不会在数据库中使用明文来保存密码。可以想象一下，只要有人进入数据库就可以看到所有人的密码，这是一件多么恐怖的事情。因此，至少要对密码进行加密，这样即使数据库被攻破，也可以保证用户密码的安全。最常用的方法是使用 MD5 算法对密码进行摘要加密，这是一种单向加密手段，无法通过加密后的结果反推原来的密码明文。

要把数据库中原来保存的密码使用 MD5 进行加密。

```
123456  ---MD5---> e10adc3949ba59abbe56e057f20f883e
```

现在密码部分已经面目全非了，即使有人攻破了数据库，拿到这种"乱码"也无法登录系统窃取用户的信息。

2. 盐值加密

上面的实例在现实使用中还存在一个不小的问题。虽然 MD5 算法是不可逆的，但是因为它对同一个字符串计算的结果是唯一的，所以一些人可能会使用"字典攻击"的方式来攻破用 MD5 加密的系统。这虽然属于暴力解密，却十分有效，因为大多数系统的用户密码都不会很长。

大多数系统都是用 admin 作为默认的管理员登录密码，所以在数据库中看到"21232f297a57a5a743894a0e4a801fc3"时，就可以意识到 admin 用户使用的密码了。因此，MD5 在处理这种常用字符串时并不怎么奏效。

```
admin  ---MD5---> 21232f297a57a5a743894a0e4a801fc3
```

为了解决这个问题，可以使用盐值加密"salt-source"。盐值的原理非常简单，就是先把密码和盐值指定的内容合并在一起，再使用 MD5 对合并后的内容进行演算。例如，指定使用 username 作为盐值。这样一来，就算密码是一个很常见的字符串，再加上用户名，最后算出来的 MD5 值也没那么容易被猜出来了。因为攻击者并不知道盐值的值，也很难反推出密码原文。

这里将每个用户的 username 作为盐值，最后数据库中的密码部分就变成了这样：

```
admin123456 ---MD5---> a66abb5684c45962d887564f08346e8d
```

3. PasswordEncoder 的实现

Spring Security 提供了 org.springframework.security.crypto.password.PasswordEncoder 接口，并提

供了该接口的多种加密实现方式，如 AbstractPasswordEncoder、BCryptPasswordEncoder、NoOp-PasswordEncoder、Pbkdf2PasswordEncoder、SCryptPasswordEncoder、StandardPasswordEncoder 等。常用的有以下几种。

（1）BCryptPasswordEncoder：使用 BCrypt 的强散列（哈希）加密实现，并可以由客户端指定加密的强度 strength，强度越高，安全性自然就越高，默认为 10。

（2）NoOpPasswordEncoder：按原文本处理，相当于不加密。

（3）StandardPasswordEncoder：1024 次迭代的 SHA-256 散列（哈希）加密实现，并使用一个随机的 8 字节 salt。

在 Spring Security 的注释中，明确写明了如果是开发一个新的项目，BCryptPasswordEncoder 是较好的选择。以下示例也是采用 BCryptPasswordEncoder 的方式。

```
@Autowired
private PasswordEncoder passwordEncoder;
@Bean
public PasswordEncoder passwordEncoder() {
    return new BCryptPasswordEncoder();    // 使用BCrypt加密
}
```

另外，需要自定义一个 DaoAuthenticationProvider 来将加密方式进行注入。

```
@Autowired
private AuthenticationProvider authenticationProvider;
@Bean
public AuthenticationProvider authenticationProvider() {
    DaoAuthenticationProvider authenticationProvider = new DaoAuthenti-
cationProvider();
    authenticationProvider.setUserDetailsService(userDetailsService);
    authenticationProvider.setPasswordEncoder(passwordEncoder); // 设置
密码加密方式
    return authenticationProvider;
}
```

同时，将上述的 DaoAuthenticationProvider 设置进 AuthenticationManagerBuilder。

```
@Autowired
public void configureGlobal(AuthenticationManagerBuilder auth) throws
Exception {
    auth.authenticationProvider(authenticationProvider);
}
```

4. 生成加密后的密码

具体生成密码的代码可以查看 ApplicationTests.java。

```
@Test
public void testBCryptPasswordEncoder() {
```

```
    CharSequence rawPassword = "123456";
    PasswordEncoder encoder = new BCryptPasswordEncoder();
    String encodePasswd = encoder.encode(rawPassword);
    boolean isMatch = encoder.matches(rawPassword, encodePasswd);
    System.out.println("encodePasswd:" + encodePasswd);
    System.out.println(isMatch);
}
```

这样数据库中可以存储加密后的密码，避免了明文存储的风险。在初始化用户时，把加密后的密码存储进数据库即可。

```
INSERT INTO user (id, username, password, name, age) VALUES (1, 'way-
lau', '$2a$10$N.zmdr9k7uOCQb376NoUnuTJ8iAt6Z5EHsM8lE9lBOsl7iKTVKIUi',
'老卫', 30);
```

5.1.5　基于散列的令牌方法

Spring Security 提供了基于散列的令牌方法的支持。

1. Remember-Me认证

Remember-Me 或持久的登录身份验证是指网站能够记住身份之间的会话。这通常是通过发送 Cookie 到浏览器，Cookie 在未来会话中被检测到，并导致自动登录发生。Spring Security 为这些操作提供了必要的钩子，并且有两个具体的实现。

（1）使用散列来保存基于 Cookie 的令牌的安全性。

（2）使用数据库或其他持久存储机制来存储生成的令牌。

需要注意的是，这些实现都需要 UserDetailsService。如果使用的是一种身份验证提供程序而不使用 UserDetailsService（如 LDAP 程序），该机制就不会正常工作，除非在应用程序上下文中有 UserDetailsService bean。

2. 简单的基于散列的令牌方法

这种方法使用散列实现了一个有用的 Remember-Me 的策略。其本质是，在认证成功后，Cookie 被发送到浏览器进行交互。Cookie 的组成如下。

```
base64(username + ":" + expirationTime + ":" +
md5Hex(username + ":" + expirationTime + ":" password + ":" + key))
username:          UserDetailsService中的身份标识
password:          UserDetails中的密码
expirationTime:    随机数到期的日期和时间，以毫秒为单位
key:               用于防止随机数标记被修改的私钥
```

因此，Remember-Me 令牌仅适用于指定的期间，并且提供的用户名、密码和密钥不会更改。值得注意的是，这有一个潜在的安全问题，即任何用户代理只要捕获了 Remember-Me 令牌就能一直使用，直到令牌过期。这个问题与摘要验证存在的问题相同。如果一个认证主体意识到令牌已被

截获，则可以通过修改密码来将之前的 Remember-Me 令牌作废。

3. TokenBasedRememberMeServices

TokenBasedRememberMeServices 产生 RememberMeAuthenticationToken，并由 RememberMeAuthenticationProvider 处理。这种身份验证提供者与 TokenBasedRememberMeServices 之间共享 key。此外，TokenBasedRememberMeServices 需要从 UserDetailsService 中生成 RememberMeAuthenticationToken 所包含的 GrantedAuthority。当用户使用无效的 Cookie 发起请求时，注销命令将由应用程序提供。TokenBasedRememberMeServices 还实现了 Spring Security 的 LogoutHandler 接口，可以用 LogoutFilter 自动清除 Cookie。

4. 设置 Remember-Me 选择项

在登录界面，设置一个 Remember-Me 选择项。

```
...
<div>
    <label for="remember-me">记住我</label>
    <input type="checkbox" name="remember-me" id="remember-me">
</div>
...
```

选择 Remember-Me 选择项进行登录，即使服务器重启，下次也无须重新登录系统。

5.1.6 基于持久化的令牌方法

这种方法使用数据库来存储令牌信息。表结构如下。

1. 表结构

需要有一个表结构来存储令牌信息，示例如下。

```
create table persistent_logins
(username varchar(64) not null,
series varchar(64) primary key,
token varchar(64) not null,
last_used timestamp not null)
```

2. PersistentTokenBasedRememberMeServices

Spring Security 的这个类与 TokenBasedRememberMeServices 用法类似，但差异在于，这个类还需要配置一个 PersistentTokenRepository 来存储令牌。它有两个标准实现。

（1）InMemoryTokenRepositoryImpl：仅用于测试。

（2）JdbcTokenRepositoryImpl：存储令牌到数据库中。

本例中将使用 JdbcTokenRepositoryImpl 将令牌存储到数据库中。

```
@Autowired
private DataSource dataSource;
```

```
@Bean
public JdbcTokenRepositoryImpl tokenRepository() {
    JdbcTokenRepositoryImpl tokenRepository = new JdbcTokenRepository-
Impl();
    tokenRepository.setCreateTableOnStartup(true);    // 启动时自动建表，但
重启数据会丢失
    tokenRepository.setDataSource(dataSource);
    return tokenRepository;
};
```

其中，setCreateTableOnStartup 方法是可选的，如果设置为 true，则会自动创建 persistent_logins
表结构，但缺点是，原有的数据将会丢失。

5.2 Java 安全框架

作为企业级应用首选语言，Java 在安全方面也有比较多的框架可供选择，比较成熟的有
Apache Shiro 和 Spring Security。其中，Apache Shiro 以轻量级、易于使用而广受好评，而 Spring
Security 则是因其功能强大而著称，两者可谓各有千秋。

5.2.1 Apache Shiro

Apache Shiro 是一个功能强大的、灵活的、开源的安全框架。它可以干净利落地处理身份验证、
授权、企业会话管理和加密。Apache Shiro 的首要目标是易于使用和理解。安全框架使用起来通常
很复杂，甚至让人感到很痛苦，但 Shiro 却不是这样的。一个好的安全框架应该屏蔽复杂性，向外
暴露简单、直观的 API，以减少开发人员实现应用程序安全所花费的时间和精力。那么，Shiro 能
做什么呢？

（1）验证用户身份。

（2）用户访问权限控制，如判断用户是否分配了一定的安全角色，判断用户是否被授予完成
某个操作的权限等。

（3）在非 Web 或 EJB 容器的环境下可以任意使用 Session API。

（4）可以响应认证、访问控制，或者 Session 生命周期中发生的事件。

（5）可将一个或一个以上的用户安全数据源数据组成一个复合的用户 "view"（视图）。

（6）支持单点登录（SSO）功能。

（7）支持提供 Remember Me 服务，获取用户关联信息而无须登录。

……

Shiro 将上述功能都集成到一个有凝聚力的、易于使用的 API 中。Shiro 致力在所有应用环境下实现上述功能，小到命令行应用程序，大到企业应用，而且不需要借助第三方框架、容器、应用服务器等。当然，Shiro 的目的是尽量融入到这样的应用环境中去，但也可以在它们之外的任何环境中开箱即用。

1. Apache Shiro的特性

Apache Shiro 是一个全面的、蕴含丰富功能的安全框架。图 5–2 所示为 Shiro 功能的框架图。

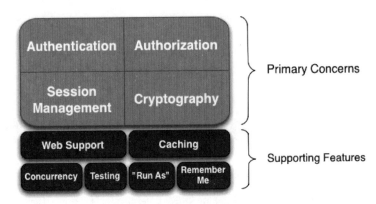

图5-2　Shiro 功能的框架图

Authentication（认证）、Authorization（授权）、Session Management（会话管理）和 Cryptography（加密）被 Shiro 框架的开发团队称为应用安全的四大基石。

（1）Authentication：用户身份识别，通常被称为用户"登录"。

（2）Authorization：访问控制，如某个用户是否具有某个操作的使用权限。

（3）Session Management：用于用户的会话管理，可以用在非 Web 或 EJB 应用程序中。

（4）Cryptography：在对数据源使用加密算法加密的同时，保证易于使用。

还有其他的功能来支持和加强这些不同应用环境下安全领域的关注点。特别是对以下功能的支持。

（1）Web 支持：Shiro 提供的 Web 支持 API，可以很轻松地保护 Web 应用程序的安全。

（2）缓存：缓存是 Apache Shiro 保证安全操作快速、高效的重要手段。

（3）并发：Apache Shiro 支持多线程应用程序的并发特性。

（4）测试：支持单元测试和集成测试，确保代码和预想的一样安全。

（5）Run As：在获得许可的前提下，这个功能允许用户假设另一个用户的身份。

（6）Remember Me：跨 session 记录用户的身份，只有在强制需要时才需要登录。

2. 与 Spring Boot 集成

虽然近些年 Apache Shiro 更新的频率趋于缓慢，但仍然有非常多的互联网公司或团队在采用它，其中包括 Spring、NYSE、Sonatype、Stormpath 等。特别是 Spring Boot 的流行，使 Apache Shiro 也提供了与 Spring Boot 集成，具体可见 https://github.com/apache/shiro/tree/master/support/spring-boot。

有关 Apache Shiro 的更多内容，可以参阅笔者所著的开源电子书《Apache Shiro 1.2.x 参考手册》
（https://waylau.com/apache-shiro-1.2.x-reference/）。

5.2.2　Spring Security

Spring Security 为基于 Java EE 的企业软件应用程序提供全面的安全服务。特别是使用 Spring 构建的项目，可以更好地使用 Spring Security 来加快构建的速度。

Spring Security 的出现有很多原因，主要是因为基于 Java EE 的 Servlet 规范或 EJB 规范缺乏对企业应用的安全性方面的支持。而 Spring Security 克服了这些问题，并带来了数十个其他有用的并且可自定义的安全功能。

在认证方面，Spring Security 支持各种各样的认证模型。这些认证模型大多数由第三方提供，或者由诸如因特网工程任务组的相关标准机构开发。此外，Spring Security 提供了自己的一组认证功能。具体来说，Spring Security 支持以下所有技术的身份验证集成。

（1）HTTP BASIC 认证头（基于 IETF RFC 的标准）。

（2）HTTP Digest 认证头（基于 IETF RFC 的标准）。

（3）HTTP X.509 客户端证书交换（基于 IETF RFC 的标准）。

（4）LDAP（一种非常常见的跨平台身份验证需求，特别是在大型环境中）。

（5）基于表单的身份验证（用于简单的用户界面需求）。

（6）OpenID 身份验证。

（7）基于预先建立的请求头的验证（如 Computer Associates Siteminder）。

（8）Jasig Central Authentication Service（也称为 CAS，是一个流行的开源单点登录系统）。

（9）远程方法调用（RMI）和 HttpInvoker（Spring 远程协议）的透明认证上下文传播。

（10）自动 remember-me 身份验证（可以选中某个选项，以避免在预定时间段内重新验证）。

（11）匿名身份验证。

（12）Run-as 身份验证。

（13）Java 认证和授权服务（Java Authentication and Authorization Service，JAAS）。

（14）Java EE 容器认证（如果有需要，仍然可以使用容器管理身份验证）。

（15）Kerberos。

（16）Java Open Single Sign-On（JOSSO）*。

（17）OpenNMS Network Management Platform *。

（18）AppFuse *。

（19）AndroMDA *。

（20）Mule ESB *。

（21）Direct Web Request（DWR）*。

（22）Grails *。

（23）Tapestry *。

（24）JTrac *。

（25）Jasypt *。

（26）Roller *。

（27）Elastic Path *。

（28）Atlassian*。

（29）自己创建的认证系统。

其中加"*"的技术是指由第三方提供，由 Spring Security 来集成。

许多独立软件供应商（ISV）也采用了 Spring Security，是出于这种灵活的认证模型。这样，他们可以快速地将解决方案与最终的客户需求进行组合，从而避免了进行大量的工作或需求变更。如果上述认证机制都不符合需求，那么 Spring Security 作为一个开放平台，很容易就能实现自己的认证机制。

除了认证机制外，Spring Security 提供了一组深入的授权功能，有以下 3 个主要领域。

（1）对 Web 请求进行授权。

（2）授权某个方法是否可以被调用。

（3）授权访问单个领域对象实例。

下面来看 Spring Security 的安装过程。

1. Spring Security 的安装

可以采用 Maven 或 Gradle 来进行最小化安装 Spring Security 的依赖。例如，使用 Maven 的安装方式如下。

```
<dependencies>
<dependency>
    <groupId>org.springframework.security</groupId>
    <artifactId>spring-security-web</artifactId>
    <version>5.0.7.RELEASE</version>
</dependency>
<dependency>
    <groupId>org.springframework.security</groupId>
    <artifactId>spring-security-config</artifactId>
    <version>5.0.7.RELEASE</version>
</dependency>
</dependencies>
```

使用 Gradle 的安装方式如下。

```
dependencies {
```

```
    compile 'org.springframework.security:spring-security-web:5.0.7.
RELEASE'
    compile 'org.springframework.security:spring-security-config:5.0.7.
RELEASE'
}
```

本书中的所有例子都是使用 Maven 或 Gradle 编写的。如果想要了解 Gradle 方面的知识，可以参阅笔者所著的开源电子书《Gradle 3 用户指南》，见 https://github.com/waylau/gradle-3-user-guide。

2. Spring Security 模块

自 Spring 3 开始，Spring Security 将代码划分到不同的 jar 中，这使不同的功能模块和第三方依赖显得更加清晰。

（1）Core-spring-security-core.jar：包含核心的 authentication 和 authorization 的类和接口、远程支持和基础配置 API。任何使用 Spring Security 的应用都需要引入这个 jar。支持本地应用、远程客户端、方法级别的安全和 JDBC 用户配置。主要包含的顶级包如下。

① org.springframework.security.core：核心。

② org.springframework.security.access：访问，即 authorization 的作用。

③ org.springframework.security.authentication：认证。

④ org.springframework.security.provisioning：配置。

（2）Remoting - spring-security-remoting.jar：提供与 Spring Remoting 整合的支持，开发人员并不需要这个，除非需要使用 Spring Remoting 写一个远程客户端。主包为 org.springframework.security.remoting。

（3）Web - spring-security-web.jar：包含 filter 和相关 Web 安全的基础代码。如果需要使用 Spring Security 进行 Web 安全认证和基于 URL 的访问控制则需要它。主包为 org.springframework.security.web。

（4）Config-spring-security-config.jar：包含安全命名空间解析代码和 Java 配置代码。如果使用 Spring Security XML 命名空间进行配置或 Spring Security 的 Java 配置支持则需要它。主包为 org.springframework.security.config。不能在代码中直接使用这个 jar 中的类。

（5）LDAP - spring-security-ldap.jar：LDAP 认证和配置代码。如果需要进行 LDAP 认证或者管理 LDAP 用户实体则需要它。顶级包为 org.springframework.security.ldap。

（6）ACL - spring-security-acl.jar：特定领域对象的 ACL（访问控制列表）实现。使用其可以对特定对象的实例进行一些安全配置。顶级包为 org.springframework.security.acls。

（7）CAS - spring-security-cas.jar：Spring Security CAS 客户端集成。如果需要使用一个单点登录服务器进行 Spring Security Web 安全认证，则需要引入它。顶级包为 org.springframework.security.cas。

（8）OpenID - spring-security-openid.jar：OpenId Web 认证支持，基于一个外部 OpenId 服务器对用户进行验证。顶级包为 org.springframework.security.openid，需要使用 OpenID4Java。

（9）Test - spring-security-test.jar：用于测试 Spring Security。在开发环境中通常需要添加它。

一般情况下，spring-security-core 和 spring-security-config 都会引入，在 Web 开发中通常还会引入 spring-security-web。

有关 Spring Security 的更多内容，可以参阅笔者所著的开源电子书《Spring Security 教程》（https://github.com/spring-projects/spring-security）。

5.2.3 Spring Cloud Security

Spring Cloud Security 是为分布式系统而提供的一组用于构建安全应用程序和服务的基本组件。Spring Cloud Security 适用于大型分布式系统，在各种云平台（如 Cloud Foundry 等）中也易于使用。

Spring Cloud Security 底层基于 Spring Boot 和 Spring Security OAuth2，可以帮助开发人员快速创建实现常见模式的系统，如单点登录、令牌中继和令牌交换等。

Spring Cloud Security 包含如下特性。

（1）在 Zuul 代理中将 SSO 令牌从前端中继到后端服务。

（2）在资源服务器之间传递令牌。

（3）使 Feign 客户端的拦截器像 OAuth2RestTemplate 那样来获取令牌等。

（4）在 Zuul 代理中配置下游认证。

1. Spring Cloud Security 的安装

可以采用 Maven 或 Gradle 来进行最小化安装 Spring Cloud Security 的依赖。例如，使用 Maven 的安装方式如下。

```
<dependencies>
    <dependency>
        <groupId>org.springframework.cloud</groupId>
        <artifactId>spring-cloud-security</artifactId>
        <version>2.0.0.RELEASE</version>
    </dependency>
</dependencies>
```

使用 Gradle 的安装方式如下。

```
dependencies {
    compile 'org.springframework.cloud:spring-cloud-security:2.0.0.
RELEASE'
}
```

2. Spring Cloud Security 的使用

如果应用还包含 Spring Cloud Zuul 嵌入式反向代理（使用 @EnableZuulProxy），那么可以要求它将 OAuth2 访问令牌向下游转发给它正在代理的服务。因此，上面的 SSO 应用程序可以像这样来得到增强。

```
@SpringBootApplication
@ EnableOAuth2Sso
@EnableZuulProxy
class Application {

}
```

除了记录用户和获取令牌外，该程序会将认证令牌传递给"/proxy/*"的下游服务。如果这些服务使用 @EnableResourceServer 注解的实现，那么它们就能在头部中获得有效的、正确的令牌。

5.3 OAuth 2.0 认证

OAuth 2.0 是一个开放的标准协议，允许应用程序访问其他应用的用户授权数据。在 Cloud Native 架构中，由于服务数量众多，因此可以采用 OAuth 2.0 来实现服务之间的认证。如果类路径中有 spring-security-oauth2，则可以利用某些自动配置来轻松设置授权或资源服务器，即可实现 OAuth2 认证。

5.3.1 OAuth 2.0 的认证原理

OAuth 2.0 的规范可以参考 RFC 6749(http://tools.ietf.org/html/rfc6749)。OAuth 是一个开放标准，允许用户让第三方应用访问该用户在某一网站上存储的私密资源（如照片、视频、联系人列表等），而无须将用户名和密码提供给第三方应用。

OAuth 允许用户提供一个令牌，而不是提供用户名和密码来访问存放在特定服务提供者处的数据。每一个令牌授权一个特定的网站（如视频编辑网站）在特定的时段内（如接下来的 2 小时内）访问特定的资源（如某一个相册中的视频）。这样，OAuth 允许用户授权第三方网站访问他们存储在另外的服务提供者处的信息，而不需要分享他们的访问许可或数据的所有内容。

5.3.2 OAuth 2.0 的核心概念

OAuth 2.0 主要有 4 类角色。

（1）resource owner：资源所有者，指终端的"用户"（User）。

（2）resource server：资源服务器，即服务提供商存放的受保护资源。访问这些资源，需要获得访问令牌（Access Token）。它与认证服务器可以是同一台服务器，也可以是不同的服务器。如果访问新浪微博网站，那么使用新浪微博的账号来登录新浪微博网站，新浪微博的资源和新浪微博的认证是同一家，就可以认为是同一个服务器。如果用新浪微博账号登录了知乎，那么显然知乎的资源和新浪微博的认证不是同一个服务器。

（3）client：客户端，代表向受保护资源进行资源请求的第三方应用程序。

（4）authorization server：授权服务器，在验证资源所有者并获得授权后，发放访问令牌给客户端。

5.3.3 OAuth 2.0 的认证流程

OAuth 2.0 的认证流程如下。

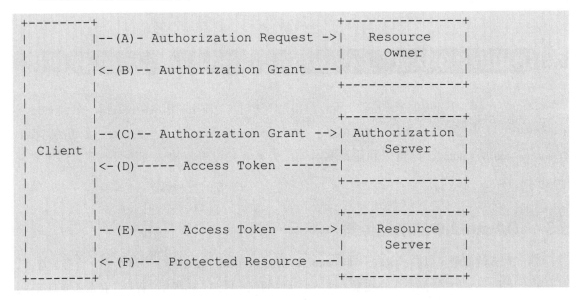

（1）（A）用户打开客户端以后，客户端请求资源所有者（用户）的授权。

（2）（B）用户同意给予客户端授权。

（3）（C）客户端使用上一步获得的授权，向认证服务器申请访问令牌。

（4）（D）认证服务器对客户端进行认证后，确认无误，同意发放访问令牌。

（5）（E）客户端使用访问令牌，向资源服务器申请获取资源。

（6）（F）资源服务器确认令牌无误，同意向客户端开放资源。

其中，用户授权有 4 种模式。

（1）授权码模式（authorization code）。

（2）简化模式（implicit）。

（3）密码模式（resource owner password credentials）。

（4）客户端模式（client credentials）。

5.4 实战：实现单点登录

SSO（Single Sign On，单点登录）在多个应用系统中，用户只需要登录一次就可以访问所有相互信任的应用系统。它包括可以将这次主要的登录映射到其他应用中用于同一个用户的登录机制，是目前比较流行的企业业务整合的解决方案之一。

OAuth 2.0 是非常好的实现 SSO 的方式之一。Spring Security OAuth 提供了 OAuth 2.0 认证。以下是一个基于 Spring Security OAuth 来实现 OAuth 2.0 认证的完整示例。

5.4.1 项目依赖

本示例基于 Gradle 来管理依赖，读者可以自行改成 Maven 的方式。核心依赖如下。

```
...
compile('org.springframework.boot:spring-boot-starter-web')

// 添加Thymeleaf的依赖
compile('org.springframework.boot:spring-boot-starter-thymeleaf')

// 添加Spring Security依赖
compile('org.springframework.boot:spring-boot-starter-security')

// 添加Spring Security OAuth2依赖
compile('org.springframework.security.oauth:spring-security-oauth2:
2.3.3.RELEASE')
```

5.4.2 编码实现

1. 项目安全的配置

安全配置上需要加 @EnableWebSecurity 、 @EnableOAuth2Client 注解来启用 Web 安全认证机制，并表明这是一个 OAuth 2.0 客户端。@EnableGlobalMethodSecurity 注明项目采用了基于方法的安全设置。

```
@EnableWebSecurity
@EnableOAuth2Client  // 启用OAuth 2.0客户端
@EnableGlobalMethodSecurity(prePostEnabled = true) // 启用方法安全设置
public class SecurityConfig extends WebSecurityConfigurerAdapter {
```

使用 Spring Security，需要继承 org.springframework.security.config.annotation.web.configuration. WebSecurityConfigurerAdapter 并重写以下 configure 方法。

```
@Override
protected void configure(HttpSecurity http) throws Exception {
```

```
    http.addFilterBefore(ssoFilter(), BasicAuthenticationFilter.class)
        .antMatcher("/**")
        .authorizeRequests()
        .antMatchers("/", "/index", "/403","/css/**", "/js/**",
"/fonts/**").permitAll() // 不设限制，都允许访问
        .anyRequest()
        .authenticated()
        .and().logout().logoutSuccessUrl("/").permitAll()
        .and().csrf().csrfTokenRepository(CookieCsrfTokenRepository.
withHttpOnlyFalse())
    ;
}
```

上面的配置设置了一些过滤策略，除了静态资源及不需要授权的页面允许访问，其他的资源都需要授权访问。

其中还设置了一个过滤器 ssoFilter，用于在 BasicAuthenticationFilter 之前进行拦截。如果拦截到的是 /login，就是访问认证服务器。

```
private Filter ssoFilter() {
    OAuth2ClientAuthenticationProcessingFilter githubFilter = new OAu-
th2ClientAuthenticationProcessingFilter("/login");
    OAuth2RestTemplate githubTemplate = new OAuth2RestTemplate(github(),
oauth2ClientContext);
    githubFilter.setRestTemplate(githubTemplate);
    UserInfoTokenServices tokenServices = new UserInfoTokenServices
(githubResource().getUserInfoUri(), github().getClientId());
    tokenServices.setRestTemplate(githubTemplate);
    githubFilter.setTokenServices(tokenServices);
    return githubFilter;
}
@Bean
public FilterRegistrationBean oauth2ClientFilterRegistration(
    OAuth2ClientContextFilter filter) {
    FilterRegistrationBean registration = new FilterRegistrationBean();
    registration.setFilter(filter);
    registration.setOrder(-100);
    return registration;
}
@Bean
@ConfigurationProperties("github.client")
public AuthorizationCodeResourceDetails github() {
    return new AuthorizationCodeResourceDetails();
}
@Bean
@ConfigurationProperties("github.resource")
public ResourceServerProperties githubResource() {
    return new ResourceServerProperties();
}
```

2. 资源服务器

这里写了两个控制器来提供相应的资源。

（1）MainController.java 的实现代码如下。

```
@Controller
public class MainController {
    @GetMapping("/")
    public String root() {
        return "redirect:/index";
    }
    @GetMapping("/index")
    public String index(Principal principal, Model model) {
        if(principal == null ){
            return "index";
        }
        System.out.println(principal.toString());
        model.addAttribute("principal", principal);
        return "index";
    }
    @GetMapping("/403")
    public String accesssDenied() {
        return "403";
    }
}
```

在 index 页面，如果认证成功，将会显示一些认证信息。

（2）UserController.java 用来模拟用户管理的相关资源，实现代码如下。

```
@RestController
@RequestMapping("/")
public class UserController {
    /**
     * 查询所有用户
     * @return
     */
    @GetMapping("/users")
    @PreAuthorize("hasAuthority('ROLE_USER')")   // 指定角色权限才能操作方法
    public ModelAndView list(Model model) {

        List<User> list = new ArrayList<>();      // 当前所在页面数据列表
        list.add(new User("waylau",29));
        list.add(new User("老卫",30));
        model.addAttribute("title", "用户管理");
        model.addAttribute("userList", list);
        return new ModelAndView("users/list", "userModel", model);
    }
}
```

3. 前端页面

页面主要是采用 Thymeleaf 及 Bootstrap 来编写的。

首页用于实现用户的基本信息。

```html
<body>
    <div class="container">
        <div class="mt-3">
            <h2>Hello Spring Security</h2>
        </div>
        <div sec:authorize="isAuthenticated()" th:if="${principal}" th:-
object="${principal}">
            <p>已有用户登录</p>
            <p>登录的用户为: <span sec:authentication="name"></span></p>
            <p>用户权限为: <span th:text="*{userAuthentication.authori-
ties}"></span></p>
            <p>用户头像为: <img alt="" class="avatar width-full round-
ed-2" height="230"
                th:src="*{userAuthentication.details.avatar_url}"
width="230"></p>
        </div>
        <div sec:authorize="isAnonymous()">
            <p>未有用户登录</p>
        </div>
    </div>
</body>
```

用户管理界面显示用户的列表。

```html
<body>
<div class="container">
    <div class="mt-3">
        <h2 th:text="${userModel.title}">Welcome to waylau.com</h2>
    </div>
    <table class="table table-hover">
        <thead>
        <tr>
            <td>Age</td>
            <td>Name</td>
            <td sec:authorize="hasRole('ADMIN')">Operation</td>
        </tr>
        </thead>
        <tbody>
        <tr th:if="${userModel.userList.size()} eq 0">
            <td colspan="3">没有用户信息！！</td>
        </tr>
        <tr th:each="user : ${userModel.userList}">
            <td th:text="${user.age}">11</td>
            <td th:text="${user.name}">waylau</a></td>
            <td sec:authorize="hasRole('ADMIN')">
                <div >
                    我是管理员
                </div>
            </td>
        </tr>
```

```
        </tbody>
    </table>
</body>
```

5.4.3　应用配置

项目的核心配置如下。

```
github.client.clientId=ad2abbc19b6c5f0ed117
github.client.clientSecret=26db88a4dfc34cebaf196e68761c1294ac4ce265
github.client.accessTokenUri=https://github.com/login/oauth/access_
token
github.client.userAuthorizationUri=https://github.com/login/oauth/
authorize
github.client.clientAuthenticationScheme=form
github.client.tokenName=oauth_token
github.client.authenticationScheme=query
github.resource.userInfoUri=https://api.github.com/user
```

配置中包括了作为一个 Client 所需要的大部分参数。其中 clientId 、clientSecret 是在 GitHub 注册一个应用时生成的。如果不想注册应用，则直接用上面的配置即可。如果想要注册，本章最后有注册流程。

5.4.4　运行

1. 运行效果

图 5-3 展示的是没有授权的访问首页。

图5-3　没有授权的访问首页

单击"登录"按钮时，会重定向到 GitHub，登录界面并进行授权，如图 5-4 所示。

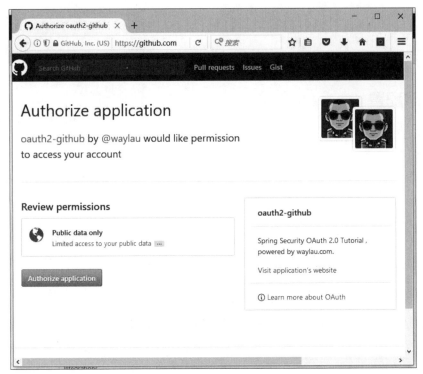

图5-4　登录 GitHub 界面并进行授权

图 5-5 展示的是授权后的首页。

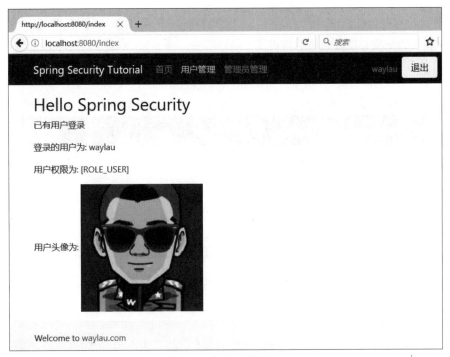

图5-5　授权后的首页

授权后就能够进入用户管理界面，如图 5-6 所示。

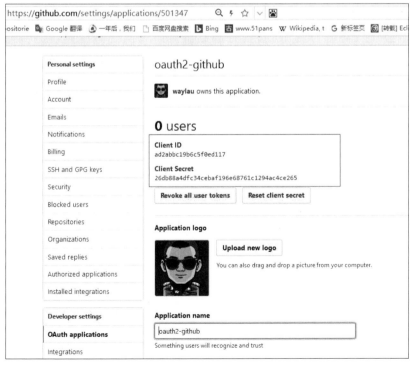

图5-6　用户管理界面

2. 注册 GitHub 应用

如果需要注册 GitHub，请看下面的流程。

访问 https://github.com/settings/applications/new，注册应用，生成客户端 ID 和密码。例如：

```
Client ID : ad2abbc19b6c5f0ed117
Client Secret : 26db88a4dfc34cebaf196e68761c1294ac4ce265
```

将客户端 ID 和密码写入程序配置即可。图 5-7 展示了注册应用信息的界面。

图5-7　注册应用信息界面

3. 示例源码

　　本章节内容大多选自笔者所著的开源电子书《Spring Security 教程》。欲了解更多关于 Spring Security 安全方面的内容及示例源码，可以参阅该书籍的网址 https://github.com/waylau/spring-security-tutorial。

第6章

Cloud Native 数据管理

6.1 数据的存储方式

在 Cloud Native 应用中，数据经常被存储在数据库系统中。数据库系统主要分为关系型数据库和非关系型数据库（NoSQL）。那么，这两种类型的数据库存在怎样的差异呢？

6.1.1 关系型数据库

关系型数据库是建立在关系模型基础上的数据库，借助于集合代数等数学概念和方法来处理数据库中的数据。现实生活中的各种实体及实体之间的各种联系均用关系模型来表示。关系模型是由 E.F.Codd 于 1970 年首先提出的，至今仍是数据存储的传统标准。标准数据查询语言 SQL 就是一种基于关系型数据库的语言，这种语言执行对关系型数据库中数据的检索和操作。关系模型由关系数据结构、关系操作集合、关系完整性约束三部分组成。关系模型是指二维表格模型，因而一个关系型数据库就是由二维表及其之间的联系组成的一个数据组织。简单来说，关系型数据库是由多张能互相连接的二维行列表格组成的数据库。

当前主流的关系型数据库有 Oracle、DB2、PostgreSQL、Microsoft SQL Server、Microsoft Access 及 MySQL 等。

1. 关系型数据库的特点

关系型数据库具有以下特点。

（1）关系型数据库采用了关系模型来组织数据。

（2）关系型数据库的最大特点就是支持事务。数据库事务必须具备 ACID 特性，即原子性（Atomic）、一致性（Consistency）、隔离性（Isolation）及持久性（Durability）。

2. 关系型数据库的优势

相比于非关系型数据库，关系型数据库具有以下优势。

（1）容易理解：二维表结构是非常贴近逻辑关系的一个概念，关系模型相对于网状、层次等模型来说更容易理解。

（2）使用方便：通用的 SQL 语言使得操作关系型数据库非常方便，而且 SQL 在各个数据库厂商之间具备一定的通用性。

（3）易于维护：具有丰富的完整性（实体完整性、参照完整性和用户定义的完整性），大大降低了数据冗余和数据不一致的概率。

（4）支持复杂的查询。

3. 关系型数据库的缺点

关系型数据库具有以下缺点。

（1）为了维护一致性，所付出的巨大代价就是其读写性能比较差。

（2）需要固定的表结构，不能随意更改。

（3）高并发读写有一定的瓶颈限制。

（4）对于海量数据的读写效率不是很高。

6.1.2　NoSQL

互联网每天产生数以亿计的数据，如何将这些数据正确地存储、解析、利用，是每个数据公司面临的挑战。传统的关系型数据库对于处理大规模的数据显得力不从心，因此，NoSQL 应运而生。

NoSQL 泛指非关系型数据库。NoSQL 数据库的产生旨在解决大规模数据集合多重数据种类带来的挑战，尤其是大数据应用的难题。

1. NoSQL使用场景

传统的关系型数据库在部署上往往采用单机部署的方式，这在容错性方面存在限制。而且关系型数据库对于大数据的处理能力较弱，不适合海量数据的应用场景。

以 NoSQL 为代表，分布式存储正是着力于解决上述问题的数据库。以下场景非常适合使用NoSQL。

（1）分布式部署。主流的 NoSQL 都支持分布式存储，这非常适合对容错性要求比较高的业务场景。

（2）海量数据存储。当数据量达到 TB 规模以上时，无论是 MySQL 还是 Oracle，传统的关系型数据库都已无法支撑数据的及时处理，此时宜选用 NoSQL。

（3）高性能。分布式存储产品充分利用多处理器和多核计算机的性能，并考虑在分布于多个数据中心的大量这类服务器上运行。它可以一致且无缝地扩展到数百台机器上，因此，即便在高负载的场景下，依然拥有良好的表现。

是否使用分布式存储，需要根据自己的项目情况来斟酌。一是要看自己应用的数量规模是否达到了 TB 级以上；二是要看业务对于应用的容错性、可扩展性、性能等方面的考量。同时，使用分布式存储相比于传统的关系型数据库，需要一定的学习成本，所以在技术选型时，也需要综合考虑企业自身的人力资源情况。

2. 常用技术

分布式存储技术在业界已经非常成熟。Google 的 Bigtable 是 Google 三宝之一，在 Google 自己的产品和项目上有着广泛的应用。Apache HBase、Apache Cassandra 都是开源的分布式存储技术，可以实现与 Apache Hadoop、Apache Spark 等计算平台的无缝集成。Memcached、Redis 是常用的分布式缓存方案，适用于高性能的缓存数据存取。MongoDB 是一个介于关系型数据库和非关系型数据库之间的产品，是非关系型数据库中功能最丰富、最像关系型数据库的，因此理论上可以直接作为关系型数据库的替代品。

3. NoSQL的缺点

当然，NoSQL 也有以下缺点。

（1）不提供 SQL 支持，学习和使用成本较高。

（2）无事务处理，对附加功能 BI 和报表等的支持都不好。

6.2 DDD 与数据建模

软件设计是一门艺术，就像绘画、写作等其他艺术形式一样，不能通过定理和公式以一种精确科学的方式被教授和学习。虽然通过软件创建的过程，可以发现和获取有用的规律和技巧，但是可能永远也无法提供一个准确的方法，以满足从现实世界映射到代码模型的需要。如今，完成软件设计的方法多种多样，其中 DDD（Domain-Driven Design，领域驱动设计）正是通过对业务领域建模来完成业务知识与代码的映射，从而降低软件开发的复杂性。

本节介绍 DDD，以及如何使用 DDD 来指导数据建模。

6.2.1 DDD 概述

DDD 其实没有太多的新意，它更多地可以被看成面向对象思潮的回归和升华。在一个"万事万物皆对象"的世界中，我们需要重新展开思考，如哪些对象是对系统有用的，哪些是对拟建系统没有用的，应该如何保证选取的模型对象恰好够用，等等。

对象并不是独立存在的，它们之间有着千丝万缕的联系，正是这种联系构成了系统的复杂性。一个具体的体现就是，程序员做了一处变更，结果引发了一系列的连锁反应。虽然对象的封装机制可以帮程序员解决一部分问题，但那只是有限的一部分。应该站在一个更深的层面，思考如何通过保留对象之间有用的关系并去除无用的关系，且限定变更影响的范围以降低系统的复杂度。

在 DDD 及传统面向对象的观点中，一个开发团队首先要关注的内容不是技术问题，而是业务问题。众多的框架和平台产品也在宣称把开发人员解放出来，让他们有更多的精力去关注业务。但是，当真正去看时才会发现，开发人员大多还是沉溺于技术中，花费在对业务的理解上的时间真的太少。要解决这个问题，就要先看清楚开发人员提炼出来的模型在整个架构和开发过程中所处的位置位。经常会看到的一种现象是，辛苦提取出来的领域模型被肢解后，分散到系统的各个角落。

DDD 打破了这种设计与实现上的隔阂，提出了领域模型概念，统一了分析和设计编程，使软件能够更灵活、更快速地跟随需求而变化。Eric Evans 撰写了一本 DDD 相关经验的书籍 *Domain-Driven Design*，并在 DDD 这个话题上做了大量的工作。该书提供了 DDD 相关的概念及模式，并倡导开发团队应该采用一种"通用语言"来使开发人员与领域专家在领域建模上达成一致，从而实现软件的正确设计，以及降低开发的复杂度。

DDD 包含如下核心概念。

1. 实体（Entity）

实体是指带有标识符的对象，它的标识符在历经软件的各种状态后仍能保持一致。通常标识符或是对象的一个专门为保存和表现标识符而创建的属性（或属性的组合），或是一种行为。

有很多不同的方式来为每一个对象创建唯一的标识符：可能由一个模型来自动产生 ID，在软件内部使用，不会对用户可见；它可能是数据库表的一个主键，会被保证在数据库中是唯一的。只要对象从数据库中被检索，它的 ID 就会被检索出来并在内存中重建；ID 也可能由用户创建，如身份证号码，每个人都会拥有唯一的字符串 ID，这个字符串在中国范围内是通用的。

另一种解决方案是使用对象的属性来创建标识符，当这个属性不足以代表标识符时，另一个属性就会被加入，以帮助确定每一个对象。

2. 值对象（Value Object）

实体是可以被跟踪的，但跟踪和创建标识符需要一定的成本。开发人员不但需要保证每一个实体都有唯一标识，而且跟踪标识也并非易事。需要花费很多精力去决定由什么来构成一个标识符，因为一个错误的决定可能会让对象拥有相同的标识，这显然不是人们所期望的。将所有的对象视为实体也会带来隐含的性能问题，因为需要对每个对象产生一个实例。

有时，人们对某个对象是什么并不感兴趣，只关心它拥有的属性。用来描述领域的特殊方面且没有标识符的一个对象称为值对象。

区分实体对象和值对象非常必要。没有标识符，值对象就可以被轻易地创建或丢弃。在没有其他对象引用时，垃圾回收会处理这个对象。这极大地简化了设计，同时对于性能也是非常大的提升。

值对象由一个构造器创建，并且在它们的生命周期内永远不会被修改。在希望一个对象拥有不同的值时，就会简单地去创建另一个对象。这会对设计产生重要的结果。如果值对象保持不变，并且不具有标识符，那么它就可以被共享了。所以，如果值对象是可共享的，那么它们应该是不可变的。

3. 服务（Service）

当开发人员分析领域并试图定义构成模型的主要对象时，就会发现有些方面的领域是很难映射成对象的。对象通常要考虑的是拥有属性，对象会管理它的内部状态并暴露行为。在开发通用语言时，领域中的主要概念被引入到语言中，语言中的名词很容易被映射成对象。语言中对应那些名词的动作变成那些对象的行为。但是有些领域中的动作是一些动词，看上去不属于任何对象。它们代表了领域中的一个重要行为，所以不能忽略它们或简单地把它们合并到某个实体或值对象中去。

给一个对象增加这样的行为会破坏这个对象，让它看上去拥有了本不该属于它的功能。但是，要使用一种面向对象的语言，就必须用到一个对象才行。它不能只拥有一个单独的功能，而不属于任何对象。通常这种行为类的功能会跨越若干个对象，也可能是不同的类。例如，为了从一个账户向另一个账户转账，这个功能应该是放在转出的账户还是放在接收的账户中呢？感觉放在这两个账户中都不对。当这样的行为从领域中被识别出来时，最佳实践是将它声明成一个服务。这样的对象不再拥有内置的状态了，它的作用是简化所提供的领域功能。

一个服务不是对通常属于领域对象操作的替代，开发人员不应该为每一个需要的操作建立一个服务。但是当一个操作凸显为一个领域中的重要概念时，就需要为它建立一个服务了。以下是 服务的 3 个特征。

（1）服务执行的操作涉及一个领域概念，这个领域概念通常不属于一个实体或值对象。

（2）被执行的操作涉及领域中的其他对象。

（3）操作是无状态的。

当领域中一个重要的过程或变化不属于一个实体或值对象的自然职责时，要向模型中增加一个操作，作为一个单独的接口将其声明为一个服务。根据领域模型的语言定义一个接口，确保操作的名称是通用语言的一部分。最后，应该让服务变得无状态。

4. 模块（Module）

对一个大型的复杂项目而言，模型会越来越大。当模型最终大到作为整体也很难讨论时，理解不同部件之间的关系和交互将变得很困难。因此，非常有必要将模型以模块的方式进行组织。模块被用来作为组织相关概念和任务，以便降低软件复杂性的一种非常简单且有效的方法。

另一方面，使用模块也可以提高代码质量。好的软件代码应该具有高内聚性和低耦合度。虽然内聚开始于类和方法级别，但它其实也可以应用于模块级别。强烈推荐将高关联度的类分组到一个模块，以提供尽可能大的内聚。

有多重内聚的方式。最常用到的是通信性内聚（Communicational Cohesion）和功能性内聚（Functional Cohesion）。当模块中的部件操作相同的数据时，可以得到通信性内聚。把它们分到一组很有意义，因为它们之间存在很强的关联性。当模块中的部件协同工作以完成定义好的任务时，可以得到功能性内聚。功能性内聚一般被认为是最佳的内聚类型。

给定的模块名称会成为通用语言的组成部分。模块和它们的名称应该能够反映对领域的深层理解。

5. 聚合（Aggregate）

聚合是一种用来定义对象所有权和边界的领域模式。针对数据变化，聚合可以被考虑为一个单元的一组关联的对象，它使用边界将内部和外部的对象划分开来。每个聚合都有一个根，这个根是一个实体，并且是外部可以访问的唯一对象。根对象可以持有对任意聚合对象的引用，其他的对象可以互相持有彼此的引用，但一个外部对象只能持有对根对象的引用。如果边界内还有其他的实体，而且那些实体的标识符是本地化的，那么它们就只有在聚合内才是有意义的。

将实体和值对象聚集在聚合之中，并且定义各个聚合之间的边界。为每个聚合选择一个实体作为根，并且通过根来控制所有对边界内的对象的访问。允许外部对象仅持有对根的引用。对内部成员的临时引用可以被传递出来，但是仅能用于单个操作之中。因为由根对象来进行访问控制，将无法盲目地对内部对象进行变更。这种安排使强化聚合内对象的不变量变得可行，并且对聚合而言，它在任何状态变更中都将作为一个整体。

6. 资源库（Repository）

在模型驱动设计中，对象从被创建开始，直到被删除或被归档结束，是有一个生命周期的。一个构造函数或工厂可应用于处理对象的创建。创建对象的整体作用是为了使用它们。在一个面向对象的语言中，必须保持对一个对象的引用以便能够使用它。为了获得这样的引用，客户程序必须创建一个对象，或者通过导航已有的关联关系从另一个对象中获得它。例如，为了从一个聚合中获得一个值对象，客户程序需要向聚合的根发送请求。问题是现在客户程序必须先拥有一个对根的引用。

对大型的应用而言，这会变成一个问题，因为必须保证客户始终对需要的对象保持一个引用，或者是对关注的对象保持引用。在设计中使用这样的规则，将强制要求对象持有一系列它们可能并不需要保持的引用。这增加了对象间的耦合性，创建了一系列本不需要的关联。

客户程序需要有一个获取已存在领域对象引用的实际方式。如果基础设施让这变得简单，那么客户程序的开发人员可能会增加更多的可导航的关联，从而进一步使模型混乱。从另一方面讲，他们可能会从数据库中获取所需的数据，或者获得几个特定的对象，而不是通过聚合的根来递归。

领域逻辑分散到查询和客户代码中，实体和值对象变得更像是数据容器。应用到众多数据库访问的基础设施的技术复杂性会迅速蔓延在客户代码中，开发人员不再关注领域层，所做的工作与模型也不再有任何关系。最终的结果是放弃了对领域的关注，在设计上做了妥协。

使用资源库的目的是封装所有获取对象引用所需的逻辑。领域对象无须处理基础设施，便可以得到领域中对其他对象所需的引用。这种从资源库中获取引用的方式，可以让模型重获其应有的清晰和焦点。

资源库会保存对某些对象的引用。当一个对象被创建出来时，可以被保存到资源库中，以后再使用时就可以从资源库中检索到。如果客户程序从资源库中请求一个对象，而资源库中并没有该对象，就会从存储介质中获取它。也就是说，资源库作为一个全局的可访问对象的存储点而存在。不同类型的对象可以使用不同的存储位置。最终结果是，领域模型在需要保存的对象及它们的引用之间实现了解耦。领域模型可以访问潜在的任何持久化基础设施。虽然看上去资源库的实现可能会非常类似于基础设施，但资源库的接口是纯粹的领域模型。

6.2.2 运用 DDD 进行数据建模

Cloud Native 架构中的每个微服务，应该能反映出某个业务的领域模型。使用 DDD，不但可以减少微服务环境中通用语言的复杂性，还可以帮助团队搞清领域的边界并厘清上下文边界。建议将每个微服务都设计成一个 DDD 限界上下文（Bounded Context）。这为系统内的微服务提供了一个

177

逻辑边界，无论是在功能还是在通用语言上。每个独立的团队负责一个逻辑上定义好的系统切片。最终，团队开发出的代码会更易于理解和维护。

下面将通过一个实际的天气预报系统作为例子，来演示如何运用 DDD 进行数据建模。

1. 利用限界上下文来拆分微服务

对微服务来说，DDD 的一个重要指导就是服务拆分。在 DDD 中，限界上下文主要用于确定业务流程的边界，同样也适用于微服务之间边界的划定。在一个好的限界上下文中，每一个微服务都应该只表示一个领域概念，无歧义且唯一。一个限界上下文并不一定包含在一个子域中，一个子域也可以包含多个上下文。一个领域中的限界上下文不是孤立存在的，而是通过多个限界上下文的协作共同完成业务的。

在设计 API 时，要抛弃以往以 CURD 操作为中心的设计，转而使用 DDD 策略，设计更加符合业务需求的接口。这样，这些操作就会具有良好的定义。不管是对于服务提供方还是对于客户端来说，这样的体验都是更好的。服务提供方不再需要根据更新字段来推测业务操作的意图，业务操作清晰明了，这样的代码更简单，也更容易维护。而对于客户端来说，它们能执行或不能执行哪些操作也是一目了然的。如果 API 需要具有良好的文档化，那么结合 Swagger 工具，就可以很清楚地了解到 API 都有哪些约束。

图 6-1 展示了对于一个天气预报系统而言，需要划分的限界上下文。

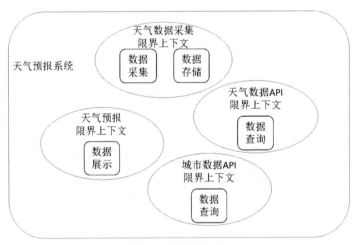

图6-1　限界上下文

整个系统可以分为天气数据采集限界上下文、天气数据 API 限界上下文、城市数据 API 限界上下文、天气预报限界上下文。其中限界上下文又可以划分为不同的组件。

（1）天气数据采集限界上下文包含数据采集组件和数据存储组件。数据采集组件是通用的用于采集天气数据的组件；数据存储组件是用于存储天气数据的组件。

（2）天气数据 API 限界上下文包含天气数据查询组件。天气数据查询组件提供了天气数据查询的接口。

（3）城市数据 API 限界上下文包含城市数据查询组件。城市数据查询组件提供了城市数据查询的接口。

（4）天气预报限界上下文包含了数据展示组件。数据展示组件用于将数据模型展示为用户能够理解的 UI 界面。

2. 使用领域事件进行服务间解耦

领域事件（Domain Events）是 DDD 中的一个概念，用于捕获建模领域中所发生过的事情。例如，在用户注册过程中有一个业务要求，即"当用户注册成功后，发送一封确认邮件给用户"。那么，此时的"用户注册成功"便是一个领域事件。领域事件对业务的价值在于，有助于形成完整的业务闭环，即一个领域事件将导致进一步的业务操作。正如例子中的"用户注册成功"事件，会触发"发送一封确认邮件给用户"的操作。

在微服务架构中，"用户注册"和"发送邮件"可能分布于不同的微服务中，只不过通过事件将两个服务的业务串联起来了。

简言之，引入领域事件带来了如下好处。

（1）帮助用户深入理解领域模型：只有理解了领域模型，才能更好地设计领域事件。

（2）解耦微服务：这也是最终的目的。事件就是为了更好地处理服务间的依赖。

领域事件的实现往往依赖于消息中间件系统，在本书第 7 章还会继续深入探讨服务间的事件处理。

6.3 常用数据访问方式

JDBC（Java Data Base Connectivity，Java 数据库连接）是一种用于执行 SQL 语句的 Java API，可以为多种关系型数据库提供统一访问，它由一组用 Java 语言编写的类和接口组成。JDBC 提供了一种基准，据此可以构建更高级的工具和接口，使数据库开发人员能够编写数据库应用程序。

但是，在 Java 企业级应用中，使用底层的 JDBC API 来编写程序还是显得过于烦琐，如需要编写很多的样板代码来打开和关闭数据库连接，并且需要处理很多的异常等。Spring 提供了对底层的 JDBC API 封装。Spring JDBC 负责所有的底层细节，包括如何开始打开连接、准备和执行 SQL 语句、处理异常、处理事务，以及最后关闭连接等。所以，使用 Spring JDBC 的开发人员需要做的仅仅是定义连接参数，指定要执行的 SQL 语句，就可以从烦琐的 JDBC API 中解放出来，专注于自己的业务。

针对企业级应用，Java 推出了更进一步的 JPA 规范，旨在通过对象的方式来实现 Java 的持久化，并屏蔽了使用 JDBC 的细节。

6.3.1 JDBC

JDBC API 给 Java 程序提供了访问一个或多个数据源的途径，在大多数情况下，数据源是关系型数据库，使用 SQL 语言来访问。但是，JDBC Driver 也可以实现为能够访问其他类型的数据源，如文件系统或面向对象的系统。JDBC API 最主要的动机就是提供一种标准的 API，让应用程序访问多种多样的数据源。

下面来看 JDBC 的用法。

1. 建立连接

JDBC API 定义了 Connection 接口来代表与某个数据源的一条连接。典型情况下，JDBC 应用可以使用以下两种机制来与目标数据源建立连接。

（1）DriverManager：这个类从 JDBC API 1.0 版本开始就有了，当应用程序第一次尝试去连接一个数据源时，它需要指定一个 url，DriverManager 将会自动加载所有它能在 CLASSPATH 下找到的 JDBC 驱动（任何 JDBC API 4.0 版本前的驱动，需要手动去加载）。

（2）DataSource：这个接口在 JDBC 2.0 Optionnal Package API 中首次被引进。相较于 Driver-Manager 而言，更推荐使用 DataSource，因为它允许底层数据源的具体信息对于应用来说是透明的。需要设置 DataSource 对象的一些属性，这样才能让它代表某个数据源。当这个接口的 getConnection 方法被调用时，这个方法会返回一条与数据源建立好的连接。应用程序可以通过改变 DataSource 对象的属性，让它指向不同的数据源，而无须改动应用代码；同时，DataSource 接口的具体实现类也可以在不改动应用程序代码的情况下进行改变。

JDBC API 对 DataSource 接口有两方面的扩展，目的是支持企业级应用，这两个扩展的接口分别为 ConnectionPoolDataSource（支持对物理连接的缓存和重用，这能提高应用的性能和可扩展性）和 XADataSource（使连接能在分布式事务中使用）。

2. 执行 SQL 并操作结果集

一旦建立好一个连接，应用程序便可以通过这个连接调用响应的 API 来对底层的数据源执行查询或更新操作，JDBC API 提供了实现 SQL:2003 标准的访问。由于不同的厂商对这个标准的支持程度不同，因此 JDBC API 提供了 DatabaseMetadata 这个接口，应用程序可以使用这个接口来查看某个特性是否受到底层数据库的支持。JDBC API 也定义了转义语法，允许应用程序去访问一些非标准的、某个数据库厂商独有的特性。使用转义语法能够让使用 JDBC API 的应用程序像原生应用程序一样去访问某些特性，并且也提高了应用的可移植性。

应用可以使用 Connection 接口中定义的方法，去指定事务的属性，并创建 Statement 对象、PreparedStatement 对象或 CallableStatement 对象。这些 Statement 用来执行 SQL 语句，并获取执行结果。ResultSet 接口包装一次 SQL 查询的结果。Statements 可以是批量的，应用能够在一次执行中向数据库提交多条更新语句，作为一个执行单元。

JDBC API 的 ResultSet 接口扩展了 RowSet 接口，提供了一个功能更全面的对表格型数据进行封装和访问的容器。一个 RowSet 对象是一个 Java Bean 组件，在与底层数据源断开连接的情况下也能对数据进行操作。例如，一个 RowSet 对象可以被序列化，然后通过网络发送出去，这对于那些不想对表格型数据进行处理的客户端来说特别有用，并且无须在连接建立的情况下进行，这就减轻了驱动程序的负担。RowSet 的另一个特性是，它能够包含一个定制化的 reader，来对表格型数据进行访问，并非只能访问关系型数据库的数据。此外，一个 RowSet 对象能在与数据源断开连接的情况下对行数据进行改写，并且能够包含一个定制化的 writer，把改写后的数据写回底层的数据源。

3. 对 SQL 高级数据类型的支持

JDBC API 定义了 SQL 数据类型到 JDBC 数据类型的相互转化规则，包括对 SQL:2003 的高级数据类型的支持，如 BLOB、CLOB、ARRAY、REF、STRUCT、XML、DISTINCT 等。JDBC 驱动的实现也可以定义个性化的转化规则（User-Defined Types，UDTS），该用户定义的 UDT 能够映射到 Java 语言中的某个类。JDBC API 也提供了对外部数据的访问，如存储在文件中，但不受数据源管理的数据。

6.3.2　Spring JDBC

使用底层的 JDBC API 来编写程序还是显得过于烦琐，特别是在 Java 企业级应用中，这不利于团队协作。因为使用 JDBC API 意味着要频繁编写很多样板代码来打开和关闭数据库连接，以及需要处理很多的异常等。而 Spring JDBC 则对 JDBC API 做了必要的封装，简化了 JDBC API 的使用。

下面来看 Spring JDBC 的用法。

1. 不同的 JDBC 访问方式

Spring JDBC 提供了几种方法，以运用不同类与数据库的接口。除了 3 种风格的 JdbcTemplate 外，新的 SimpleJdbcInsert 和 SimpleJdbcCall 这两个类通过利用 JDBC 驱动提供的数据库元数据来简化 JDBC 操作，而 RDBMS Object 样式采用了类似于 JDO Query 设计的面向对象的方法。

（1）JdbcTemplate 是最经典的 Spring JDBC 方法。这是一种底层的方法，其他方法内部都借助于 JdbcTemplate 来完成。

（2）NamedParameterJdbcTemplate 封装了 JDBCTemplate 以提供命名参数，而不是传统的 JDBC "？"占位符。当一个 SQL 语句有多个参数时，这种方法提供了更高的可读性和易用性。

（3）SimpleJdbcInsert 和 SimpleJdbcCall 优化数据库元数据，以限制必要配置的数量。这种方法简化了编码，只需要提供表或过程的名称，并提供与列名匹配的参数映射。这仅在数据库提供足够的元数据时有效。如果数据库不提供此元数据，则必须提供参数的显式配置。

（4）RDBMS Object 包括 MappingSqlQuery、SqlUpdate 和 StoredProcedure，需要在数据访问

181

层初始化期间建立可重用的并且是线程安全的对象。此方法在 JDO Query 后建模，可以在其中定义查询字符串，声明参数并编译查询。一旦这样做了，执行方法可以多次调用传入的各种参数值。

2. Spring JDBC 包

Spring JDBC 由 4 个不同的包构成，分别为 core、datasource、object 和 support，如图 6-2 所示。

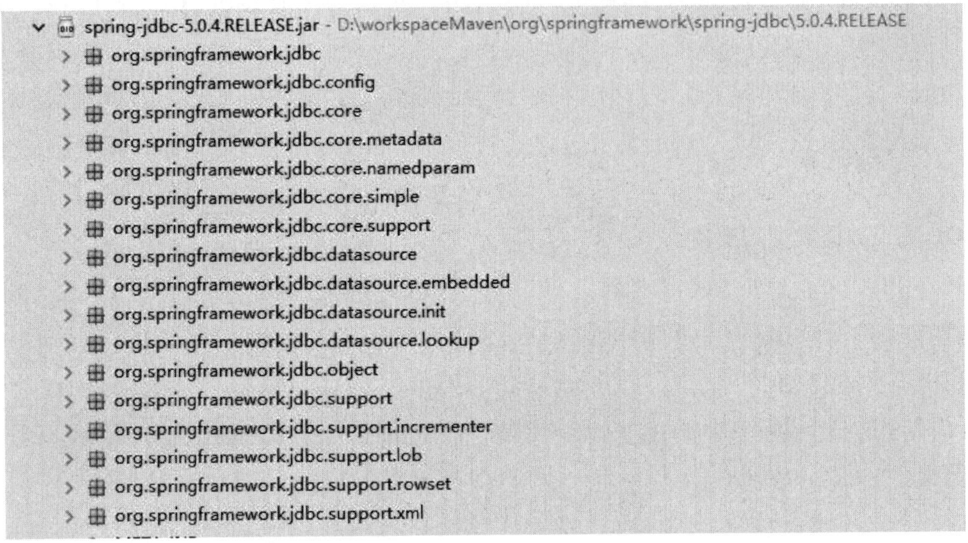

图6-2　Spring JDBC 包结构

（1）org.springframework.jdbc.core 为核心包，它包含了 JDBC 的核心功能。此包内有很多重要的类，包括 JdbcTemplate 类、SimpleJdbcInsert 类、SimpleJdbcCall 类，以及 NamedParameterJdbcTemplate 类。

（2）org.springframework.jdbc.datasource 为数据源包，包含了访问数据源的实用工具类。它有多种数据源的实现，可以在 Java EE 容器外部测试 JDBC 代码。org.springfamework.jdbc.datasource.embedded 子包提供了使用 Java 数据库引擎（如 HSQL、H2 和 Derby）创建嵌入式数据库的支持。

（3）org.springframework.jdbc.object 为对象包，以面向对象的方式访问数据库。它允许执行查询并返回结果作为业务对象，可以在数据表的列和业务对象的属性之间映射查询结果。

（4）org.springframework.jdbc.support 为支持包，是 core 包和 object 包的支持类。例如，提供了异常转换功能的 SQLException 类。org.springframework.jdbc.support 包提供了 SQLException 转换功能和一些实用工具类。在 JDBC 处理期间抛出的异常被转换为 org.springframework.dao 包中定义的异常。这意味着使用 Spring JDBC 抽象层的代码不需要实现 JDBC 或 RDBMS 特定的错误处理。所有经过转换的异常均是未检查异常，用户可以选择捕获异常，也可以选择将异常传播给调用者。

6.3.3　JPA

JPA 产生之前，围绕如何简化数据库操作的相关讨论已是层出不穷，众多厂商和开源社区也都提供了持久层框架的实现，其中 ORM 框架最为开发人员所关注。

ORM（Object Relational Mapping，对象关系映射）是一种用于实现面向对象编程语言中不同类型系统的数据之间相互转换的程序技术。由于面向对象数据库系统（Object Oriented Data Bases，OODBS）的实现，在技术上还存在难点，因此市面上流行的数据库还是以关系型数据库为主。

关系型数据库使用的 SQL 是一种非过程化的面向集合的语言，而许多应用仍然是由高级程序设计语言（如 Java）来实现的，但是高级程序设计语言是过程化的，而且是面向单个数据的，这使 SQL 与它之间存在着不匹配的关系，这种不匹配称为"阻抗失配"。"阻抗失配"的存在导致开发人员在使用关系型数据库时要花很多工夫去完成两种语言之间的相互转换，而 ORM 框架的产生正是为了简化这种转换操作。在编程语言中，使用 ORM 就可以使用面向对象的方式来完成数据库的操作。

ORM 框架的出现，使直接存储对象成为可能，它们将对象拆分成 SQL 语句，从而来操作数据库。但是不同的 ORM 框架在使用上存在较大的差异，这也导致开发人员需要学习各种不同的 ORM 框架，增加了技术学习的成本。

JPA 规范就是为了解决这个问题：规范 ORM 框架，使用 ORM 框架统一的接口和用法。这样，在采用了面向接口编程的技术中，即便是更换了不同的 ORM 框架，也无须变更业务逻辑。最早的 JPA 规范是由 Java 官方提出的，随 Java EE 5 规范一同发布。

因此，Java 推出了 JPA 规范，用于简化 Java 对象的持久化。JPA（Java Persistence API，Java 持久层 API）是用于管理 Java EE 和 Java SE 环境中的持久化，以及对象 / 关系映射的 Java API。

目前，JPA 的最新规范为 JSR 338:Java Persistence 2.1（https://jcp.org/en/jsr/detail?id=338）。市面上实现该规范的常见 JPA 框架有 EclipseLink（http://www.eclipse.org/eclipselink）、Hibernate（http://hibernate.org/orm）和 Apache OpenJPA（http://openjpa.apache.org/）等。

JPA 包含以下核心概念。

1. 实体

实体是轻量级的持久化域对象。通常，实体表示关系型数据库中的表，并且每个实体实例对应该表中的行。实体的主要编程工件是实体类，尽管实体可以使用辅助类。

在 EJB 3 之前，EJB 主要包含 3 种类型：会话 Bean、消息驱动 Bean 和实体 Bean。但自 EJB 3 开始，实体 Bean 被单独分离出来，形成了新的规范——JPA。所以，JPA 完全可以脱离 EJB 3 来使用。实体是 JPA 中的核心概念。

实体的持久状态通过持久化字段或持久化属性来表示，这些字段或属性使用对象 / 关系映射注解将实体和实体关系映射到基础数据存储中的关系数据。

与实体在概念上比较接近的另一个领域对象是值对象。实体是可以被跟踪的，通常会有一个主键（唯一标识）来追踪其状态。而值对象则没有这种标识，用户只关心值对象的属性。

以下是一个典型的实体例子。

```
@Entity // 实体
public class User {
@Id // 主键
@GeneratedValue(strategy=GenerationType.IDENTITY) // 自增长策略
    private Long id; // 实体唯一标识
    private String name;
    private String email;
    protected User() { // 无参构造函数；设为 protected 防止直接使用
    }
    public User(Long id, String name, String email) {
        this.id = id;
        this.name = name;
        this.email = email;
    }
    ...// 省略getter/setter方法
}
```

2. 实体间的关系

实体之间一般具有如下类型的关系。

（1）一对一（One to One）：每个实体实例与另一个实体的单个实例相关。例如，要建立一个模型，其中每个存储仓包含单个窗口小部件的物理仓库，StorageBin 和 Widget 将具有一对一的关系。一对一关系使用对应的持久性属性或字段上的 javax.persistence.OneToOne 注解。

（2）一对多（One to Many）：实体实例可以与其他实体的多个实例相关。例如，销售订单可以有多个订单项。在订单应用程序中，CustomerOrder 将与 LineItem 具有一对多的关系。一对多关系使用对应的持久性属性或字段上的 javax.persistence.OneToMany 注解。

（3）多对一（Many to One）：实体的多个实例可以与另一个实体的单个实例相关。这种多重性与一对多关系相反。在上述示例中，从 LineItem 的角度来看，其与 CustomerOrder 的关系是多对一。多对一关系在对应的持久性属性或字段上使用 javax.persistence.ManyToOne 注解。

（4）多对多（Many to Many）：实体实例可以与彼此的多个实例相关。例如，每个大学课程有很多学生，每个学生可以采取几个课程。因此，在注册申请中，课程和学生具有多对多的关系。多对多关系使用对应的持久化属性或字段上的 javax.persistence.ManyToMany 注解。

实体关系中的方向可以是双向的或单向的。双向关系具有拥有方（Owner Side）和被拥有方（Inverse Side），单向关系只有一个拥有方。关系的拥有方决定 Persistence 运行时如何更新数据库中的关系。

3. 管理实体

实体由实体管理器管理，它由 javax.persistence.EntityManager 实例表示。每个 EntityManager 实例与持久上下文相关联（存在于特定数据存储中的一组被管实体实例）。持久化上下文定义了创建、持久化和删除特定实体实例的范围。EntityManager 接口定义用于与持久性上下文进行交互的方法，可以用于创建和删除持久实体实例，通过实体的主键查找实体，并允许在实体上运行查询。

以下示例显示了如何使用实体管理器在应用程序中实现管理事务。

```
@PersistenceUnit
EntityManagerFactory emf;
EntityManager em;
@Resource
UserTransaction utx;
...
em = emf.createEntityManager();
try {
    utx.begin();
    em.persist(SomeEntity);
    em.merge(AnotherEntity);
    em.remove(ThirdEntity);
    utx.commit();
} catch (Exception e) {
    utx.rollback();
}
```

本节只对 JPA 做简单的介绍。读者如果要了解详细的 JPA 用法，可以参见笔者的另一本开源电子书《Java EE 编程要点》（见 https://github.com/waylau/essential-javaee）中的 "数据持久化" 相关内容。

6.4 Spring Data

Spring Data 是一个用于简化数据库访问，支持云服务的开源框架，其主要目的是使对数据的访问变得方便、快捷，并支持 map-reduce 框架和云计算数据服务。

6.4.1 Spring Data 概述

Spring Data 是全功能的数据访问框架，包括关系型数据库及 NoSQL 数据库。Spring Data 包含多个子项目。

（1）Spring Data Commons：提供共享的基础框架，适合各个子项目使用，支持跨数据库持久化。

（2）Spring Data JPA：简化创建 JPA 数据访问层和跨存储的持久层功能。

（3）Spring Data Hadoop：基于 Spring 的 Hadoop 作业配置和一个 POJO 编程模型的 MapReduce 作业。

（4）Spring Data KeyValue：集成了 Redis 和 Riak，提供多个常用场景下的简单封装。

（5）Spring Data JDBC Extensions：支持 Oracle RAD、高级队列和高级数据类型。

本书还将介绍 Spring Data 家族中的 Spring Data Elasticsearch（http://projects.spring.io/spring-data-elasticsearch）和 Spring Data MongoDB（http://projects.spring.io/spring-data-mongodb）等，这些

都针对 Elasticsearch 和 MongoDB 等 NoSQL 提供了数据访问层框架。

简言之，Spring Data 旨在统一包括关系型数据库系统和 NoSQL 数据存储在不同持久化存储的访问方式，让开发者通过统一的接口来实现功能。

6.4.2 Spring Data JPA

Spring Data JPA 是更大的 Spring Data 家族的一部分，它使轻松实现基于 JPA 的存储库变得更容易。该模块用于处理对基于 JPA 的数据访问层的增强支持，使构建基于使用 Spring 数据访问技术栈的应用程序变得更容易。

通过前面的学习，我们知道了 JPA 是一套规范，这样在使用不同 ORM 实现时，只需要关注 JPA 中的 API，而无须关注具体的实现。但同时，JPA 也提供了 EntityManager 接口来管理实体。然而，Spring Data JPA 对于 JPA 的支持更近一步。使用 Spring Data JPA 的开发者无须过多关注 Entity-Manager 的创建、事务处理等 JPA 的相关处理，这基本上也是对于一个开发框架而言所能做到的极限了，甚至连 Spring Data JPA 让开发者实现持久层业务逻辑的工作都省了，唯一要做的只是声明持久层的接口，其他都交给 Spring Data JPA 来完成。Spring Data JPA 就是这么强大，让数据持久层开发工作简化，只需声明一个接口。例如，开发者声明了一个 findUserById() 方法，Spring Data JPA 就能判断出这是根据给定条件的 ID 查询出满足条件的 User 对象，而其中的实现过程开发者无须关心，这一切都交给 Spring Data JPA 来完成。

Spring Data 存储库抽象中的中央接口是 Repository，它将域类及域类的 id 类型作为类型参数来管理，此接口主要作为标记接口捕获要使用的类型，并帮助开发者发现和扩展此接口。而 CrudRepository 为受管理的实体类提供复杂的 CRUD 功能。

CrudRepository 接口定义如下。

```
public interface CrudRepository<T, ID extends Serializable>
extends Repository<T, ID> {
    <S extends T> S save(S entity); // (1)
    T findOne(ID primaryKey); // (2)
    Iterable<T> findAll(); // (3)
    Long count(); // (4)
    void delete(T entity); // (5)
    boolean exists(ID primaryKey); // (6)
    ...// 省略更多方法
}
```

CrudRepository 接口中的方法含义如下。

（1）保存给定实体。

（2）返回由给定 ID 标识的实体。

（3）返回所有实体。

（4）返回实体的数量。

（5）删除给定的实体。

（6）指示是否存在具有给定 ID 的实体。

此外，它还提供其他特定的持久化技术的抽象，如 JpaRepository 或 MongoRepository，这些接口扩展了 CrudRepository。在 CrudRepository 的顶部有一个 PagingAndSortingRepository 抽象，它增加了额外的方法来简化对实体的分页访问。

```
public interface PagingAndSortingRepository<T, ID extends Serializable>
extends CrudRepository<T, ID> {
    Iterable<T> findAll(Sort sort);
    Page<T> findAll(Pageable pageable);
}
```

例如，想访问用户第二页的页面，页面大小为 20，可以简单地进行这样的操作。

```
PagingAndSortingRepository<User, Long> repository = //...获取beanPage
<User> users = repository.findAll(PageRequest.of(1, 20));
```

6.4.3　Spring Data Elasticsearch

Elasticsearch 是一个高度可扩展的开源全文搜索和分析引擎，它允许用户快速地、实时地对大数据进行存储、搜索和分析，它通常用来支撑有复杂的数据搜索需求的企业级应用。Elasticsearch 基于 Apache Lucene 构建，作为一款流行的开源软件，也有相应的公司提供商业支持，使其非常适合企业级用户使用。

Spring Data Elasticsearch 通过统一的接口，简化了对 Elasticsearch 的访问。使用 Spring Data Elasticsearch，只需进行以下几步操作。

1. 创建文档类

所创建的文档类，需要加 "org.springframework.data.elasticsearch.annotations.Document" 注解。以下是一个文档类的例子。

```
import org.springframework.data.annotation.Id;
import org.springframework.data.elasticsearch.annotations.Document;
@Document(indexName = "blog", type = "blog")
public class EsBlog implements Serializable {
    private static final long serialVersionUID = 1L;
    @Id // 主键
    private String id;
    private String title;
    private String summary;
    private String content;
    protected EsBlog() { // JPA的规范要求无参构造函数
    }
```

```
public EsBlog(String title, String summary, String content) {
    this.title = title;
    this.summary = summary;
    this.content = content;
}
public String getId() {
    return id;
}
public void setId(String id) {
    this.id = id;
}
public String getTitle() {
    return title;
}
public void setTitle(String title) {
    this.title = title;
}
public String getContent() {
    return content;
}
public void setContent(String content) {
    this.content = content;
}
public String getSummary() {
    return summary;
}
public void setSummary(String summary) {
    this.summary = summary;
}
@Override
public String toString() {
    return String.format(
        "User[id=%d, title='%s', summary='%s', content='%s']",
        id, title, summary, content);
}
}
```

2. 创建资源库

定义继承自 org.springframework.data.elasticsearch.repository.ElasticsearchRepository 的接口。

```
public interface EsBlogRepository extends ElasticsearchRepository
<EsBlog, String> {

Page<EsBlog> findByTitleContainingOrSummaryContainingOrContentContaining(
    String title, String summary, String content, Pageable pageable);
}
```

3. 使用资源库

以下是一个使用上述资源库的例子。

```java
@RunWith(SpringRunner.class)
@SpringBootTest
public class EsBlogRepositoryTest {
    @Autowired
    private EsBlogRepository esBlogRepository;
    @Before
    public void initRepositoryData() {
        // 清除所有数据
        esBlogRepository.deleteAll();
        // 初始化数据
        esBlogRepository.save(new EsBlog("Had I not seen the Sun",
                "I could have borne the shade",
                "But Light a newer Wilderness. My Wilderness has made."));
        esBlogRepository.save(new EsBlog("There is room in the halls of pleasure",
                "For a long and lordly train",
                "But one by one we must all file on, Through the narrow aisles
of pain."));
        esBlogRepository.save(new EsBlog("When you are old",
                "When you are old and grey and full of sleep",
                "And nodding by the fire, take down this book."));
    }
    @Test
    public void testFindDistinctEsBlogByTitleContainingOrSummaryContain-
ingOrContentContaining() {
        Pageable pageable = PageRequest.of(0, 20);
        String title = "Sun";
        String summary = "is";
        String content = "down";
        Page<EsBlog> page = esBlogRepository.findByTitleContainingOrSum-
maryContainingOrContentContaining(title, summary, content, pageable);
        System.out.println("---------start 1");
        for (EsBlog blog : page) {
            System.out.println(blog.toString());
        }
        System.out.println("---------end 1");
        title = "the";
        summary = "the";
        content = "the";
        page = esBlogRepository.findByTitleContainingOrSummaryContainin-
gOrContentContaining(title, summary, content, pageable);
        System.out.println("---------start 2");
        for (EsBlog blog : page) {
            System.out.println(blog.toString());
        }
        System.out.println("---------end 2");
    }
}
```

6.4.4 Spring Data Redis

有时，为了提升整个网站的性能，程序员会将经常需要访问的数据缓存起来，这样在下次查询时，能快速地找到这些数据。缓存的使用与系统的时效性有着非常大的关系。当所使用的系统时效性要求不高时，选择使用缓存是极好的。当系统要求的时效性比较高时，则不适合使用缓存。Redis 是高性能缓存系统，常用于 Cloud Native 架构中。

以下是使用 Spring Data Redis 操作缓存的示例。

```java
public class WeatherDataServiceImpl implements WeatherDataService {
    private final static Logger logger = LoggerFactory.getLogger(Weather
DataServiceImpl.class);
    @Autowired
    private RestTemplate restTemplate;
    @Autowired
    private StringRedisTemplate stringRedisTemplate;
    private WeatherResponse doGetWeatherData(String uri) {
        ValueOperations<String, String> ops = this.stringRedisTemplate.
opsForValue();
        String key = uri;
        String strBody = null;
        // 先查缓存，没有再查服务
        if (!this.stringRedisTemplate.hasKey(key)) {
            logger.info("不存在 key " + key);
            ResponseEntity<String> response = restTemplate.getForEnti-
ty(uri, String.class);
            if (response.getStatusCodeValue() == 200) {
                strBody = response.getBody();
            }
            ops.set(key, strBody, TIME_OUT, TimeUnit.SECONDS);
        } else {
            logger.info("存在 key " + key + ", value=" + ops.get(key));
            strBody = ops.get(key);
        }
        ObjectMapper mapper = new ObjectMapper();
        WeatherResponse weather = null;
        try {
            weather = mapper.readValue(strBody, WeatherResponse.class);
        } catch (IOException e) {
            logger.error("JSON反序列化异常! ",e);
        }
        return weather;
    }
}
```

其中，StringRedisTemplate 与 RedisTemplate 功能类似，都是封装了对 Redis 的一些常用的操作。它们的区别在于，StringRedisTemplate 更加专注于基于字符串的操作。毕竟在 Redis 的应用中，大多数的值都是字符串格式的。

ValueOperations 接口封装了大部分简单的 K-V 操作。

6.4.5　Spring Data MongoDB

MongoDB 是一个介于关系型数据库和非关系型数据库之间的产品，是非关系型数据库中功能较丰富、较像关系型数据库的，旨在为 Web 应用提供可扩展的高性能数据存储解决方案。它支持的数据结构非常松散，类似于 JSON 的 BSON 格式，因此可以存储比较复杂的数据类型。MongoDB 最大的特点是，它支持的查询语言非常强大，其语法类似于面向对象的查询语言，几乎可以实现类似于关系型数据库单表查询的绝大部分功能，而且还支持对数据建立索引。

MongoDB Server 是用 C++ 编写的、开源的、面向文档的数据库（Document Database），它的特点是高性能、高可用性，以及可以实现自动化扩展，存储数据非常方便。

MongoDB 将数据存储为一个文档，数据结构由 field-value（字段—值）对组成，如图 6-3 所示。MongoDB 文档类似于 JSON 对象，字段的值可以包含其他文档、数组及文档数组。

图6-3　MongoDB 文档结构

使用文档的优点如下。

（1）文档（即对象）在许多编程语言中可以对应原生数据类型。

（2）嵌入式文档和数组可以减少昂贵的连接操作。

（3）动态模式支持流畅的多态性。

MongoDB 的特点是高性能、易部署、易使用，存储数据非常方便。主要功能特性有以下几点。

（1）高性能。MongoDB 中提供高性能的数据持久化，尤其表现在：支持嵌入式数据模型，减少了数据库系统的 I/O 活动；支持索引，用于快速查询。其索引对象可以是嵌入文档或数组的 Key。

（2）丰富的查询语言。MongoDB 支持丰富的查询语言，除读取和写入操作（CRUD）外，还包括数据聚合、文本搜索和地理空间查询。

（3）高可用。MongoDB 的复制设备（称为 replica set）提供了自动故障转移和数据冗余功能。replica set 是一组保存相同数据集合的 MongoDB 服务器，提高了数据冗余及数据的可用性。

（4）横向扩展。MongoDB 将水平横向扩展作为其核心功能部分，表现在两个方面：将数据分片到一组计算机集群上；tag aware sharding（标签意识分片）允许将数据传送到特定的碎片，如在分片时考虑碎片的地理分布。

（5）支持事务。从 MongoDB 4.0 开始支持多文档 ACID，结束了 NoSQL 中没有事务的历史。

6.4.6 实战：基于 MongoDB 的文件服务器

本文件服务器致力于小型文件的存储，如博客中的图片、普通文档等。由于 MongoDB 支持多种数据格式的存储，当然也包括二进制的存储，因此可以很方便地用于存储文件。由于 MongoDB 的 BSON 文档对于数据量大小有限制（每个文档不超过 16MB），因此本文件服务器主要针对的是小型文件的存储。对于大型文件的存储（超过 16MB 的文档），MongoDB 官方提供了成熟的产品 GridFS，读者可以自行了解。

文件服务器应能够提供与平台无关的 RESTful API，以便博客系统调用。下面来看文件服务器所要定义的 API。

1. API

文件服务器整体的 API 设计如下。

（1）GET /files/{pageIndex}/{pageSize}：分页查询已经上传了的文件。

（2）GET /files/{id}：下载某个文件。

（3）GET /view/{id}：在线预览某个文件，如显示图片。

（4）POST /upload：上传文件。

（5）DELETE /{id}：删除文件。

2. 所需环境

本例采用的开发环境如下。

（1）MongoDB 3.6.4。

（2）Spring Boot 2.0.3.RELEASE。

（3）Spring Data MongoDB 2.0.8.RELEASE。

（4）Spring 5.0.7.RELEASE。

（5）Thymeleaf 3.0.9.RELEASE。

（6）Thymeleaf Layout Dialect 2.2.0。

（7）Embedded MongoDB 2.0.2。

（8）Gradle 4.5.1。

其中，Spring Boot 用于快速构建一个可独立运行的 Java 项目；Thymeleaf 作为前端页面模板，方便展示数据；Embedded MongoDB 则是一款由 Organization Flapdoodle OSS 出品的内嵌 MongoDB，可以在不启动 MongoDB 服务器的前提下，方便地进行相关的 MongoDB 接口测试。

3. build.gradle

本小节所演示的项目是采用 Gradle 进行组织及构建的，如果对 Gradle 不熟悉，也可以自行将项目转为 Maven 项目。

build.gradle 文件完整配置内容如下。

```
buildscript { // buildscript 代码块中脚本优先执行
    // ext用于定义动态属性
    ext {
        springBootVersion = '2.0.3.RELEASE'
    }
    // 使用了Maven的中央仓库（也可以指定其他仓库）
    repositories {
        mavenCentral()
    }
    // 依赖关系
    dependencies {
        // classpath声明说明了在执行其余的脚本时，ClassLoader 可以使用这些依赖项
        classpath("org.springframework.boot:spring-boot-gradle-plugin:
${springBootVersion}")
    }
}
// 使用插件
apply plugin: 'java'
apply plugin: 'eclipse'
apply plugin: 'org.springframework.boot'
apply plugin: 'io.spring.dependency-management'
// 指定了生成的编译文件版本，默认是打成了jar包
version = '1.0.0'
// 指定编译.java文件的JDK版本
sourceCompatibility = 1.8
// 使用了Maven的中央仓库（也可以指定其他仓库）
repositories {
    mavenCentral()
}
// 依赖关系
dependencies {
    //该依赖用于编译阶段
    compile('org.springframework.boot:spring-boot-starter-web')

    // 添加Thymeleaf的依赖
    compile('org.springframework.boot:spring-boot-starter-thymeleaf')
    //添加 Spring Data Mongodb的依赖
    compile('org.springframework.boot:spring-boot-starter-data-mongodb')
// 添加   Embedded MongoDB的依赖用于测试
    compile('de.flapdoodle.embed:de.flapdoodle.embed.mongo')
    //该依赖用于测试阶段
    testCompile('org.springframework.boot:spring-boot-starter-test')
}
```

4. 文档类 File

先创建文档类 File，文档类是采用 @Document 注解的。

```java
package com.waylau.spring.boot.fileserver.domain;
import java.util.Date;
import org.bson.types.Binary;
import org.springframework.data.annotation.Id;
import org.springframework.data.mongodb.core.mapping.Document;
@Document
public class File {
    @Id  // 主键
    private String id;
    private String name; // 文件名称
    private String contentType; // 文件类型
    private long size;
    private Date uploadDate;
    private String md5;
    private Binary content; // 文件内容
    private String path; // 文件路径

    public String getPath() {
        return path;
    }
    public void setPath(String path) {
        this.path = path;
    }
    public String getId() {
        return id;
    }
    public void setId(String id) {
        this.id = id;
    }
    public String getName() {
        return name;
    }
    public void setName(String name) {
        this.name = name;
    }
    public String getContentType() {
        return contentType;
    }
    public void setContentType(String contentType) {
        this.contentType = contentType;
    }
    public long getSize() {
        return size;
    }
    public void setSize(long size) {
```

```
        this.size = size;
    }
    public Date getUploadDate() {
        return uploadDate;
    }
    public void setUploadDate(Date uploadDate) {
        this.uploadDate = uploadDate;
    }
    public String getMd5() {
        return md5;
    }
    public void setMd5(String md5) {
        this.md5 = md5;
    }
    public Binary getContent() {
        return content;
    }
    public void setContent(Binary content) {
        this.content = content;
    }
    protected File() {
    }
    public File(String name, String contentType, long size, Binary
content) {
        this.name = name;
        this.contentType = contentType;
        this.size = size;
        this.uploadDate = new Date();
        this.content = content;
    }
    @Override
    public boolean equals(Object object) {
        if (this == object) {
            return true;
        }
        if (object == null || getClass() != object.getClass()) {
            return false;
        }
        File fileInfo = (File) object;
        return java.util.Objects.equals(size, fileInfo.size)
                && java.util.Objects.equals(name, fileInfo.name)
                && java.util.Objects.equals(contentType, fileInfo.con-tentType)
                && java.util.Objects.equals(uploadDate, fileInfo.uploadDate)
                && java.util.Objects.equals(md5, fileInfo.md5)
                && java.util.Objects.equals(id, fileInfo.id);
    }
    @Override
    public int hashCode() {
        return java.util.Objects.hash(name, contentType, size, upload-
```

```
Date, md5, id);
    }
    @Override
    public String toString() {
        return "File{"
                + "name='" + name + '\''
                + ", contentType='" + contentType + '\''
                + ", size=" + size
                + ", uploadDate=" + uploadDate
                + ", md5='" + md5 + '\''
                + ", id='" + id + '\''
                + '}';
    }
}
```

需要注意的有以下两点。

（1）文档类主要采用的是 Spring Data MongoDB 中的注解，用于标识这是 NoSQL 中的文档。

（2）文件的内容是用 org.bson.types.Binary 类型来进行存储的。

5. 存储库 FileRepository

存储库用于提供与数据库打交道的常用的数据访问接口。其中 FileRepository 接口继承 org.springframework.data.mongodb.repository.MongoRepository 即可，无须自行实现该接口的功能，Spring Data MongoDB 会自动实现接口中的方法。

```
package com.waylau.spring.boot.fileserver.repository;
import org.springframework.data.mongodb.repository.MongoRepository;
import com.waylau.spring.boot.fileserver.domain.File;
public interface FileRepository extends MongoRepository<File, String> {
}
```

6. 服务接口及实现类

FileService 接口定义了对文件的 CURD 操作，其中查询文件接口采用的是分页处理，以有效提高查询速度。

```
package com.waylau.spring.boot.fileserver.service;
import java.util.List;
import java.util.Optional;
import com.waylau.spring.boot.fileserver.domain.File;
public interface FileService {
    /**
     * 保存文件
     * @param File
     * @return
     */
    File saveFile(File file);
    /**
     * 删除文件
```

```
 * @param File
 * @return
 */
void removeFile(String id);

/**
 * 根据id获取文件
 * @param File
 * @return
 */
Optional<File> getFileById(String id);

/**
 * 分页查询，按上传时间降序
 * @param pageIndex
 * @param pageSize
 * @return
 */
List<File> listFilesByPage(int pageIndex, int pageSize);
}
```

FileServiceImpl 实现了 FileService 中所有的接口。

```
package com.waylau.spring.boot.fileserver.service;
import java.util.List;
import java.util.Optional;
import org.springframework.beans.factory.annotation.Autowired;
import org.springframework.data.domain.Page;
import org.springframework.data.domain.PageRequest;
import org.springframework.data.domain.Pageable;
import org.springframework.data.domain.Sort;
import org.springframework.data.domain.Sort.Direction;
import org.springframework.stereotype.Service;
import com.waylau.spring.boot.fileserver.domain.File;
import com.waylau.spring.boot.fileserver.repository.FileRepository;
@Service
public class FileServiceImpl implements FileService {
    @Autowired
    public FileRepository fileRepository;
    @Override
    public File saveFile(File file) {
        return fileRepository.save(file);
    }
    @Override
    public void removeFile(String id) {
        fileRepository.deleteById(id);
    }
    @Override
```

```
    public Optional<File> getFileById(String id) {
        return fileRepository.findById(id);
    }
    @Override
    public List<File> listFilesByPage(int pageIndex, int pageSize) {
        Page<File> page = null;
        List<File> list = null;
        Sort sort = new Sort(Direction.DESC,"uploadDate");
        Pageable pageable = PageRequest.of(pageIndex, pageSize, sort);

        page = fileRepository.findAll(pageable);
        list = page.getContent();
        return list;
    }
}
```

7. 控制层和API 资源层

    FileController 控制器作为 API 的提供者，接收用户的请求及响应。API 的定义符合 RESTful 的风格。

```
package com.waylau.spring.boot.fileserver.controller;
import java.io.IOException;
import java.io.UnsupportedEncodingException;
import java.security.NoSuchAlgorithmException;
import java.util.List;
import java.util.Optional;
import org.bson.types.Binary;
import org.springframework.beans.factory.annotation.Autowired;
import org.springframework.beans.factory.annotation.Value;
import org.springframework.http.HttpHeaders;
import org.springframework.http.HttpStatus;
import org.springframework.http.ResponseEntity;
import org.springframework.stereotype.Controller;
import org.springframework.ui.Model;
import org.springframework.web.bind.annotation.CrossOrigin;
import org.springframework.web.bind.annotation.DeleteMapping;
import org.springframework.web.bind.annotation.GetMapping;
import org.springframework.web.bind.annotation.PathVariable;
import org.springframework.web.bind.annotation.PostMapping;
import org.springframework.web.bind.annotation.RequestMapping;
import org.springframework.web.bind.annotation.RequestParam;
import org.springframework.web.bind.annotation.ResponseBody;
import org.springframework.web.multipart.MultipartFile;
import org.springframework.web.servlet.mvc.support.RedirectAttributes;
import com.waylau.spring.boot.fileserver.domain.File;
import com.waylau.spring.boot.fileserver.service.FileService;
import com.waylau.spring.boot.fileserver.util.MD5Util;
@CrossOrigin(origins = "*", maxAge = 3600) // 允许所有域名访问
@Controller
```

```
public class FileController {
    @Autowired
    private FileService fileService;
    @Value("${server.address}")
    private String serverAddress;
    @Value("${server.port}")
    private String serverPort;
    @RequestMapping(value = "/")
    public String index(Model model) {
        // 展示最新的20条数据
        model.addAttribute("files", fileService.listFilesByPage(0, 20));
        return "index";
    }
    /**
     * 分页查询文件
     *
     * @param pageIndex
     * @param pageSize
     * @return
     */
    @GetMapping("files/{pageIndex}/{pageSize}")
    @ResponseBody
    public List<File> listFilesByPage(@PathVariable int pageIndex,
@PathVariable int pageSize) {
        return fileService.listFilesByPage(pageIndex, pageSize);
    }
    /**
     * 获取文件片信息
     *
     * @param id
     * @return
     * @throws UnsupportedEncodingException
     */
    @GetMapping("files/{id}")
    @ResponseBody
    public ResponseEntity<Object> serveFile(@PathVariable String id)
throws UnsupportedEncodingException {
        Optional<File> file = fileService.getFileById(id);
        if (file.isPresent()) {
            return ResponseEntity.ok()
                    .header(HttpHeaders.CONTENT_DISPOSITION, "attachment;
fileName=" + new String(file.get().getName().getBytes("utf-8"),"ISO-8859-1"))
                    .header(HttpHeaders.CONTENT_TYPE, "application/
octet-stream")
                    .header(HttpHeaders.CONTENT_LENGTH, file.get().
getSize() + "").header("Connection", "close")
                    .body(file.get().getContent().getData());
        } else {
```

```
            return ResponseEntity.status(HttpStatus.NOT_FOUND).body
("File was not fount");
        }
    }
    /**
     * 在线显示文件
     *
     * @param id
     * @return
     */
    @GetMapping("/view/{id}")
    @ResponseBody
    public ResponseEntity<Object> serveFileOnline(@PathVariable String
id) {
        Optional<File> file = fileService.getFileById(id);
        if (file.isPresent()) {
            return ResponseEntity.ok()
                    .header(HttpHeaders.CONTENT_DISPOSITION,
"fileName=\"" + file.get().getName() + "\"")
                    .header(HttpHeaders.CONTENT_TYPE, file.get().getCon-
tentType())
                    .header(HttpHeaders.CONTENT_LENGTH, file.get().
getSize() + "").header("Connection", "close")
                    .body(file.get().getContent().getData());
        } else {
            return ResponseEntity.status(HttpStatus.NOT_FOUND).body
("File was not fount");
        }
    }
    /**
     * 上传
     *
     * @param file
     * @param redirectAttributes
     * @return
     */
    @PostMapping("/")
    public String handleFileUpload(@RequestParam("file") MultipartFile
file, RedirectAttributes redirectAttributes) {
        try {
            File f = new File(file.getOriginalFilename(), file.getContent-
Type(), file.getSize(),
                    new Binary(file.getBytes()));
            f.setMd5(MD5Util.getMD5(file.getInputStream()));
            fileService.saveFile(f);
        } catch (IOException | NoSuchAlgorithmException ex) {
            ex.printStackTrace();
            redirectAttributes.addFlashAttribute("message", "Your " +
file.getOriginalFilename() + " is wrong!");
```

```
            return "redirect:/";
        }
        redirectAttributes.addFlashAttribute("message",
                "You successfully uploaded " + file.getOriginalFilename()
+ "!");
        return "redirect:/";
    }
    /**
     * 上传接口
     *
     * @param file
     * @return
     */
    @PostMapping("/upload")
    @ResponseBody
    public ResponseEntity<String> handleFileUpload(@RequestParam("file")
MultipartFile file) {
        File returnFile = null;
        try {
            File f = new File(file.getOriginalFilename(), file.getContent-
Type(), file.getSize(),
                    new Binary(file.getBytes()));
            f.setMd5(MD5Util.getMD5(file.getInputStream()));
            returnFile = fileService.saveFile(f);
            String path = "//" + serverAddress + ":" + serverPort + "/
view/" + returnFile.getId();
            return ResponseEntity.status(HttpStatus.OK).body(path);
        } catch (IOException | NoSuchAlgorithmException ex) {
            ex.printStackTrace();
            return ResponseEntity.status(HttpStatus.INTERNAL_SERVER_
ERROR).body(ex.getMessage());
        }
    }
    /**
     * 删除文件
     *
     * @param id
     * @return
     */
    @DeleteMapping("/{id}")
    @ResponseBody
    public ResponseEntity<String> deleteFile(@PathVariable String id) {
        try {
            fileService.removeFile(id);
            return ResponseEntity.status(HttpStatus.OK).body("DELETE
Success!");
        } catch (Exception e) {
            return ResponseEntity.status(HttpStatus.INTERNAL_SERVER_
ERROR).body(e.getMessage());
```

```
        }
    }
}
```

其中"@CrossOrigin(origins ="*",maxAge = 3600)"注解标识了 API 可以被跨域请求。

8. 运行

有多种方式可以运行 Gradle 的 Java 项目。使用 Spring Boot Gradle Plugin 插件运行是较为简便的一种方式，只需要执行以下代码。

```
$ gradlew bootRun
```

项目成功运行后，通过浏览器访问 http://localhost:8081 即可。如图 6-4 所示，首页提供了上传的演示界面，上传后就能看到上传文件的详细信息。

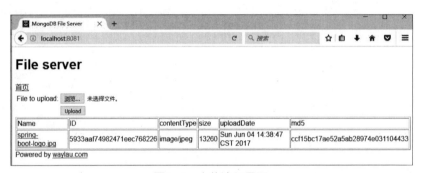

图6-4　上传演示界面

9. 源码

本例已经作为一个开源产品（MongoDB File Server）在 GitHub 上开源，完整的项目源码参见 https://github.com/waylau/mongodb-file-server。

第7章

Cloud Native 消息通信

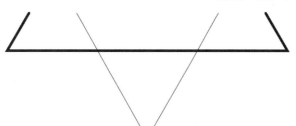

7.1 消息通信概述

第 2 章详细介绍了 Cloud Native 应用为什么会使用 REST API 作为主要的通信协议。REST API 具有语言无关性、平台无关性、易于理解等特性，非常适用于 Cloud Native 这种在云端部署的应用。虽然云供应商千差万别，但如果都遵守相同的 API 规范，就能有效降低系统的复杂性。当然，REST API 并非"银弹"，也不能适用于所有的场景。因为 HTTP 有一个缺点，就是它的请求是同步的，即遵循的是"请求—响应"模式，在服务器未返回结果之前，HTTP 客户端会一直等待，直到拿到结果或超时为止，这在一定程度上限制了程序的处理能力，毕竟等待就是浪费时间。同时，HTTP 也不一定完全可靠。

因此，对于实时、高并发、高可用这类接口而言，采用消息通信的方式更为合适。

7.1.1 消息通信的基本概念

消息中间件的基本原理十分简单，就是接收和转发消息。可以把它想象成邮局：将一个包裹送到邮局后，邮递员会将邮件送到收件人手上。

市面上流行的消息中间件往往具备以下几个基本概念。

（1）Topic（主题）：按照分类对信息源进行维护。实际应用中一个业务一个 Topic。

（2）Producer（生产者）：把消息发送到 Topic 中的进程称为生产者。

（3）Consumer（消费者）：从 Topic 中订阅消息的进程称为消费者。

（4）Broker（服务）：集群中的每个服务称为 Broker。

上述概念在不同的产品中可能有不同的表述，但所承担的功能都是类似的。

消息中间件一般作为 HTTP 协议的补充。换言之，如果 HTTP 协议能满足业务需要，则首先应该选择使用 HTTP 协议作为服务间的通信协议。如果 HTTP 不能满足，则选择消息中间件产品，往往可以获得以下收益。

（1）异步通信。异步意味着程序在处理结果完成之前无须等待，可以去干其他事情，避免了资源的浪费。

（2）解耦。生产者把消息发送到消息队列中，这个过程就结束了。至于谁会从消息队列中取消息、消费消息，生产者是不需要关心的。这样就实现了生产者和消费者的解耦。

（3）数据缓冲。当有消息队列接收到大量消息时，会先缓存到消息队列中，从而避免了由于消息处理能力不足而导致程序崩溃。

（4）多种消息推送模型。消息中间件一般都会支持 Publish/Subscribe 和 P2P 等消息模型，以满足各种使用场景。

（5）强顺序。消息在消息中间件中按照可靠的 FIFO 和严格的通信顺序来进行消费。这在某些需要强顺序要求的场景中非常有用，如事务处理、事件通知等。

（6）持久化消息。消息中间件能够安全地保存消息，直到消费者收到消息。

（7）支持分布式。消息中间件往往支持分布式部署，具有高可用、高并发等特性。

市面上流行的消息中间件产品很多，开源的、成熟的产品数不胜数。例如，老牌的产品 Ra-bbitMQ 以高效著称；Apache Kafka 能够支持各种强大的消息模式，从而被互联网公司广泛采用；Apache ActiveMQ 是用 Java 语言编写的，能够支持全面的 JMS 和 J2EE 规范；RocketMQ 则是来自阿里巴巴的"国货精品"，目前由 Apache 基金会管理。不同的中间件产品各有其优缺点，如何选择一款适合自己项目的中间件，需要花时间进行评估。

7.1.2　JMS

JMS（Java Message Service，Java 消息服务）应用程序接口是一个 Java 平台中关于面向消息中间件（Message-Oriented Middleware，MOM）的 API，用于在两个应用程序之间，或者在分布式系统中发送消息，进行异步通信。Java 消息服务是一个与具体平台无关的 API，绝大多数 MOM 供应商都对 JMS 提供支持。

JMS 的目标包括以下几方面。

（1）包含实现复杂企业应用所需的功能特性。

（2）定义企业消息概念和功能的一组通用集合。

（3）最小化 Java 程序员必须学习以使用企业消息产品的概念集合。

（4）最大化消息应用的可移植性。

JMS 支持企业级消息产品，提供了以下两种主要的消息风格。

（1）点对点：允许一个客户端通过。"队列"（Queue）的中间抽象发送一个消息给另一个客户端。发送消息的客户端将一个消息发送到指定的队列中，接收消息的客户端从这个队列中抽取消息。

（2）发布—订阅：允许一个客户端通过"主题"（Topic）的中间抽象发送一个消息给多个客户端。发送消息的客户端将一个消息发布到指定的主题中，这个消息将被投递到所有订阅了这个主题的客户端。

由于历史原因，JMS 提供了四组用于发送和接收消息的接口。

（1）JMS 1.0 定义了与两个特定领域相关的 API，一个用于点对点的消息处理（Queue），另一个用于发布订阅的消息处理（Topic）。由于向后兼容的原因，这些接口一直被保留在 JMS 中，但是在以后的 API 中应该考虑被废弃。

（2）JMS 1.1 引入了一组新的、统一的 API，可以同时用于点对点和发布订阅消息模式。这也被称为标准 API。

（3）JMS2.0 引入了一组简化 API，它拥有标准 API 的全部特性，并且接口更少、使用更方便。

以上每组 API 提供一组不同的接口集合，用于连接到 JMS 提供者，以及发送和接收消息。因此，它们共享一组代表消息、消息目的地和其他各方面功能特性的通用接口。

下面是使用标准 API 发送信息的例子。

```
@Resource(lookup = "jms/connectionFactory ")
ConnectionFactory connectionFactory;
@Resource(lookup="jms/inboundQueue")
Queue inboundQueue;
public void sendMessageOld (String payload) throws JMSException{
    try (Connection connection = connectionFactory.createConnection())
{
        Session session = connection.createSession();
        MessageProducer messageProducer =
        session.createProducer(inboundQueue);
        TextMessage textMessage =
        session.createTextMessage(payload);
        messageProducer.send(textMessage);
    }
}
```

下面是使用简化 API 发送信息的例子。

```
@Resource(lookup = "jms/connectionFactory")
ConnectionFactory connectionFactory;
@Resource(lookup="jms/inboundQueue")
Queue inboundQueue;
public void sendMessageNew (String payload) {
    try (MessagingContext context = connectionFactory.createMessaging-
Context();){
        context.send(inboundQueue,payload);
    }
}
```

所有的接口都在 javax.jms 包下。

7.1.3 事件驱动的架构

消息通信往往通过事件来驱动。那么，什么是"事件驱动的架构"呢？ Martin Fowler 将事件驱动总结为以下几种模式。

1. 事件通知（Event Notification）

事件通知是最基本也最简单的模型。当一个系统发生了变更，它会通过发送事件消息的形式通知其他系统。发送消息的系统不要求接收消息的系统返回任何响应，即使有响应返回，它也不会对其进行任何处理。这就是所谓的"fire and forget"（发后即忘）模式。

这种模式的好处在于它的简单性，并且有助于降低系统间的耦合性。不过，如果在一个复杂的生态系统中使用了太多的事件通知，可能会带来一些问题：太多的事件难以跟踪，发生问题难以调试，除非借助完善的实时监控系统；消息流错综复杂，当其规模开始膨胀开来，就会造成隐患。

通知事件不会包含太多的数据，一般只包含一些 ID 或链接之类的信息。对于接收消息的系统来说，如果它们要得到进一步的信息，或者要基于当前事件做出一些变更，那么它们就需要向源系统发起请求，以便获取更多的数据。但额外的请求也有副作用，那就是不仅会造成延迟，而且一旦源系统宕机，后续的流程就无法继续进行。

2. 事件传递状态转移（Event-Carried State Transfer）

事件传递状态转移模型比事件通知更进一步，可以看成是对事件通知的改进。这个模型最大的特点是，事件中包含了发生变更的数据。对于接收事件的系统来说，如果要进一步采取措施，可以直接使用事件中的数据，而无须再次向源系统发起请求，从而降低了延迟。而且即使源系统宕机，也不会影响到后续的流程。不过，既然把变更数据放在事件中进行传输，那么在传输过程中需要占用更多的带宽。而且，如果有多个系统接收事件，那么这些数据就会复制多个。

除此之外，接收事件的系统需要维护事件的状态，从而将原本存在于源系统的复杂性转移到了接收事件的系统上。

3. 事件溯源（Event-Sourcing）

事件溯源的核心理念是，在对系统的状态做出变更时，把每次变更记录为一个事件，在未来的任何时刻，都可以通过重新处理这些事件来重建系统的状态。事件存储是主要的事件来源，可以从事件存储中重建系统的状态。对于程序员来说，版本控制系统是一个最好的例子。提交日志就是事件存储，而代码工作副本就是系统状态。在某个指定的工作副本上重复提交日志就可以创建另一个工作副本，也就是重建了某个时刻的系统状态。

使用事件溯源的系统可以获得以下好处。

（1）事件存储结构简单，易于存储，它们可以被存储在数据库、文件系统或其他任意的存储引擎中。因为记录事件是插入操作，没有修改也没有删除，所以不需要用到事务控制，这也意味着可以避免使用锁。因此，使用事件溯源可以提升系统的性能。

（2）事件本身可以充当审计日志的作用。如果不使用事件溯源，那么就需要为系统维护单独的审计日志。使用单独的审计日志意味着存在两个"真相源"，如果审计日志发生丢失，那么通过审计日志重建的状态与真实的系统状态会不一致。

事件溯源也存在一些不足：如果事件很多，重播事件是一个耗时的过程，而且在重播过程中可能会涉及与第三方外部系统发生交互，所以需要做一些额外的操作；查询某个时刻的状态会变得很麻烦，因为需要通过重播事件来重建当时的状态。解决方法是使用快照。不过，系统没有必要为每次变更都创建快照，而是应该阶段性地创建快照。在查询状态时，通过在临近的快照上重播少量的事件，就可以获得想要查询的状态。

7.2 消息通信常用模式

消息通信常用的模式包括点对点（P2P）和发布—订阅（Pub/Sub）两种。

7.2.1 点对点模式

点对点模式包含 3 个角色：消息队列（Queue）、生产者（Producer）和消费者（Consumer）。点对点模式中的每个消息都被发送到一个特定的队列中，消费者从队列中获取消息。队列保留着消息，直到它们被消费或超时。图 7-1 展示了点对点模式的运行流程图。

图7-1　点对点模式运行流程

点对点模式具有以下特点。

（1）每个消息都只有一个消费者，即消息一旦被消费，就不在消息队列中了。

（2）生产者和消费者之间在时间上没有依赖性，也就是说，生产者发送消息后，无论消费者是否正在运行，都不会影响到消息被发送到队列中。

（3）消费者在成功接收消息后需向队列应答成功。这样消息队列才能知道消息是否被成功消费。

7.2.2 发布—订阅模式

发布—订阅模式包含 3 个角色：主题（Topic）、发布者（Publisher）和订阅者（Subscriber）。发布—订阅模式中，多个发布者将消息发送到对应的主题，系统将这些消息传递给多个订阅者。图 7-2 展示了发布—订阅模式的运行流程图。

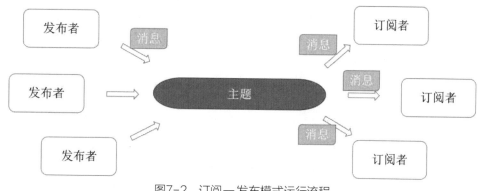

图7-2　订阅—发布模式运行流程

发布—订阅模式具有以下特点。

（1）每个消息可以有多个消费者。

（2）主题可以被认为是消息的传输中介，发布者发布消息到主题，订阅者从主题中订阅消息。

（3）主题使消息订阅者和消息发布者互相独立，不需要接触即可保证消息的传送。

7.3 CQRS

在传统的三层架构中，通常都是通过数据访问层来修改或查询数据的，一般修改和查询使用的是相同的实体。在一些业务逻辑简单的系统中可能没有什么问题，但是随着系统逻辑变得复杂，用户增多，这种设计就会出现一些性能问题。虽然在数据库层面可以做一些读写分离的设计，但在业务上如果将读写混合在一起，就会出现一些问题。

CQRS（Command Query Responsibility Segregation，命令查询职责分离）旨在从业务上分离命令和查询的行为，从而使逻辑更加清晰，便于对不同部分进行有针对性的优化。

那么，到底什么是 CQRS？使用 CQRS 能带来什么好处呢？

7.3.1　CQRS 概述

CQRS 最早来自 Betrand Meyer 在 *Object-Oriented Software Construction* 一书中提到的 CQS（Command Query Separation，命令查询分离）的概念。其基本思想在于，任何一个对象的方法都可以分为两大类。

（1）命令（Command）：不返回任何结果（void），但会改变对象的状态。

（2）查询（Query）：返回结果，但是不会改变对象的状态，对系统没有副作用。

根据 CQS 的思想，任何一个方法都可以拆分为命令和查询两部分，如在 Java 中 POJO 对象中的属性操作，通常会有 getter/setter 方法。

```
public class City {
    private String cityName;
    public String getCityName() {
        return cityName;
    }
    public void setCityName(String cityName) {
        this.cityName = cityName;
    }
}
```

根据 CQS 的定义，这里的 setCityName 就是命令，getCityName 就是查询。命令和查询分离使用户能够更好地把握对象的细节，更好地理解哪些操作会改变系统的状态。

CQRS 是在 CQS 模式的基础上改进而成的一种简单模式，它由 Greg Young 在 *CQRS, Task Based UIs, Event Sourcing agh!*[①] 一文中提出。CQRS 使用分离的接口将数据查询操作（Query）和数据修改操作（Command）分离开来，这意味着在查询和更新过程中使用的数据模型是不一样的。这样读和写的逻辑就被隔离开了。观察下面的 CustomerService 例子。

```
void makeCustomerPreferred(CustomerId)
Customer getCustomer(CustomerId)
CustomerSet getCustomersWithName(Name)
CustomerSet getPreferredCustomers()
void changeCustomerLocale(CustomerId, NewLocale)
void createCustomer(Customer)
void editCustomerDetails(CustomerDetails)
```

CustomerService 是传统的服务接口定义模式，混杂了数据查询操作和数据修改操作。在此基础上，应用 CQRS 后将产生 CustomerWriteService 和 CustomerReadService 两种服务。其中，Customer-WriteService 代表命令：

```
void makeCustomerPreferred(CustomerId)
void changeCustomerLocale(CustomerId, NewLocale)
void createCustomer(Customer)
void editCustomerDetails(CustomerDetails)
```

CustomerReadService 代表查询：

```
Customer getCustomer(CustomerId)
CustomerSet getCustomersWithName(Name)
CustomerSet getPreferredCustomers()
```

---

① 该博客可见 http://codebetter.com/gregyoung/2010/02/16/cqrs-task-based-uis-event-sourcing-agh/。（访问时间：2019 年 1 月 14 日）

CQRS 与 Event Sourcing 的关系

CQRS 与 Event Sourcing 经常是放在一起使用的。CQRS 在查询方面，直接通过方法查询数据库，然后通过 DTO 将数据返回；在命名方面，通过发送 Command 实现，由 CommandBus 处理特定的 Command，再由 Command 将特定的 Event 发布到 EventBus 上，然后 EventBus 使用特定的 Handler 来处理事件，执行一些诸如新增、删除、更新等操作。这里，所有与 Command 相关的操作都通过 Event 实现。这样可以通过 Event 来记录系统的运行历史记录，并且能够方便地回滚到某一历史状态。而 Event Sourcing 就是用来存储和管理事件的。

7.3.2　CQRS 的好处

相较于传统的代码组织方式而言，应用 CQRS 模式看上去改动并不是很大，只是将方法分为了命令和查询两大阵营。但是应用 CQRS 可以带来比较大的收益，特别是可以使系统设计人员认识到它们在处理命令和查询时是不同的架构属性。它允许以不同的方式承载 CustomerWriteService 和 CustomerReadService 两种服务，例如，用户可以在 25 台服务器上承载读取服务，在两台服务器上承载写入服务。命令和查询的处理基本上是不对称的，要根据实际的需要进行相应的扩展。

总体来说，使用 CQRS 可以带来如下好处。

（1）使查询变得更加简单、高效。

（2）分工明确，可以负责不同的部分。

（3）能够提高系统的性能。

（4）逻辑清晰，能够看到系统中的哪些行为或操作导致了系统的状态变化。

（5）可以从数据驱动（Data-Driven）转到任务驱动（Task-Driven）及事件驱动（Event-Driven）。

7.3.3　实战：实现 CQRS

Axon Framework 是一个适用于 Java 语言的、基于事件驱动的轻量级 CQRS 框架，既支持直接持久化 Aggreaget 状态，也支持采用 EventSourcing。Axon Framework 项目地址为 http://www.axon-framework.org/。

Axon Framework 的应用架构如图 7–3 所示。

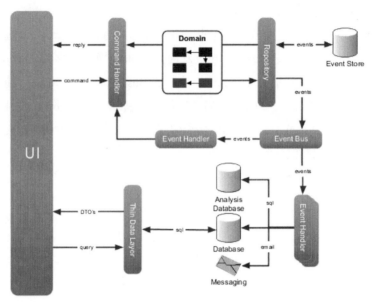

图7-3　Axon Framework 应用架构

下面将基于 Axon Framework 来实现一个 CQRS 应用"axon-cqrs"。该应用展示了一个"开通银行账户，取钱"的逻辑业务。

1. 配置

配置依赖如下。

```xml
<properties>
    <project.build.sourceEncoding>UTF-8</project.build.sourceEncoding>
    <spring.version>5.0.7.RELEASE</spring.version>
    <axon.version>3.2</axon.version>
</properties>
<dependencies>
    <dependency>
        <groupId>org.springframework</groupId>
        <artifactId>spring-context</artifactId>
        <version>${spring.version}</version>
    </dependency>
    <dependency>
        <groupId>org.axonframework</groupId>
        <artifactId>axon-core</artifactId>
        <version>${axon.version}</version>
    </dependency>
    <dependency>
        <groupId>org.axonframework</groupId>
        <artifactId>axon-spring</artifactId>
        <version>${axon.version}</version>
    </dependency>
    <dependency>
```

```
            <groupId>org.apache.logging.log4j</groupId>
            <artifactId>log4j-core</artifactId>
            <version>2.6.2</version>
        </dependency>
        <dependency>
            <groupId>org.apache.logging.log4j</groupId>
            <artifactId>log4j-jcl</artifactId>
            <version>2.6.2</version>
        </dependency>
        <dependency>
            <groupId>org.apache.logging.log4j</groupId>
            <artifactId>log4j-slf4j-impl</artifactId>
            <version>2.6.2</version>
        </dependency>
</dependencies>
```

这里采用了 Axon Framework 及日志框架。

2. Aggregate

BankAccount 是 DDD 中的 Aggregate，代表银行账户。

```
package com.waylau.axon.cqrs.command.aggregates;
import static org.axonframework.commandhandling.model.AggregateLifec-
ycle.apply;
import static org.slf4j.LoggerFactory.getLogger;
import java.math.BigDecimal;
import org.axonframework.commandhandling.CommandHandler;
import org.axonframework.commandhandling.model.AggregateIdentifier;
import org.axonframework.eventhandling.EventHandler;
import org.slf4j.Logger;
import com.waylau.axon.cqrs.command.commands.CreateAccountCommand;
import com.waylau.axon.cqrs.command.commands.WithdrawMoneyCommand;
import com.waylau.axon.cqrs.common.domain.AccountId;
import com.waylau.axon.cqrs.common.events.CreateAccountEvent;
import com.waylau.axon.cqrs.common.events.WithdrawMoneyEvent;
public class BankAccount {
    private static final Logger LOGGER = getLogger(BankAccount.class);
    @AggregateIdentifier
    private AccountId accountId;
    private String accountName;
    private BigDecimal balance;
    public BankAccount() {
    }
    @CommandHandler
    public BankAccount(CreateAccountCommand command){
        LOGGER.debug("Construct a new BankAccount");
        apply(new CreateAccountEvent(command.getAccountId(), command.
getAccountName(), command.getAmount()));
    }
    @CommandHandler
```

```
        public void handle(WithdrawMoneyCommand command){
            apply(new WithdrawMoneyEvent(command.getAccountId(), command.
    getAmount()));
        }
        @EventHandler
        public void on(CreateAccountEvent event){
            this.accountId = event.getAccountId();
            this.accountName = event.getAccountName();
            this.balance = new BigDecimal(event.getAmount());
            LOGGER.info("Account {} is created with balance {}", accountId,
    this.balance);
        }
        @EventHandler
        public void on(WithdrawMoneyEvent event){
            BigDecimal result = this.balance.subtract(new BigDecimal(event.
    getAmount()));
            if(result.compareTo(BigDecimal.ZERO)<0)
                LOGGER.error("Cannot withdraw more money than the balance!");
            else {
                this.balance = result;
                LOGGER.info("Withdraw {} from account {}, balance result:
    {}", event.getAmount(), accountId, balance);
            }
        }
    }
}
```

其中，注解 @CommandHandler 和 @EventHandler 代表对 Command 和 Event 的处理。@Aggre-gateIdentifier 代表的 AccountId 是一个 Aggregate 的全局唯一的标识符。

AccountId 声明如下。

```
package com.waylau.axon.cqrs.common.domain;
import org.axonframework.common.Assert;
import org.axonframework.common.IdentifierFactory;
import java.io.Serializable;
public class AccountId implements Serializable {
    private static final long serialVersionUID = 7119961474083133148L;
    private final String identifier;
    private final int hashCode;
    public AccountId() {
        this.identifier = IdentifierFactory.getInstance().generateIdentifier();
        this.hashCode = identifier.hashCode();
    }
    public AccountId(String identifier) {
        Assert.notNull(identifier, ()->"Identifier may not be null");
        this.identifier = identifier;
        this.hashCode = identifier.hashCode();
    }
    @Override
    public boolean equals(Object o) {
```

```
        if (this == o) return true;
        if (o == null || getClass() != o.getClass()) return false;
        AccountId accountId = (AccountId) o;
        return identifier.equals(accountId.identifier);
    }
    @Override
    public int hashCode() {
        return hashCode;
    }
    @Override
    public String toString() {
        return identifier;
    }
}
```

其中:

（1）实现 equal 和 hashCode 方法，因为它会被拿来与其他标识对比。

（2）实现 toString 方法，其结果也应该是全局唯一的。

（3）实现 Serializable 接口以表明可序列化。

3. Command

该应用共有两个 Command，即创建账户和取钱。

（1）CreateAccountCommand 代表创建账户。

```
package com.waylau.axon.cqrs.command.commands;
import com.waylau.axon.cqrs.common.domain.AccountId;
public class CreateAccountCommand {
    private AccountId accountId;
    private String accountName;
    private long amount;
    public CreateAccountCommand(AccountId accountId, String accountName,
long amount) {
        this.accountId = accountId;
        this.accountName = accountName;
        this.amount = amount;
    }
    public AccountId getAccountId() {
        return accountId;
    }
    public String getAccountName() {
        return accountName;
    }
    public long getAmount() {
        return amount;
    }
}
```

（2）WithdrawMoneyCommand 代表取钱。

```
package com.waylau.axon.cqrs.command.commands;
import org.axonframework.commandhandling.TargetAggregateIdentifier;
import com.waylau.axon.cqrs.common.domain.AccountId;
public class WithdrawMoneyCommand {
    @TargetAggregateIdentifier
    private AccountId accountId;
    private long amount;
    public WithdrawMoneyCommand(AccountId accountId, long amount) {
        this.accountId = accountId;
        this.amount = amount;
    }
    public AccountId getAccountId() {
        return accountId;
    }
    public long getAmount() {
        return amount;
    }
}
```

4. Event

Event 是系统中发生任何改变时产生的事件类，典型的 Event 就是对 Aggregate 状态的修改。与 Command 相对应，会有两个事件。

（1）CreateAccountEvent 代表创建账户的事件。

```
package com.waylau.axon.cqrs.common.events;
import com.waylau.axon.cqrs.common.domain.AccountId;
public class CreateAccountEvent {
    private AccountId accountId;
    private String accountName;
    private long amount;
    public CreateAccountEvent(AccountId accountId, String accountName,
long amount) {
        this.accountId = accountId;
        this.accountName = accountName;
        this.amount = amount;
    }
    public AccountId getAccountId() {
        return accountId;
    }
    public String getAccountName() {
        return accountName;
    }
    public long getAmount() {
        return amount;
    }
}
```

（2）WithdrawMoneyEvent 代表取钱的事件。

```java
package com.waylau.axon.cqrs.common.events;
import com.waylau.axon.cqrs.common.domain.AccountId;
public class WithdrawMoneyEvent {
    private AccountId accountId;
    private long amount;
    public WithdrawMoneyEvent(AccountId accountId, long amount) {
        this.accountId = accountId;
        this.amount = amount;
    }
    public AccountId getAccountId() {
        return accountId;
    }
    public long getAmount() {
        return amount;
    }
}
```

5. 测试

为了方便测试，这里创建了一个 Application 类。

```java
package com.waylau.axon.cqrs;
import static org.slf4j.LoggerFactory.getLogger;
import org.axonframework.config.Configuration;
import org.axonframework.config.DefaultConfigurer;
import org.axonframework.eventsourcing.eventstore.inmemory.InMemory-
EventStorageEngine;
import org.slf4j.Logger;
import com.waylau.axon.cqrs.command.aggregates.BankAccount;
import com.waylau.axon.cqrs.command.commands.CreateAccountCommand;
import com.waylau.axon.cqrs.command.commands.WithdrawMoneyCommand;
import com.waylau.axon.cqrs.common.domain.AccountId;
public class Application {
    private static final Logger LOGGER = getLogger(Application.class);
    public static void main(String args[]) throws InterruptedException{
        LOGGER.info("Application is start.");
        Configuration config = DefaultConfigurer.defaultConfiguration()
                .configureAggregate(BankAccount.class)
                .configureEmbeddedEventStore(c -> new InMemoryEvent-
StorageEngine())
                .buildConfiguration();
        config.start();
        AccountId id = new AccountId();
        config.commandGateway().send(new CreateAccountCommand(id,
"MyAccount",1000));
        config.commandGateway().send(new WithdrawMoneyCommand(id, 500));
        config.commandGateway().send(new WithdrawMoneyCommand(id, 500));
        config.commandGateway().send(new WithdrawMoneyCommand(id, 500));
```

```
    // 线程先睡5秒，等事件处理完
    Thread.sleep(5000L);
    LOGGER.info("Application is shutdown.");
  }
}
```

在该类中，我们创建了一个账户，并执行了 3 次取钱动作。由于账户总额为 "1000"，因此，当执行第三次取钱动作时，预期是会因为余额不足而失败。

运行该 Application 类，可以看到如下输出。

```
23:00:41.148 [main] INFO  com.waylau.axon.cqrs.Application - Application
is start.
23:00:41.519 [main] INFO  com.waylau.axon.cqrs.command.aggregates.
BankAccount - Account 05f2da82-a7af-4319-aaf0-7dedfac88492 is created
with balance 1000
23:00:41.549 [main] INFO  com.waylau.axon.cqrs.command.aggregates.
BankAccount - Account 05f2da82-a7af-4319-aaf0-7dedfac88492 is created
with balance 1000
23:00:41.550 [main] INFO  com.waylau.axon.cqrs.command.aggregates.
BankAccount - Withdraw 500 from account 05f2da82-a7af-4319-aaf0-7ded-
fac88492, balance result: 500
23:00:41.551 [main] INFO  com.waylau.axon.cqrs.command.aggregates.
BankAccount - Account 05f2da82-a7af-4319-aaf0-7dedfac88492 is created
with balance 1000
23:00:41.551 [main] INFO  com.waylau.axon.cqrs.command.aggregates.
BankAccount - Withdraw 500 from account 05f2da82-a7af-4319-aaf0-7ded-
fac88492, balance result: 500
23:00:41.551 [main] INFO  com.waylau.axon.cqrs.command.aggregates.
BankAccount - Withdraw 500 from account 05f2da82-a7af-4319-aaf0-7ded-
fac88492, balance result: 0
23:00:41.552 [main] INFO  com.waylau.axon.cqrs.command.aggregates.
BankAccount - Account 05f2da82-a7af-4319-aaf0-7dedfac88492 is created
with balance 1000
23:00:41.552 [main] INFO  com.waylau.axon.cqrs.command.aggregates.
BankAccount - Withdraw 500 from account 05f2da82-a7af-4319-aaf0-7ded-
fac88492, balance result: 500
23:00:41.552 [main] INFO  com.waylau.axon.cqrs.command.aggregates.
BankAccount - Withdraw 500 from account 05f2da82-a7af-4319-aaf0-7ded-
fac88492, balance result: 0
23:00:41.552 [main] ERROR com.waylau.axon.cqrs.command.aggregates.
BankAccount - Cannot withdraw more money than the balance!
23:00:46.552 [main] INFO  com.waylau.axon.cqrs.Application - Applica-
tion is shutdown.
```

7.4 Spring Cloud Stream

Spring Cloud Stream 是一个用于构建高度可扩展的事件驱动微服务的框架。Spring Cloud Stream 是 Spring Cloud 家族的一部分，与 Spring 应用有着非常好的兼容性。

7.4.1 Spring Cloud Stream 概述

Spring Cloud Stream 项目地址为 https://cloud.spring.io/spring-cloud-stream/。其核心构建块包含如下内容。

（1）目标绑定器（Destination Binder）：负责提供与外部消息系统集成的组件。

（2）目标绑定（Destination Binding）：外部消息传递系统和应用程序之间的桥接。其中应用程序包括由目标绑定器创建的消息生产者和消息消费者。

（3）消息（Message）：生产者和消费者用于与目标绑定器（以及通过外部消息传递系统的其他应用程序）通信的规范数据结构。

Spring Cloud Stream 支持 RabbitMQ 和 Apache Kafka 绑定器，其中包含很多绑定器实现，如 Google Pub/Sub 和 AWS Kinesis 等。

图 7-4 所示的是 Spring Cloud Stream 应用架构。

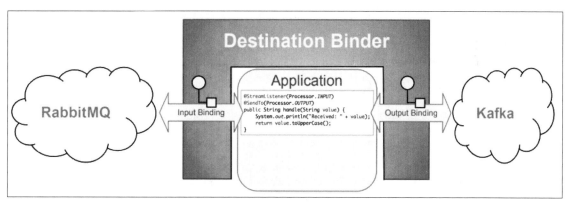

图7-4　Spring Cloud Stream 应用架构

7.4.2 Spring Cloud Stream 实现发布者

基于 Spring Cloud Stream，生产者将公开 REST API 端点。该端点在被调用时将消息发布到两个通道中：一个用于广播（发布—订阅模式）消息传递，另一个用于点对点消息传递。然后让消费者接收这些传入的消息。

Spring Cloud Stream 可以轻松定义随后连接到消息传递技术的通道，可以使用绑定器实现连接到代理。Spring Cloud Stream 的 RabbitMQ 支持的绑定程序是 spring-cloud-starter-stream-rabbit。下面的例子将使用 RabbitMQ。

```
import org.springframework.cloud.stream.annotation.Output;
import org.springframework.messaging.MessageChannel;
public interface ProducerChannels {
    String DIRECT = "directGreetings";
    String BROADCAST = "broadcastGreetings";
    @Output(DIRECT)
    MessageChannel directGreetings();
    @Output(BROADCAST)
    MessageChannel broadcastGreetings();
}
```

Spring Cloud Stream 提供两个注解：@Output 和 @Input。@Output 告知 Spring Cloud Stream，发送到通道的消息将被发送出去（通常，最终通过 Spring Integration 中的出站通道适配器）。这里需要让 Spring Cloud Stream 知道如何处理发送到这些通道的数据，可以使用环境中的一些配置属性。以下显示了生产者的 application.properties 配置。

```
spring.cloud.stream.bindings.broadcastGreetings.destination=greetings-
pub-sub
spring.cloud.stream.bindings.directGreetings.destination=greetings-p2p
spring.rabbitmq.addresses=localhost
```

上述配置值 "greetings-pub-sub" 和 "greetings-p2p" 就是 Java MessageChannel 的名称，这是配置的代理中的目标名称。配置值 "localhost" 是使用 Spring Boot 的自动配置来创建一个 RabbitMQ ConnectionFactory 的地址。

下面的示例将通过一个 REST API 来发布消息。

```
import org.springframework.beans.factory.annotation.Autowired;
import org.springframework.boot.SpringApplication;
import org.springframework.boot.autoconfigure.SpringBootApplication;
import org.springframework.cloud.stream.annotation.EnableBinding;
import org.springframework.http.ResponseEntity;
import org.springframework.messaging.MessageChannel;
import org.springframework.messaging.support.MessageBuilder;
import org.springframework.web.bind.annotation.PathVariable;
import org.springframework.web.bind.annotation.RequestMapping;
import org.springframework.web.bind.annotation.RestController;
import stream.producer.ProducerChannels;
@SpringBootApplication
@EnableBinding(ProducerChannels.class)
public class StreamProducer {
    public static void main(String args[]) {
        SpringApplication.run(StreamProducer.class, args);
```

```
        }
    }
    @RestController
    class GreetingProducer {
    private final MessageChannel broadcast, direct;
    @Autowired
    GreetingProducer(ProducerChannels channels) {
        this.broadcast = channels.broadcastGreetings();
        this.direct = channels.directGreetings();
    }
    @RequestMapping("/hi/{name}")
    ResponseEntity<String> hi(@PathVariable String name) {
        String message = "Hello, " + name + "!";
        this.direct.send(MessageBuilder.withPayload("Direct: " + mes-
sage).build());
        this.broadcast.send(MessageBuilder.withPayload("Broadcast: " +
message).build());
        return ResponseEntity.ok(message);
    }
}
```

　　当然，上述代码也可以改为使用 Spring Integration 的消息传递网关。消息传递网关作为设计模式，旨在将客户端隐藏在服务背后的消息传递到逻辑中。从客户端的角度来看，网关看起来像是一个常规对象，使用起来非常方便。

　　下面重新审视生产者，将使用 Spring Integration 发送消息的方式改为使用消息传递网关来发送消息。

```
import org.springframework.beans.factory.annotation.Autowired;
import org.springframework.boot.SpringApplication;
import org.springframework.boot.autoconfigure.SpringBootApplication;
import org.springframework.cloud.stream.annotation.EnableBinding;
import org.springframework.http.ResponseEntity;
import org.springframework.integration.annotation.Gateway;
import org.springframework.integration.annotation.IntegrationComponentS-
can;
import org.springframework.integration.annotation.MessagingGateway;
import org.springframework.web.bind.annotation.PathVariable;
import org.springframework.web.bind.annotation.RequestMapping;
import org.springframework.web.bind.annotation.RequestMethod;
import org.springframework.web.bind.annotation.RestController;
import stream.producer.ProducerChannels;
@SpringBootApplication
@EnableBinding(ProducerChannels.class)
@IntegrationComponentScan
public class StreamProducer {
    public static void main(String args[]) {
```

```
        SpringApplication.run(StreamProducer.class, args);
    }
}
@MessagingGateway
interface GreetingGateway {
    @Gateway(requestChannel = ProducerChannels.BROADCAST)
    void broadcastGreet(String msg);

    @Gateway(requestChannel = ProducerChannels.DIRECT)
    void directGreet(String msg);
}
@RestController
class GreetingProducer {
    private final GreetingGateway gateway;
    @Autowired
    GreetingProducer(GreetingGateway gateway) {
        this.gateway = gateway;
    }
    @RequestMapping(method = RequestMethod.GET, value = "/hi/{name}")
    ResponseEntity<?> hi(@PathVariable String name) {
        String message = "Hello, " + name + "!";
        this.gateway.directGreet("Direct: " + message);
        this.gateway.broadcastGreet("Broadcast: " + message);
        return ResponseEntity.ok(message);
    }
}
```

在上述代码中，@EnableBinding 注解用于激活 Spring Cloud Stream。@MessagingGateway 是 Spring Integration 支持的众多消息传递端点之一。网关中的每个方法都使用 @Gateway 进行注解，requestChannel 参数指明了消息通道。

7.4.3 Spring Cloud Stream 实现消费者

Spring Cloud Stream 实现消费者，需要定义如下的消息通道。

```
import org.springframework.cloud.stream.annotation.Input;
import org.springframework.messaging.SubscribableChannel;
public interface ConsumerChannels {
    String DIRECTED = "directed";
    String BROADCASTS = "broadcasts";
    @Input(DIRECTED)
    SubscribableChannel directed();
    @Input(BROADCASTS)
    SubscribableChannel broadcasts();
}
```

这里唯一值得注意的是，这些通道使用的是 @Input 注解。

以下是消费者需要的配置信息。

```
spring.cloud.stream.bindings.broadcasts.destination=greetings-pub-sub
spring.cloud.stream.bindings.directed.destination=greetings-p2p
spring.cloud.stream.bindings.directed.group=greetings-p2p-group
spring.cloud.stream.bindings.directed.durableSubscription=true
server.port=0
spring.rabbitmq.addresses=localhost
```

上述配置与生产者的配置类似。durableSubscription 配置设置为 true，以确保代理在重新连接使用者后将立即存储和重新发送失败的消息。

以下是基于 Spring Integration 的消费者代码，与生产者类似。

```
import org.apache.commons.logging.Log;
import org.apache.commons.logging.LogFactory;
import org.springframework.boot.SpringApplication;
import org.springframework.boot.autoconfigure.SpringBootApplication;
import org.springframework.cloud.stream.annotation.EnableBinding;
import org.springframework.context.annotation.Bean;
import org.springframework.integration.dsl.IntegrationFlow;
import org.springframework.integration.dsl.IntegrationFlows;
import org.springframework.messaging.SubscribableChannel;
import stream.consumer.ConsumerChannels;
@SpringBootApplication
@EnableBinding(ConsumerChannels.class)
public class StreamConsumer {
    public static void main(String args[]) {
        SpringApplication.run(StreamConsumer.class, args);
    }
    private IntegrationFlow incomingMessageFlow(SubscribableChannel
incoming,
    String prefix) {
        Log log = LogFactory.getLog(getClass());
        return IntegrationFlows
            .from(incoming)
            .transform(String.class, String::toUpperCase)
            .handle(
            String.class,
            (greeting, headers) -> {
            log.info("greeting received in IntegrationFlow (" + prefix +
"): "+ greeting);
            return null;
            }).get();
    }
    @Bean
    IntegrationFlow direct(ConsumerChannels channels) {
```

```
        return incomingMessageFlow(channels.directed(), "directed");
    }
    @Bean
    IntegrationFlow broadcast(ConsumerChannels channels) {
        return incomingMessageFlow(channels.broadcasts(), "broadcast");
    }
}
```

7.4.4 实战：基于 Spring Cloud Stream 的消息通信

下面将基于 Spring Cloud Stream 创建一个"cloud-stream"应用，用于演示消息通信的功能。cloud-stream 能够接收来自外部系统的消息，并将消息内容在控制台打印出来。

1. 依赖配置

cloud-stream 核心依赖配置如下。

```
<properties>
    <project.build.sourceEncoding>UTF-8</project.build.sourceEncoding>
    <project.reporting.outputEncoding>UTF-8</project.reporting.output-
Encoding>
    <spring-cloud-stream.version>Elmhurst.RELEASE</spring-cloud-stream.
version>
</properties>
<parent>
<groupId>org.springframework.boot</groupId>
    <artifactId>spring-boot-starter-parent</artifactId>
    <version>2.0.1.RELEASE</version>
</parent>
<dependencyManagement>
    <dependencies>
        <dependency>
            <groupId>org.springframework.cloud</groupId>
            <artifactId>spring-cloud-stream-dependencies</artifactId>
            <version>${spring-cloud-stream.version}</version>
            <type>pom</type>
            <scope>import</scope>
        </dependency>
    </dependencies>
</dependencyManagement>
<dependencies>
    <dependency>
        <groupId>org.springframework.cloud</groupId>
        <artifactId>spring-cloud-stream</artifactId>
    </dependency>
```

```xml
<dependency>
    <groupId>org.springframework.cloud</groupId>
    <artifactId>spring-cloud-starter-stream-rabbit</artifactId>
</dependency>
</dependencies>
```

2. 定义消费者

Receiver 作为事件处理程序，绑定到了 Sink 类。Sink 是 Spring Cloud Stream 提供的绑定到"input"消息通道的接口。

```java
package com.waylau.spring.cloud;
import org.slf4j.Logger;
import org.slf4j.LoggerFactory;
import org.springframework.cloud.stream.annotation.EnableBinding;
import org.springframework.cloud.stream.annotation.StreamListener;
import org.springframework.cloud.stream.messaging.Sink;
@EnableBinding(Sink.class)
public class Receiver {
    private static Logger log = LoggerFactory.getLogger(Receiver.class);
@StreamListener(Sink.INPUT)
    public void handle(Person person) {
        log.info("Received: " + person);
    }
}
```

其中，Person 类是待处理的数据结构，是一个 POJO：

```java
public class Person {
    private String name;
    public String getName() {
        return name;
    }
    public void setName(String name) {
        this.name = name;
    }
    public String toString() {
        return this.name;
    }
}
```

为求简单，Person 类只有一个 name 属性。

cloud-stream 应用是一个典型的 Spring Boot 应用，所以可以以 Java 程序的方式来启动。

```java
package com.waylau.spring.cloud;
import org.springframework.boot.SpringApplication;
```

```
import org.springframework.boot.autoconfigure.SpringBootApplication;
@SpringBootApplication
public class Application {
    public static void main(String[] args) {
        SpringApplication.run(Application.class, args);
    }
}
```

3. RabbitMQ 的使用

本例使用 RabbitMQ 作为消息中间件。首次使用 RabbitMQ，需要安装 RabbitMQ Web 管理插件。

```
D:\rabbitmq_server-3.7.2\sbin>rabbitmq-plugins enable rabbitmq_manage-
ment
Enabling plugins on node rabbit@AGOC3-705091335:
rabbitmq_management
The following plugins have been configured:
  rabbitmq_management
  rabbitmq_management_agent
  rabbitmq_web_dispatch
Applying plugin configuration to rabbit@AGOC3-705091335...
The following plugins have been enabled:
  rabbitmq_management
  rabbitmq_management_agent
  rabbitmq_web_dispatch

enabled 3 plugins.
Offline change; changes will take effect at broker restart.
```

然后启动服务。

```
D:\rabbitmq_server-3.7.2\sbin>rabbitmq-server start
  ##  ##
  ##  ##      RabbitMQ 3.7.2. Copyright (C) 2007-2017 Pivotal Software,
Inc.
  ##########  Licensed under the MPL.  See http://www.rabbitmq.com/
  ######  ##
  ##########  Logs: C:/Users/ADMINI~1/AppData/Roaming/RabbitMQ/log/
RABBIT~1.LOG
              C:/Users/ADMINI~1/AppData/Roaming/RabbitMQ/log/
rabbit@AGOC3-705091335_upgrade.log
          Starting broker...
  completed with 3 plugins.
  '''
```

访问 <http://localhost:15672/> 界面，就能进入 RabbitMQ Web 管理界面。登录管

理界面的默认账号和密码都是 guest

测试

首先启动 cloud-stream 应用，可以在日志中看到连接信息：

```
2018-07-03 22:33:22.229  INFO 18724 --- [O1YR-qPp4bdA-11] o.s.a.r.c.
CachingConnectionFactory        : Attempting to connect to: [local-
host:5672]
2018-07-03 22:33:23.747  INFO 18724 --- [O1YR-qPp4bdA-11]
o.s.a.r.c.CachingConnectionFactory       : Created new connection:
rabbitConnectionFactory#3f672204:10/SimpleConnection@9d3e2ac [dele-
gate=amqp://guest@0:0:0:0:0:0:0:1:5672/, localPort= 1882]
2018-07-03 22:33:23.748  INFO 18724 --- [O1YR-qPp4bdA-11] o.s.amqp.
rabbit.core.RabbitAdmin        : Auto-declaring a non-durable, auto-de-
lete, or exclusive Queue (input.anonymous.zSmjTODxRjO1YR-qPp4bdA) dura-
ble:false, auto-delete:true, exclusive:true. It will be redeclared if
the broker stops and is restarted while the connection factory is alive,
but all messages will be lost.
```

这里需要强调的是，cloud-stream 应用没有任何配置项，却能够成功连接上 RabbitMQ 服务器。这得益于 Spring Boot 的自动配置机制，让应用真正做到"零配置"。

在 RabbitMQ Web 管理界面也可以看到 cloud-stream 应用所使用的消息队列。图 7-5 展示了 cloud-stream 所使用的队列信息。

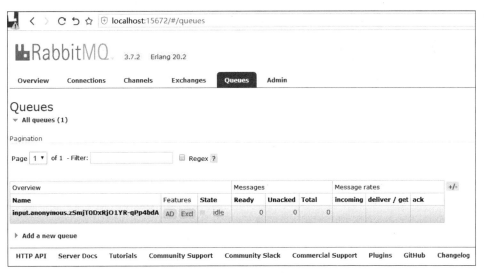

图7-5　队列信息

在 RabbitMQ Web 管理界面输入要发送的信息。这里发送的是 JSON 格式的字符串 "{"name": "Way Lau"}"，Spring Cloud Stream 会将其自动反序列化为 Java 对象，如图 7-6 所示。

227

图7-6　发送信息

可以在日志中看到 cloud-stream 应用接收到了 RabbitMQ Web 管理界面给它发送的数据。

```
2018-07-03 22:42:25.503  INFO 18724 --- [O1YR-qPp4bdA-11] com.waylau.
spring.cloud.Receiver         : Received: Way Lau
```

第8章

Cloud Native 批处理

8.1 批处理概述

使用批处理，一般是为了提升数据执行效率。以 JDBC 开发为例，操作数据库需要与数据库建立连接，然后将要执行的 SQL 语句传送到数据库服务器，数据库执行完毕，返回结果，最后关闭数据库连接。如果按照该流程执行多条 SQL 语句，那么就需要建立多个数据库连接，这样会将时间浪费在数据库连接上。而如果是执行批处理，则只需要建立一次连接。

同样的原理，也可以应用在 HTTP 请求上。每次 HTTP 请求都会建立一次 HTTP 连接，将待处理的数据合并发送，可以有效减少创建连接的次数。

8.1.1 需要批处理的原因

以下场景可以采用批处理。

1. 提升执行效率

正如上面所说，使用批处理的大部分场景是为了提升数据执行的效率。无论是 SQL 执行还是 HTTP 请求执行，提升执行效率的目的都是一样的，都是为了减少多次创建连接过程中的时间消耗。

当然，批处理的数据不是越多越好。例如，Oracle 执行批量插入，批量数为 200 ~ 300 的插入效率是最高的，再增大批量数的话效率会降低，甚至导致程序崩溃（批处理数据量越多，占用的内存也越多）。所以一定要根据自己项目的实际情况，合理设置批处理数。

2. 保护程序

使用批处理的另一个目的是保护程序的安全。例如，如果正在处理的数据集太大而无法放入内存中，则可以在较小的块中处理它。块是一批数据的有效划分。

3. 合理利用资源

批处理是利用计算资源的有效方式。例如，数据备份的工作一般是选择深夜或凌晨来执行，因为白天服务器的负荷相对比较大。

8.1.2 常用批处理实现方式

有多种方式可以实现批处理，传统的 JDBC 本身就提供了批处理的执行接口；Spring JdbcTemplate 则对 JDBC 操作进一步进行了封装，简化了批处理的操作；而 Spring Batch 则是一个全新的项目，专用于执行批处理任务。后面将详细讲解 3 种实现批处理的方式。

8.2 JDBC Batch

JDBC 提供了批处理的方法来批量提交数据，以提高性能。在接触批处理工具之前，先来了解一下 Statement 与 PreparedStatement 的异同点。

8.2.1　Statement 与 PreparedStatement

Statement 接口定义了执行不包含参数标记的 SQL 语句的方法。Statement 有 PreparedStatement 和 CallableStatement 两个子类。PreparedStatement 接口添加了用于设置输入参数的方法，CallableStatement 接口添加了用于检索从存储过程返回的输出参数值的方法。

1. Statement

用于执行 Statement 对象的方法取决于正在执行的 SQL 语句的类型。如果 Statement 对象表示 SQL 查询返回 ResultSet 对象，则应该使用 executeQuery 方法。如果已知 SQL 是 DDL 语句或返回更新计数的 DML 语句，则应使用 executeUpdate 方法。如果未知 SQL 语句的类型，则应使用 execute 方法。

下面的示例展示了执行 SQL 返回 ResultSet 对象的过程：

```
Statement stmt = conn.createStatement();
ResultSet rs = stmt.executeQuery("select TITLE, AUTHOR, ISBN " +
"from BOOKLIST");
while (rs.next()){
...
}
```

如果执行 SQL 没有返回 ResultSet 对象，则 executeQuery 方法会抛出一个 SQLException 异常。

2. PreparedStatement

PreparedStatement 的实例以与 Statement 对象相同的方式创建，除了在创建语句时提供 SQL 命令外。

```
Connection conn = ds.getConnection(user, passwd);
PreparedStatement ps = conn.prepareStatement("INSERT INTO BOOKLIST" +
"(AUTHOR, TITLE, ISBN) VALUES (?, ?, ?)");
```

从 SQL 语句中可以看出，PreparedStatement 可以通过占位符的方式来设置参数，而 Statement 则不支持。

与 createStatement 一样，preparedStatement 方法定义了一个构造函数，该构造函数可用于指定由该 PreparedStatement 生成的结果集的特征。

```
Connection conn = ds.getConnection(user, passwd);
PreparedStatement ps = conn.prepareStatement(
```

```
"SELECT AUTHOR, TITLE FROM BOOKLIST WHERE ISBN = ?",
ResultSet.TYPE_FORWARD_ONLY,
ResultSet.CONCUR_UPDATABLE);
```

Statement 与 PreparedStatement 的另一个重要区别在于，PreparedStatement 是预编译的。所谓的预编译，是指数据库的编译器会对 SQL 语句提前进行编译，然后将预编译的结果缓存到数据库中，下次执行时替换参数直接执行编译过的语句。在批量处理相同的 SQL 语句时，PreparedStatement 比 Statement 在性能上更有优势。

8.2.2 实战：使用 JDBC Batch 的例子

JDBC 批量更新工具允许将多个 SQL 语句提交到数据源，以便立即处理，这极大地提高了性能。Statement、PreparedStatement 和 CallableStatement 对象可用于提交批量更新。

下面创建一个 "jdbc-batch" 应用，用于演示 JDBC Batch 功能。

1. 依赖配置

jdbc-batch 应用配置如下。

```
<project xmlns="http://maven.apache.org/POM/4.0.0" xmlns:xsi="http://
www.w3.org/2001/XMLSchema-instance"
    xsi:schemaLocation="http://maven.apache.org/POM/4.0.0 http://maven.
apache.org/xsd/maven-4.0.0.xsd">
    <modelVersion>4.0.0</modelVersion>
    <groupId>com.waylau.spring5</groupId>
    <artifactId>jdbc-batch</artifactId>
    <version>1.0.0</version>
    <name>jdbc-batch</name>
    <packaging>jar</packaging>
    <organization>
        <name>waylau.com</name>
        <url>https://waylau.com</url>
    </organization>
    <properties>
        <project.build.sourceEncoding>UTF-8</project.build.sourceEncod-
ing>
        <project.reporting.outputEncoding>UTF-8</project.reporting.
outputEncoding>
    </properties>
    <dependencies>
        <dependency>
            <groupId>org.apache.logging.log4j</groupId>
            <artifactId>log4j-core</artifactId>
            <version>2.6.2</version>
        </dependency>
        <dependency>
            <groupId>org.apache.logging.log4j</groupId>
```

```
            <artifactId>log4j-jcl</artifactId>
            <version>2.6.2</version>
        </dependency>
        <dependency>
            <groupId>org.apache.logging.log4j</groupId>
            <artifactId>log4j-slf4j-impl</artifactId>
            <version>2.6.2</version>
        </dependency>
        <dependency>
            <groupId>com.h2database</groupId>
            <artifactId>h2</artifactId>
            <version>1.4.197</version>
            <scope>runtime</scope>
        </dependency>
        <dependency>
            <groupId>junit</groupId>
            <artifactId>junit</artifactId>
            <version>4.12</version>
            <scope>test</scope>
        </dependency>
    </dependencies>
</project>
```

这里使用了 H2 内存数据库作为演示用的数据库。H2 内存数据库有着使用简便、易于测试的特点，所以可以在测试及开发环境下方便地使用。此外，需要注意以下几点。

（1）H2 的驱动名称为"org.h2.Driver"。

（2）JDBC URL 为"jdbc:h2:mem:testdb"。

（3）默认账号为"sa"，密码为空。

2. 测试用例

使用 JUnit 编写如下测试用例。

```
/**
 *
 */
package com.waylau.jdbc;
import java.sql.Connection;
import java.sql.DriverManager;
import java.sql.PreparedStatement;
import java.sql.SQLException;
import java.sql.Statement;
import org.junit.Test;
import org.slf4j.Logger;
import org.slf4j.LoggerFactory;
/**
 * Application Tests.
 *
 * @since 1.0.0 2018年7月4日
```

```
 * @author <a href="https://waylau.com">Way Lau</a>
 */
public class ApplicationTests {
    private static Logger log = LoggerFactory.getLogger(Application-
Tests.class);
    @Test
    public void testJdbcBatch() throws SQLException {
        String sourceURL = "jdbc:h2:mem:testdb";// H2 内嵌模式
        String user = "sa";
        String key = "";
        Connection con = null;
        PreparedStatement stmt = null;
        Statement st = null;

        try {
            try {
                Class.forName("org.h2.Driver");
            } catch (ClassNotFoundException e) {
                log.error("org.h2.Driver Not Found:", e);
            }// H2 Driver
            con = DriverManager.getConnection(sourceURL, user, key);
            // 关闭自动提交
            con.setAutoCommit(false);
            st = con.createStatement();
            st.execute("CREATE TABLE t_user(id INT,name VARCHAR(100))");
stmt = con.prepareStatement(
                    "INSERT INTO t_user VALUES (?, ?)");
            stmt.setInt(1, 2000);
            stmt.setString(2, "Kelly Kaufmann");
            stmt.addBatch();
            stmt.setInt(1, 3000);
            stmt.setString(2, "Bill Barnes");
            stmt.addBatch();
            // 批量提交执行
            int[] updateCounts = stmt.executeBatch();
            log.info("执行结果:{}", updateCounts);
        } catch (SQLException sqle) {
            log.error("SQL Exception:", sqle);
        } finally {
            if (st != null) {
                st.close();
            }
            if (stmt != null) {
                stmt.close();
            }
            if (con != null) {
                con.close();
            }
        }
```

```
    }
}
```

在本实例中，首先创建了 t_user 表，然后通过 PreparedStatement 批量执行语句，将数据批量插入表中。由于这里使用的是批量提交，因此需要关闭自动提交功能，即：

```
con.setAutoCommit(false);
```

8.3 Spring 批处理

JDBC 中批处理的原理是，将批量的 SQL 语句一次性发送到数据库中执行，从而解决多次与数据库连接所产生的性能瓶颈。

Spring 批处理封装了 JDBC 批处理 API，简化了 JDBC 批处理。

8.3.1　使用 JdbcTemplate 实现批处理

JdbcTemplate 是 Spring JDBC 的模板接口。通过实现特殊接口 BatchPreparedStatementSetter 的两个方法,并将其作为 batchUpdate 方法调用中的第二个参数传入,就可以完成 JdbcTemplate 批处理。使用 getBatchSize 方法提供当前批次的大小，使用 setValues 方法为准备语句的参数设置值。以下是一个使用 JdbcTemplate 实现批处理的例子。

```
public class JdbcActorDao implements ActorDao {
    private JdbcTemplate jdbcTemplate;
    public void setDataSource(DataSource dataSource) {
        this.jdbcTemplate = new JdbcTemplate(dataSource);
    }
    public int[] batchUpdate(final List<Actor> actors) {
        return this.jdbcTemplate.batchUpdate(
            "update t_actor set first_name = ?, last_name = ? where  id =
?",new BatchPreparedStatementSetter() {
            public void setValues(PreparedStatement ps, int i)    throws
SQLException {
                ps.setString(1, actors.get(i).getFirstName());
                ps.setString(2, actors.get(i).getLastName());
                ps.setLong(3, actors.get(i).getId().longValue());
            }
            public int getBatchSize() {
                return actors.size();
            }
        });
    }
```

```
    ...//
}
```

注意: 在执行处理时,可能会遇到一种特殊情况,就是最后一批可能没有该数量的条目。在这种情况下,可以使用 InterruptibleBatchPreparedStatementSetter 接口,该接口允许在输入源耗尽后中断批次操作。isBatchExhausted 方法允许发出批次结束的信号。

8.3.2 批量更新 List

JdbcTemplate 和 NamedParameterJdbcTemplate 都提供了批量更新的备用方式。不需要实现特殊的批处理接口,而是将调用的所有参数值作为列表提供。框架会遍历这些值并使用内部准备好的语句设置器。API 取决于用户是否使用命名参数。对于指定的参数,提供了一个 SqlParameterSource 数组,该批处理的每个成员都有一个条目。可以使用 SqlParameterSourceUtils.createBatch 便捷方法创建此数组,并传入一组 bean 对象(使用与参数对应的 getter 方法)或将 String 作为 key 的 Map(包含相应参数作为值)。

以下示例显示的是使用命名参数的批量更新。

```
public class JdbcActorDao implements ActorDao {
    private NamedParameterTemplate namedParameterJdbcTemplate;
    public void setDataSource(DataSource dataSource) {
        this.namedParameterJdbcTemplate = new NamedParameterJdbcTemplate
(dataSource);
    }
    public int[] batchUpdate(List<Actor> actors) {
        return this.namedParameterJdbcTemplate.batchUpdate(
                "update t_actor set first_name = :firstName, last_name =
:lastName where id = :id",
                SqlParameterSourceUtils.createBatch(actors));
    }
    ...//
}
```

经典 JDBC "?" 占位符将传入包含具有更新值的对象数组的列表。此对象数组必须与 SQL 语句中的每个占位符都一一对应,并且顺序必须与它们在 SQL 语句中定义的顺序严格一致。

以下是使用经典 JDBC "?" 占位符的例子。

```
public class JdbcActorDao implements ActorDao {
    private JdbcTemplate jdbcTemplate;
    public void setDataSource(DataSource dataSource) {
        this.jdbcTemplate = new JdbcTemplate(dataSource);
    }
    public int[] batchUpdate(final List<Actor> actors) {
        List<Object[]> batch = new ArrayList<Object[]>();
        for (Actor actor : actors) {
```

```
        Object[] values = new Object[] {
            actor.getFirstName(), actor.getLastName(), actor.getId()};
        batch.add(values);
    }
    return this.jdbcTemplate.batchUpdate(
        "update t_actor set first_name = ?, last_name = ? where id
= ?", batch);
    }
    ...//
}
```

以上所有批处理更新方法都会返回一个 int 数组，其中包含每个批处理条目的受影响行数。这个计数是由 JDBC 驱动程序返回的。如果计数不可用，则 JDBC 驱动程序返回 −2。

8.3.3　多个批次更新

系统对于 JDBC 批量处理的数据是有限制的，这些限制包括文件的大小、SQL 语句的长度等，换言之，每一批次的数量不可能无限大。所以如果批量处理的数量太大，建议分成多个较小的批次来处理。至于这个批次数要设置为多小，是没有确定值的，只能结合自己的环境配置来做测试。当然，可以通过对 batchUpdate 方法进行多次调用来完成上述操作。但现在有一种更方便的方法，该方法除 SQL 语句外，此方法中还有一个包含参数的对象集合，每个批次的更新次数及一个 Parameterized-PreparedStatementSetter，用于设置已准备语句的参数值。框架遍历提供的值，并将更新调用分成指定大小的批处理。

以下示例显示的是使用批量大小为 100 的批量更新。

```
public class JdbcActorDao implements ActorDao {
    private JdbcTemplate jdbcTemplate;
    public void setDataSource(DataSource dataSource) {
        this.jdbcTemplate = new JdbcTemplate(dataSource);
    }
    public int[][] batchUpdate(final Collection<Actor> actors) {
        int[][] updateCounts = jdbcTemplate.batchUpdate(
        "update t_actor set first_name = ?, last_name = ? where id = ?",
        actors,
        100,
          new ParameterizedPreparedStatementSetter<Actor>() {
            public void setValues(PreparedStatement ps, Actor
argument) throws SQLException {
                ps.setString(1, argument.getFirstName());
                ps.setString(2, argument.getLastName());
                ps.setLong(3, argument.getId().longValue());
            }
        });
        return updateCounts;
```

```
    }
    ...//
}
```

此调用的批更新方法返回一个 int 数组，其中包含每个批处理的数组条目，并为每个更新创建一个受影响行数的数组。顶级数组的长度表示执行的批次数，第二级数组的长度表示该批次中的更新数。每个批次中的更新次数应该是为所有批次提供的批次大小，除了最后一批次外，这取决于提供的更新对象的总数。每个更新语句的更新计数是由 JDBC 驱动程序返回的。如果计数不可用，则 JDBC 驱动程序返回 −2。

8.4 Spring Batch

Spring Batch 是一个轻量级的综合性批处理框架，可用于开发企业信息系统中那些至关重要的数据批量处理业务。Spring Batch 基于 POJO 和 Spring 框架，易上手，可以让开发者很容易地访问和利用企业级服务。Spring Batch 的框架具有高扩展性，无论是简单的批处理还是复杂的大数据批处理作业，都可以通过 Spring Batch 框架来实现。

8.4.1 Spring Batch 概述

Spring Batch 是一个轻量级的、完善的批处理框架，旨在帮助企业建立强大、高效的批处理应用。Spring Batch 是 Spring 的一个子项目，因此可以与基于 Spring 框架为基础的应用之间有着良好的兼容性。Spring Batch 的项目地址为 https://projects.spring.io/spring-batch。

Spring Batch 提供了大量可重用的组件，包括日志、追踪、事务、任务作业统计、任务重启、跳过重复、资源管理等。对于大数据量和高性能的批处理任务，Spring Batch 同样提供了高级功能和特性来支持，如分区功能、远程功能等。总之，Spring Batch 能够支持简单的、复杂的和大数据量的批处理作业。

Spring Batch 是一个批处理应用框架，而不是调度框架，因此需要和调度框架合作来构建完成批处理任务。它只关注与批处理任务相关的问题，如事务、并发、监控、执行等，并不提供相应的调度功能。如果需要使用调用框架，在商业软件和开源软件中已经有很多优秀的企业级调度框架可以使用，如 Quartz、Tivoli、Control-M、Cron 等。

Spring Batch 整体架构如图 8−1 所示。

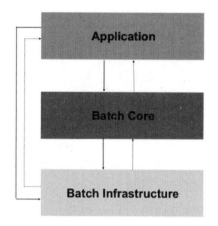

图8-1　Spring Batch 整体架构

这种分层架构突出了 3 个主要的高级组件——Application（应用程序）、Batch Core（核心）和 Batch Infrastructure（基础设施）。其中：

（1）Application 包含开发人员使用 Spring Batch 编写的所有批处理作业和自定义代码。

（2）Batch Core 包含启动和控制批处理作业所需的核心运行时类，包括 JobLauncher、Job 和 Step 的实现。

（3）Application 和 Batch Core 都建立在通用的 Batch Infrastructure 之上。Batch Infrastructure 包含常见的读取器和编写器及服务（如 RetryTemplate）。

图 8-2 突出显示了构成 Spring Batch 领域语言的核心概念。

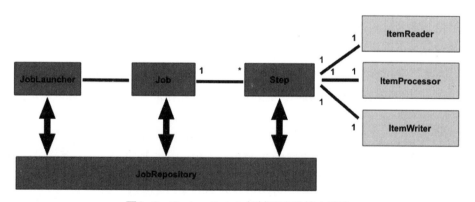

图8-2　Spring Batch 领域语言的核心概念

Job 有一个到多个 Step，每个 Step 只有一个 ItemReader、一个 ItemProcessor 和一个 ItemWriter。Job 需要使用 JobLauncher 来启动，并且需要存储有关当前正在运行进程的元数据（在 Job Repository 中）。

8.4.2 Job

Job 是一个封装整个批处理过程的实体。与其他 Spring 项目一样，Job 可以采用 XML 配置文件或基于 Java 的配置。该配置可以称为"作业配置"。但是，Job 只是整个层次结构的顶部，如图 8-3 所示。

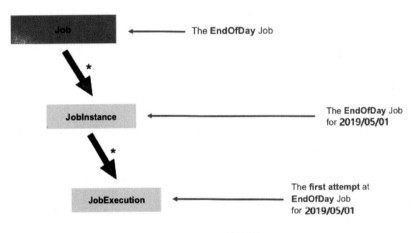

图8-3　Job 结构图

在 Spring Batch 中，Job 只是 Step 实例的容器。它结合了逻辑上属于流的多个步骤，并允许为所有步骤配置全局属性，如可重启性。作业配置包括如下内容。

（1）Job 的简单名称。

（2）Step 实例的定义和排序。

（3）作业是否可重新启动。

Spring Batch 以 SimpleJob 类的形式提供了 Job 接口的默认简单实现，它在 Job 的基础上创建了一些标准功能。使用基于 Java 的配置时，可以使用一组构建器来实例化 Job，如以下示例。

```
@Bean
public Job footballJob() {
    return this.jobBuilderFactory.get("footballJob")
                    .start(playerLoad())
                    .next(gameLoad())
                    .next(playerSummarization())
                    .end()
                    .build();
}
```

但是，批处理命名空间抽象了直接实例化它的需要。相反，可以使用""标记，如以下示例。

```
<job id="footballJob">
    <step id="playerload" next="gameLoad"/>
```

```
    <step id="gameLoad" next="playerSummarization"/>
    <step id="playerSummarization"/>
</job>
```

8.4.3　JobLauncher

JobLauncher 表示一个简单的接口，用于使用给定的 JobParameters 集启动 Job，如以下示例。

```
public interface JobLauncher {
public JobExecution run(Job job, JobParameters jobParameters)throws
    JobExecutionAlreadyRunningException, JobRestartException,
    JobInstanceAlreadyCompleteException, JobParametersInvalidException;
}
```

本例实现了从 JobRepository 获取有效的 JobExecution 并执行 Job。

8.4.4　JobRepository

JobRepository 是 Spring Batch 持久化机制。它为 JobLauncher、Job 和 Step 实现提供 CRUD 操作。首次启动 Job 时，将从 JobRepository 中获取 JobExecution，在执行过程中，StepExecution 和 JobExecution 实现会通过将它们传递到 JobRepository 来保留。

批处理命名空间支持使用 ""标记配置 JobRepository 实例，如以下示例。

```
<job-repository id ="jobRepository"/>
```

如果是使用 Java 配置的方式，可以采用 @EnableBatchProcessing 注解。

8.4.5　Step

Step 封装了批处理作业的独立顺序阶段。因此，每个 Job 完全由一个或多个 Step 组成。Step 包含定义和控制实际批处理所需的所有信息，步骤的内容由编写 Job 的开发人员自行决定。Step 可以像开发者所希望的那样简单或复杂。一个简单的 Step 可能会将文件中的数据加载到数据库中，几乎不需要代码（取决于所使用的实现）。更复杂的步骤可能具有复杂的业务规则，这些规则作为需要处理的一部分应用。与 Job 一样，Step 具有与独特 JobExecution 相关的单独 StepExecution，如图 8-4 所示。

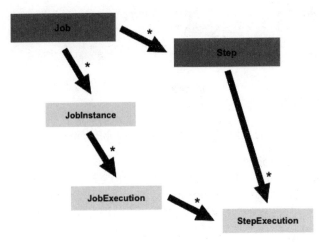

图8-4　Step 结构图

8.4.6　ItemReader

ItemReader 是一个抽象，表示一步一个项的输入检索。当 ItemReader 耗尽了可提供项时，会通过返回 null 来表明这一点。

8.4.7　ItemWriter

ItemWriter 是一个抽象，表示 Step 的输出，一次一批或一大块项。通常，ItemWriter 不知道它接下来应该接收的输入，并且只知道在其当前调用中传递的项。

8.4.8　ItemProcessor

ItemProcessor 是一个抽象，表示项目的业务处理。当 ItemReader 读取一个项目，而 ItemWriter 写入它们时，ItemProcessor 提供一个转换或应用其他业务处理的访问点。如果在处理项目时确定该项目无效，则返回 null 表示不应该写出该项目。

8.4.9　实战：使用 Spring Batch 的例子

下面将创建 "spring-batch" 应用，用于演示基于 Spring Batch 框架实现的批处理任务。

1. 依赖配置

在该应用中，采用 Spring Boot 的代码组织方式来简化整个应用的配置。

```xml
<?xml version="1.0" encoding="UTF-8"?>
<project xmlns="http://maven.apache.org/POM/4.0.0" xmlns:xsi="http://
www.w3.org/2001/XMLSchema-instance"
    xsi:schemaLocation="http://maven.apache.org/POM/4.0.0 http://maven.
apache.org/xsd/maven-4.0.0.xsd">
    <modelVersion>4.0.0</modelVersion>
    <groupId>com.waylau</groupId>
    <artifactId>jdbc-batch</artifactId>
    <version>1.0.0</version>
    <name>jdbc-batch</name>
    <packaging>jar</packaging>
    <organization>
        <name>waylau.com</name>
        <url>https://waylau.com</url>
    </organization>
    <properties>
        <project.build.sourceEncoding>UTF-8</project.build.sourceEncod-
ing>
        <project.reporting.outputEncoding>UTF-8</project.reporting.
outputEncoding>
        <java.version>1.8</java.version>
    </properties>
    <parent>
        <groupId>org.springframework.boot</groupId>
        <artifactId>spring-boot-starter-parent</artifactId>
        <version>2.0.3.RELEASE</version>
    </parent>

    <dependencies>
        <dependency>
            <groupId>org.springframework.boot</groupId>
            <artifactId>spring-boot-starter-batch</artifactId>
        </dependency>
        <dependency>
            <groupId>com.h2database</groupId>
            <artifactId>h2</artifactId>
            <version>1.4.197</version>
            <scope>runtime</scope>
        </dependency>
    </dependencies>
    <build>
        <plugins>
            <plugin>
                <groupId>org.springframework.boot</groupId>
                <artifactId>spring-boot-maven-plugin</artifactId>
            </plugin>
```

```
        </plugins>
    </build>
</project>
```

其中，数据库采用的是内存数据库 H2。spring-boot-starter-batch 提供了对 Spring Batch 开箱即用的支持。

2. 业务数据

该应用所用的数据都存储在了 data.csv 文件中。

```
Way,Lau
Joe,Lau
Justin,Lau
Jane,Lau
John,Lau
```

上述 data.csv 文件中的每行数据，都是名称和姓氏。

接下来，编写 SQL 脚本 schema-all.sql 以创建用于存储数据的表。

```
DROP TABLE t_user IF EXISTS;
CREATE TABLE t_user  (
    user_id BIGINT IDENTITY NOT NULL PRIMARY KEY,
    first_name VARCHAR(20),
    last_name VARCHAR(20)
);
```

3. 业务对象

User 是业务对象，与上面的表结构相对应。

```
package com.waylau.spring.batch;
public class User {
    private String lastName;
    private String firstName;
    public User() {
    }
    public User(String firstName, String lastName) {
        this.firstName = firstName;
        this.lastName = lastName;
    }
    public void setFirstName(String firstName) {
        this.firstName = firstName;
    }
    public String getFirstName() {
        return firstName;
    }
    public String getLastName() {
```

```
        return lastName;
    }
    public void setLastName(String lastName) {
        this.lastName = lastName;
    }
    @Override
    public String toString() {
        return "firstName: " + firstName + ", lastName: " + lastName;
    }
}
```

User 是一个 POJO。

4. 创建 Processor

创建 UserItemProcessor，处理业务逻辑。这里简单地将用户信息进行打印。

```
package com.waylau.spring.batch;
import org.slf4j.Logger;
import org.slf4j.LoggerFactory;
import org.springframework.batch.item.ItemProcessor;
public class UserItemProcessor implements ItemProcessor<User, User> {
    private static final Logger log = LoggerFactory.getLogger(UserItem-
Processor.class);
    @Override
    public User process(final User user) throws Exception {
        final String firstName = user.getFirstName().toUpperCase();
        final String lastName = user.getLastName().toUpperCase();
        final User transformedUser = new User(firstName, lastName);
        log.info("Converting (" + user + ") into (" + transformedUser +
")");
        return transformedUser;
    }
}
```

5. 任务配置

创建 BatchConfiguration，用于配置 Spring Batch。

```
package com.waylau.spring.batch;
import javax.sql.DataSource;
import org.springframework.batch.core.Job;
import org.springframework.batch.core.Step;
import org.springframework.batch.core.configuration.annotation.Enable-
BatchProcessing;
import org.springframework.batch.core.configuration.annotation.JobBuild-
erFactory;
import org.springframework.batch.core.configuration.annotation.StepBuil-
```

```
derFactory;
import org.springframework.batch.core.launch.support.RunIdIncrementer;
import org.springframework.batch.item.database.BeanPropertyItemSqlPa-
rameterSourceProvider;
import org.springframework.batch.item.database.JdbcBatchItemWriter;
import org.springframework.batch.item.database.builder.JdbcBatchItem-
WriterBuilder;
import org.springframework.batch.item.file.FlatFileItemReader;
import org.springframework.batch.item.file.builder.FlatFileItemReader-
Builder;
import org.springframework.batch.item.file.mapping.BeanWrapperFieldSet-
Mapper;
import org.springframework.beans.factory.annotation.Autowired;
import org.springframework.context.annotation.Bean;
import org.springframework.context.annotation.Configuration;
import org.springframework.core.io.ClassPathResource;


@Configuration
@EnableBatchProcessing
public class BatchConfiguration {
    @Autowired
    public JobBuilderFactory jobBuilderFactory;
    @Autowired
    public StepBuilderFactory stepBuilderFactory;
    // 配置 Reader Writer Processor
    @Bean
    public FlatFileItemReader<User> reader() {
        return new FlatFileItemReaderBuilder<User>()
            .name("userItemReader")
            .resource(new ClassPathResource("sample-data.csv"))
            .delimited()
            .names(new String[]{"firstName", "lastName"})
            .fieldSetMapper(new BeanWrapperFieldSetMapper<User>() {{
                setTargetType(User.class);
            }})
            .build();
    }
    @Bean
    public UserItemProcessor processor() {
        return new UserItemProcessor();
    }
    @Bean
    public JdbcBatchItemWriter<User> writer(DataSource dataSource) {
        return new JdbcBatchItemWriterBuilder<User>()
            .itemSqlParameterSourceProvider(new BeanPropertyItemSql-
ParameterSourceProvider<>())
```

```
            .sql("INSERT INTO t_user (first_name, last_name) VALUES
(:firstName, :lastName)")
            .dataSource(dataSource)
            .build();
    }
    // 配置 Job
    @Bean
    public Job importUserJob(JobCompletionNotificationListener listener,
Step step1) {
        return jobBuilderFactory.get("importUserJob")
            .incrementer(new RunIdIncrementer())
            .listener(listener)
            .flow(step1)
            .end()
            .build();
    }
    @Bean
    public Step step1(JdbcBatchItemWriter<User> writer) {
        return stepBuilderFactory.get("step1")
            .<User, User> chunk(10)
            .reader(reader())
            .processor(processor())
            .writer(writer)
            .build();
    }
}
```

JobCompletionNotificationListener 是任务监听器，在任务完成时处理业务逻辑。

```
package com.waylau.spring.batch;
import org.slf4j.Logger;
import org.slf4j.LoggerFactory;
import org.springframework.batch.core.BatchStatus;
import org.springframework.batch.core.JobExecution;
import org.springframework.batch.core.listener.JobExecutionListener-
Support;
import org.springframework.beans.factory.annotation.Autowired;
import org.springframework.jdbc.core.JdbcTemplate;
import org.springframework.stereotype.Component;
@Component
public class JobCompletionNotificationListener extends JobExecutionList-
enerSupport {
    private static final Logger log = LoggerFactory.getLogger(JobComple-
tionNotificationListener.class);
    private final JdbcTemplate jdbcTemplate;
    @Autowired
```

```
public JobCompletionNotificationListener(JdbcTemplate jdbcTemplate)
{
    this.jdbcTemplate = jdbcTemplate;
}
@Override
public void afterJob(JobExecution jobExecution) {
    if(jobExecution.getStatus() == BatchStatus.COMPLETED) {
        log.info("!!! JOB FINISHED! Time to verify the results");
        jdbcTemplate.query("SELECT first_name, last_name FROM t_user",
            (rs, row) -> new User(
                rs.getString(1),
                rs.getString(2))
        ).forEach(person -> log.info("Found <" + person + "> in the
database."));
    }
}
}
```

这里将任务批量插入的数据反查出来并打印。

6. 运行

运行程序，观察日志打印。可以看到如下核心执行过程。

```
2018-07-05 12:48:40.770  INFO 2348 --- [           main] o.
s.b.c.l.support.SimpleJobLauncher       : Job: [FlowJob: [name=importUs-
erJob]] launched with the following parameters: [{run.id=1}]
2018-07-05 12:48:40.787  INFO 2348 --- [           main] o.s.batch.core.
job.SimpleStepHandler       : Executing step: [step1]
2018-07-05 12:48:40.829  INFO 2348 --- [           main] c.waylau.
spring.batch.UserItemProcessor  : Converting (firstName: Way, lastName:
Lau) into (firstName: WAY, lastName: LAU)
2018-07-05 12:48:40.829  INFO 2348 --- [           main] c.waylau.
spring.batch.UserItemProcessor  : Converting (firstName: Joe, lastName:
Lau) into (firstName: JOE, lastName: LAU)
2018-07-05 12:48:40.829  INFO 2348 --- [           main] c.waylau.
spring.batch.UserItemProcessor  : Converting (firstName: Justin, last-
Name: Lau) into (firstName: JUSTIN, lastName: LAU)
2018-07-05 12:48:40.830  INFO 2348 --- [           main] c.waylau.
spring.batch.UserItemProcessor  : Converting (firstName: Jane, lastName:
Lau) into (firstName: JANE, lastName: LAU)
2018-07-05 12:48:40.830  INFO 2348 --- [           main] c.waylau.
spring.batch.UserItemProcessor  : Converting (firstName: John, lastName:
Lau) into (firstName: JOHN, lastName: LAU)
2018-07-05 12:48:40.841  INFO 2348 --- [           main] .w.s.b.JobCom-
pletionNotificationListener : !!! JOB FINISHED! Time to verify the
results
```

```
2018-07-05 12:48:40.843  INFO 2348 --- [          main] .
w.s.b.JobCompletionNotificationListener : Found <firstName: WAY, lastName:
LAU> in the database.
2018-07-05 12:48:40.843  INFO 2348 --- [          main] .
w.s.b.JobCompletionNotificationListener : Found <firstName: JOE, lastName:
LAU> in the database.
2018-07-05 12:48:40.843  INFO 2348 --- [          main] .
w.s.b.JobCompletionNotificationListener : Found <firstName: JUSTIN,
lastName: LAU> in the database.
2018-07-05 12:48:40.843  INFO 2348 --- [          main] .
w.s.b.JobCompletionNotificationListener : Found <firstName: JANE,
lastName: LAU> in the database.
2018-07-05 12:48:40.843  INFO 2348 --- [          main] .
w.s.b.JobCompletionNotificationListener : Found <firstName: JOHN,
lastName: LAU> in the database.
2018-07-05 12:48:40.845  INFO 2348 --- [          main] o.
s.b.c.l.support.SimpleJobLauncher       : Job: [FlowJob: [name=import-
UserJob]] completed with the following parameters: [{run.id=1}] and the
following status: [COMPLETED]
```

第9章

Cloud Native 任务调度

9.1 任务执行与调度概述

前面实现了 Cloud Native 的任务批量处理，但这些批处理框架并未考虑实现任务的调度。本节将介绍 Cloud Native 的任务执行与调度。

1. 应用场景

在企业级应用中，往往少不了定时任务。例如，做数据迁移或数据备份的任务，往往会选择系统负荷最小的凌晨来执行。可靠的任务调度系统是保障定时任务能够成功执行的关键。

2. 实现技术

JDK 中提供的 Timer 类及 ScheduledThreadPoolExecutor 类都能实现简单的定时任务。如果要应付复杂的应用场景，则可以选择 Quartz Scheduler（项目地址为 http://quartz-scheduler.org）进行调度。Spring 所提到的类及框架都提供了集成类。Spring 框架还提供了 TaskExecutor 和 TaskScheduler 接口，用于异步执行和任务调度的抽象。

9.2 Spring TaskExecutor

Spring 的 TaskExecutor 接口与 java.util.concurrent.Executor 接口相同。该接口只有一个方法 execute（Runnable task），参数是基于线程池的语义和配置执行的任务。TaskExecutor 最初是为了让其他 Spring 组件在需要时为线程池提供抽象。诸如 ApplicationEventMulticaster、JMS 的 AbstractMessageListenerContainer 和 Quartz 集成类的组件都使用 TaskExecutor 抽象来汇集线程。但是，如果 bean 需要线程池化行为，则可以根据自己的需要使用此抽象。

9.2.1 TaskExecutor 类型

Spring 内置了许多 TaskExecutor 的实现，基本上可以满足各种应用场景。

（1）SimpleAsyncTaskExecutor：此实现不重用任何线程，而是为每个调用启动一个新线程。同时，也支持并发限制，该限制将阻止任何超出限制的调用，直到某个线程被释放为止。

（2）SyncTaskExecutor：同步执行调用，每个调用发生在调用线程中。它主要用于不需要多线程的情况，如简单的测试用例。

（3）ConcurrentTaskExecutor：此实现是 java.util.concurrent.Executor 对象的适配器。还有一个替代方法是 ThreadPoolTaskExecutor，它将 Executor 配置参数公开为 bean 属性。很少需要使用 ConcurrentTaskExecutor，但如果 ThreadPoolTaskExecutor 在实现上不够灵活，则可以使用 ConcurrentTaskExecutor。

（4）SimpleThreadPoolTaskExecutor：这个实现实际上是 Quartz 的 SimpleThreadPool 的一个子类，它侦听 Spring 的生命周期回调。当有可能需要 Quartz 和非 Quartz 组件共享的线程池时，通常会使用它。

（5）ThreadPoolTaskExecutor：这个实现是最常用的一个。它公开用于配置 java.util.concurrent.ThreadPoolExecutor 的 bean 属性并将其包装在 TaskExecutor 中。如果需要适应不同类型的 java.util.concurrent.Executor，建议用户改用 ConcurrentTaskExecutor。

（6）WorkManagerTaskExecutor：该实现使用 CommonJ WorkManager 作为其后台实现，并且适用于在 Spring 上下文中设置 CommonJ WorkManager 引用的中央类。类似于 SimpleThreadPool-TaskExecutor，这个类实现了 WorkManager 接口，因此也可以直接用作 WorkManager。

9.2.2 TaskExecutor 应用

下面的例子定义了一个使用 ThreadPoolTaskExecutor 异步打印出一组消息的 bean。

```
import org.springframework.core.task.TaskExecutor;
public class TaskExecutorExample {
    private class MessagePrinterTask implements Runnable {
        private String message;
        public MessagePrinterTask(String message) {
            this.message = message;
        }
        public void run() {
            System.out.println(message);
        }
    }
    private TaskExecutor taskExecutor;
    public TaskExecutorExample(TaskExecutor taskExecutor) {
        this.taskExecutor = taskExecutor;
    }
    public void printMessages() {
        for(int i = 0; i < 25; i++) {
            taskExecutor.execute(new MessagePrinterTask("Message" + i));
        }
    }
}
```

以下是配置 TaskExecutor 的示例。

```
<bean id="taskExecutor"
    class="org.springframework.scheduling.concurrent.ThreadPoolTask-
Executor">
    <property name="corePoolSize" value="5" />
    <property name="maxPoolSize" value="10" />
    <property name="queueCapacity" value="25" />
```

```
</bean>
<bean id="taskExecutorExample" class="TaskExecutorExample">
   <constructor-arg ref="taskExecutor" />
</bean>
```

9.3 Spring TaskScheduler

Spring 3.0 引入了 TaskScheduler，用来调度未来某个时刻运行的任务。

以下是 TaskScheduler 的接口所定义的方法。

```
public interface TaskScheduler {
    ScheduledFuture schedule(Runnable task, Trigger trigger);
    ScheduledFuture schedule(Runnable task, Date startTime);
    ScheduledFuture scheduleAtFixedRate(Runnable task, Date startTime,
long period);
    ScheduledFuture scheduleAtFixedRate(Runnable task, long period);
    ScheduledFuture scheduleWithFixedDelay(Runnable task, Date start-
Time, long delay);
    ScheduledFuture scheduleWithFixedDelay(Runnable task, long delay);
}
```

9.3.1 Trigger 接口

Trigger 的基本思想是执行时间可以根据过去的执行结果甚至任意条件来确定。如果考虑到了前面执行的结果，那么该信息在 TriggerContext 中可用。Trigger 接口本身非常简单。

```
public interface Trigger {

    Date nextExecutionTime(TriggerContext triggerContext);

}
```

TriggerContext 封装了所有相关数据，可以在必要时进行扩展。TriggerContext 是一个接口（默认实现是 SimpleTriggerContext），其定义的方法如下。

```
public interface TriggerContext {
    Date lastScheduledExecutionTime();
    Date lastActualExecutionTime();
    Date lastCompletionTime();
}
```

9.3.2 Trigger 接口的实现

Spring 提供了两个 Trigger 接口的实现：CronTrigger 和 PeriodicTrigger。

1. CronTrigger

CronTrigger 支持基于 cron 表达式的任务调度。例如，以下任务计划在每个小时过后 15 分钟运行，但仅在工作日的 9 时至 17 时运行。

```
scheduler.schedule(task, new CronTrigger("0 15 9-17 * * MON-FRI"));
```

2. PeriodicTrigger

PeriodicTrigger 是一个开箱即用的实现，它接受一个固定的周期、一个可选的初始延迟值和一个布尔值，以指明该周期是否应该被解释为固定速率或固定延迟。由于 TaskScheduler 接口已经定义了以固定速率或固定延迟来调度任务的方法，因此最好直接使用这些方法。

PeriodicTrigger 实现的价值在于，它可以在依赖触发器抽象的组件中使用，如周期性触发器、基于 cron 的触发器，甚至是自定义触发器。这种组件可以利用依赖注入的优势，让触发器在外部进行配置，因此可以很容易地进行修改或扩展。

9.4 Spring 任务调度及异步执行

Spring 为任务调度和异步方法执行提供了注解支持。

9.4.1 启用调度注解

如果要启用对 @Scheduled 和 @Async 注解的支持，则要将 @EnableScheduling 和 @Enable Async 添加到 @Configuration 类中。

```
@Configuration
@EnableAsync
@EnableScheduling
public class AppConfig {
}
```

如果是基于 XML 配置的，则要使用 <task:annotation-driven> 元素。

```
<task:annotation-driven executor="myExecutor" scheduler="myScheduler"/>
<task:executor id="myExecutor" pool-size="5"/>
<task:scheduler id="myScheduler" pool-size="10"/>
```

9.4.2　@Scheduled 注解

@Scheduled 注解可以与触发器元数据一起添加到方法中。例如，以下示例是以固定的延迟每 5 秒调用一次方法。该周期将从前面每次调用的完成时间开始测量。

```
@Scheduled(fixedDelay=5000)
public void doSomething() {
    ...
}
```

如果需要执行固定速率，则只需更改注解中指定的属性名称即可。以下示例将在每次调用的连续开始时间之间测量，每 5 秒执行一次。

```
@Scheduled(fixedRate=5000)
public void doSomething() {
    ...
}
```

对于固定延迟和固定速率任务，可以指定一个初始延迟，表示在第一次执行方法之前要等待的毫秒数。

```
@Scheduled(initialDelay=1000, fixedRate=5000)
public void doSomething() {
    ...
}
```

如果简单的周期性调度没有足够的表达能力，则可以提供一个 cron 表达式。例如，以下示例只会在工作日执行。

```
@Scheduled(cron="*/5 * * * * MON-FRI")
public void doSomething() {
    ...
}
```

9.4.3　@Async 注解

@Async 注解可以在方法上指明该方法的调用是异步发生。换句话说，调用者将在调用时立即返回，并且方法的实际执行将发生在已提交给 Spring TaskExecutor 的任务中。在最简单的情况下，注解可以应用于返回 void 的方法。

```
@Async
void doSomething() {
    ...
}
```

与 @Scheduled 不同的是，@Async 注解的方法可以携带参数。

```
@Async
void doSomething(String s) {
    ...
}
```

甚至可以异步调用返回值的方法。但是，这些方法需要具有 Future 类型的返回值。这仍然提供了异步执行的好处，以便调用者可以在未来调用 get() 之前执行其他任务。

```
@Async
Future<String> returnSomething(int i) {
    ...
}
```

@Async 不能与生命周期回调（如 @PostConstruct）结合使用。要异步初始化 Spring bean，必须使用单独的初始化 Spring bean，然后在目标上调用 @Async 注解的方法。

```
public class SampleBeanImpl implements SampleBean {
    @Async
    void doSomething() {
        ...
    }
}

public class SampleBeanInitializer {
    private final SampleBean bean;
    public SampleBeanInitializer(SampleBean bean) {
        this.bean = bean;
    }
    @PostConstruct
    public void initialize() {
        bean.doSomething();
    }
}
```

9.4.4 @Async 的异常处理

当 @Async 方法具有 Future 类型的返回值时，如果方法执行过程中抛出异常，则很容易在 get Future 的结果时进行异常处理。但是，如果使用 void 返回类型，则异常将被取消且无法传递。对于这些情况，可以使用 AsyncUncaughtExceptionHandler 来处理异常。

```
public class MyAsyncUncaughtExceptionHandler implements AsyncUncaught-
ExceptionHandler {
    @Override
```

```
    public void handleUncaughtException(Throwable ex, Method method,
Object... params) {
        // 处理异常
    }
}
```

9.4.5　命名空间

从 Spring 3.0 开始，提供了用于配置 TaskExecutor 和 TaskScheduler 实例的 XML 名称空间，还提供了一种便捷的方式来配置要使用触发器进行调度的任务。

下面来看看命名空间中的元素。

1. scheduler 元素

以下元素将创建具有指定线程池大小的 ThreadPoolTaskScheduler 实例。

```
<task:scheduler id="scheduler" pool-size="10"/>
```

其中，"id"属性提供的值将用作池中线程名称的前缀。scheduler 元素相对简单，如果用户没有提供"pool-size"属性，则默认线程池将只有一个线程。调度程序没有其他配置选项。

2. executor 元素

以下元素将创建 ThreadPoolTaskExecutor 实例。

```
<task:executor id="executor" pool-size="10"/>
```

与上面的调度程序一样，"id"属性提供的值将用作池中线程名称的前缀。就池大小而言，executor 元素支持比 scheduler 元素拥有更多的配置选项。ThreadPoolTaskExecutor 的线程池本身更具可配置性。执行程序的线程池可能具有不同的核心线程数和最大线程数值。如果提供单个值，那么执行程序将具有固定大小的线程池（核心线程数和最大线程数相同）。但是，executor 元素的"pool-size"属性也接受"最小值-最大值"形式的范围。

```
<task:executor
        id="executorWithPoolSizeRange"
        pool-size="5-25"
        queue-capacity="100"/>
```

3. scheduled-tasks 元素

scheduled-tasks 元素中"ref"属性可以指向任何 Spring 管理的对象，"method"属性提供了在该对象上调用方法的名称。以下是一个简单的例子。

```
<task:scheduled-tasks scheduler="myScheduler">
    <task:scheduled ref="beanA" method="methodA" fixed-delay="5000"/>
</task:scheduled-tasks>
```

```
<task:scheduler id="myScheduler" pool-size="10"/>
```

如上所示，调度器由外部元素引用，每个单独的任务都包含其触发器元数据的配置。在前面的示例中，该元数据定义了一个具有固定延迟的周期性触发器，表示每个任务执行完成后要等待的毫秒数。

为了更加灵活地控制，还可以引入使用"cron"属性来定义 cron 表达式的调度器。以下是演示其他选项的示例。

```
<task:scheduled-tasks scheduler="myScheduler">
    <task:scheduled ref="beanA" method="methodA"
            fixed-delay="5000" initial-delay="1000"/>
    <task:scheduled ref="beanB" method="methodB"
            fixed-rate="5000"/>
    <task:scheduled ref="beanC" method="methodC"
            cron="*/5 * * * * MON-FRI"/>
</task:scheduled-tasks>
<task:scheduler id="myScheduler" pool-size="10"/>
```

9.5 使用 Quartz Scheduler

Quartz Scheduler 是用 Java 编写的开源企业级作业调度框架。Quartz Scheduler 使用 Trigger、Job 和 JobDetail 对象来实现各种作业的调度。为了方便，Spring 提供了几个类来简化基于 Spring 的应用程序中 Quartz 的使用。

9.5.1 使用 JobDetailFactoryBean

Quartz JobDetail 对象包含运行作业所需的所有信息。Spring 提供了一个 JobDetailFactoryBean，它为 XML 配置提供了 bean 风格的属性。下面来看一个例子。

```
<bean name="exampleJob"
    class="org.springframework.scheduling.quartz.JobDetailFactoryBean">
    <property name="jobClass" value="com.waylau.ExampleJob"/>
    <property name="jobDataAsMap">
        <map>
            <entry key="timeout" value="5"/>
        </map>
    </property>
</bean>
package example;
```

```
public class ExampleJob extends QuartzJobBean {
    private int timeout;
    public void setTimeout(int timeout) {
        this.timeout = timeout;
    }
    protected void executeInternal(JobExecutionContext ctx) throws
JobExecutionException {
        ...
    }
}
```

9.5.2　使用 MethodInvokingJobDetailFactoryBean

如果要调用特定对象的方法，则可以使用 MethodInvokingJobDetailFactoryBean。

```
<bean id="jobDetail"
    class="org.springframework.scheduling.quartz.MethodInvokingJob-
DetailFactoryBean">
    <property name="targetObject" ref="exampleBusinessObject"/>
    <property name="targetMethod" value="doIt"/>
</bean>
public class ExampleBusinessObject {
    ...
    public void doIt() {
        ...
    }
}
<bean id="exampleBusinessObject" class="examples.ExampleBusiness-
Object"/>
```

9.6 实战：基于 Quartz Schedule 的天气预报系统

下面将基于 Quartz Schedule 来实现自动更新天气预报数据。

9.6.1　项目概述

创建应用 "quartz-scheduler"。该应用会根据预设的频率，去调用第三方的天气接口，并将天气预报数据打印到控制台。

该应用所需依赖如下。

```xml
<properties>
    <project.build.sourceEncoding>UTF-8</project.build.sourceEncoding>
    <project.reporting.outputEncoding>UTF-8</project.reporting.output
Encoding>
    <java.version>1.8</java.version>
    <spring.version>5.0.7.RELEASE</spring.version>
    <jetty.version>9.4.11.v20180605</jetty.version>
    <jackson.version>2.9.6</jackson.version>
    <httpclient.version>4.5.5</httpclient.version>
    <quartz.version>2.3.0</quartz.version>
    <logback.version>1.2.3</logback.version>
</properties>
<dependencies>
    <dependency>
        <groupId>org.springframework</groupId>
        <artifactId>spring-webmvc</artifactId>
        <version>${spring.version}</version>
    </dependency>
    <dependency>
        <groupId>org.springframework</groupId>
        <artifactId>spring-context-support</artifactId>
        <version>${spring.version}</version>
    </dependency>
    <dependency>
        <groupId>org.springframework</groupId>
        <artifactId>spring-tx</artifactId>
        <version>${spring.version}</version>
    </dependency>
    <dependency>
        <groupId>org.eclipse.jetty</groupId>
        <artifactId>jetty-servlet</artifactId>
        <version>${jetty.version}</version>
        <scope>provided</scope>
    </dependency>
    <dependency>
        <groupId>com.fasterxml.jackson.core</groupId>
        <artifactId>jackson-core</artifactId>
        <version>${jackson.version}</version>
    </dependency>
    <dependency>
        <groupId>com.fasterxml.jackson.core</groupId>
        <artifactId>jackson-databind</artifactId>
        <version>${jackson.version}</version>
    </dependency>
    <dependency>
        <groupId>org.apache.httpcomponents</groupId>
        <artifactId>httpclient</artifactId>
        <version>${httpclient.version}</version>
```

```
    </dependency>
    <dependency>
        <groupId>org.quartz-scheduler</groupId>
        <artifactId>quartz</artifactId>
        <version>${quartz.version}</version>
    </dependency>
    <dependency>
        <groupId>ch.qos.logback</groupId>
        <artifactId>logback-classic</artifactId>
        <version>${logback.version}</version>
    </dependency>
</dependencies>
```

需要注意的是，使用 Quartz 需要添加 spring-context-support 的支持。这里使用 Jetty 作为应用的内嵌 Web 容器；Jackson 作为 JSON 序列化和反序列化的工具；Apache HttpClient 作为 HTTP 客户端。

9.6.2　后台编码实现

使用 Quartz Scheduler 主要分为两个步骤，首先创建一个任务，然后将这个任务进行配置。

1. 创建任务

创建 WeatherDataSyncJob，用于定义"同步天气数据的定时任务"。该类继承自 org.spring-framework.scheduling.quartz.QuartzJobBean，并重写了 executeInternal 方法，其代码如下。

```
package com.waylau.spring.quartz.job;
import org.quartz.JobExecutionContext;
import org.quartz.JobExecutionException;
import org.slf4j.Logger;
import org.slf4j.LoggerFactory;
import org.springframework.beans.factory.annotation.Autowired;
import org.springframework.scheduling.quartz.QuartzJobBean;
import com.waylau.spring.quartz.service.WeatherDataService;
public class WeatherDataSyncJob extends QuartzJobBean {
    private final static Logger logger = LoggerFactory.getLogger(Weather-
DataSyncJob.class);
    @Autowired
    private WeatherDataService weatherDataService;
    @Override
    protected void executeInternal(JobExecutionContext context) throws
JobExecutionException {
        logger.info("Start天气数据同步任务");
        String cityId = "101280301"; // 惠州
        logger.info("天气数据同步任务中, cityId:" + cityId);
        // 根据城市ID获取天气
        logger.info(weatherDataService.getDataByCityId(cityId).get-
```

```
Data().toString());
    }
}
```

在应用中获取到天气数据后，就把数据打印出来。其中，WeatherDataSyncJob 依赖 WeatherDataService 来提供天气查询服务。WeatherDataService 代码如下。

```java
package com.waylau.spring.quartz.service;
import java.io.IOException;
import org.springframework.beans.factory.annotation.Autowired;
import org.springframework.http.ResponseEntity;
import org.springframework.stereotype.Service;
import org.springframework.web.client.RestTemplate;
import com.fasterxml.jackson.databind.ObjectMapper;
import com.waylau.spring.quartz.vo.WeatherResponse;
@Service
public class WeatherDataServiceImpl implements WeatherDataService {
    @Autowired
    private RestTemplate restTemplate;
    private final String WEATHER_API = "http://wthrcdn.etouch.cn/weather_mini";
    @Override
    public WeatherResponse getDataByCityId(String cityId) {
        String uri = WEATHER_API + "?citykey=" + cityId;
        return this.doGetWeatherData(uri);
    }
    @Override
    public WeatherResponse getDataByCityName(String cityName) {
        String uri = WEATHER_API + "?city=" + cityName;
        return this.doGetWeatherData(uri);
    }
    private WeatherResponse doGetWeatherData(String uri) {
        ResponseEntity<String> response = restTemplate.getForEntity(uri,
String.class);
        String strBody = null;
        if (response.getStatusCodeValue() == 200) {
            strBody = response.getBody();
        }
        ObjectMapper mapper = new ObjectMapper();
        WeatherResponse weather = null;
        try {
            weather = mapper.readValue(strBody, WeatherResponse.class);
        } catch (IOException e) {
            e.printStackTrace();
        }
        return weather;
    }
}
```

2. 创建配置类

创建 QuartzConfiguration 配置类，该类的详细代码如下。

```
package com.waylau.spring.quartz.configuration;
import org.quartz.spi.JobFactory;
import org.springframework.context.annotation.Bean;
import org.springframework.context.annotation.Configuration;
import org.springframework.scheduling.quartz.JobDetailFactoryBean;
import org.springframework.scheduling.quartz.SchedulerFactoryBean;
import org.springframework.scheduling.quartz.SimpleTriggerFactoryBean;
import com.waylau.spring.quartz.job.WeatherDataSyncJob;
@Configuration
public class QuartzConfiguration {
    @Bean
    public JobDetailFactoryBean jobDetailFactoryBean(){
        JobDetailFactoryBean factory = new JobDetailFactoryBean();
        factory.setJobClass(WeatherDataSyncJob.class);
        return factory;
    }
    @Bean
    public SimpleTriggerFactoryBean simpleTriggerFactoryBean(){
        SimpleTriggerFactoryBean stFactory = new SimpleTriggerFactory-
Bean();
        stFactory.setJobDetail(jobDetailFactoryBean().getObject());
        stFactory.setStartDelay(3000);   // 延迟3秒
        stFactory.setRepeatInterval(30000); // 间隔30秒
        return stFactory;
    }
    @Bean
    public JobFactory jobFactory() {
        return new QuartzJobFactory();
    }
    @Bean
    public SchedulerFactoryBean schedulerFactoryBean() {
        SchedulerFactoryBean scheduler = new SchedulerFactoryBean();
        scheduler.setTriggers(simpleTriggerFactoryBean().getObject());
        scheduler.setJobFactory(jobFactory());
        return scheduler;
    }
}
```

其中：

（1）设置的定时策略是延迟 3 秒执行，每 30 秒就执行一次任务。

（2）QuartzJobFactory 重写了 org.springframework.scheduling.quartz.SpringBeanJobFactory，用来解决无法在 QuartzJobBean 注入 bean 的问题。

QuartzJobFactory 详细实现代码如下。

```
package com.waylau.spring.quartz.configuration;
import org.quartz.spi.TriggerFiredBundle;
import org.springframework.beans.factory.annotation.Autowired;
import org.springframework.beans.factory.config.AutowireCapableBeanFac-
tory;
import org.springframework.scheduling.quartz.SpringBeanJobFactory;
public class QuartzJobFactory extends SpringBeanJobFactory {
    @Autowired
    private AutowireCapableBeanFactory beanFactory;
    @Override
    protected Object createJobInstance(TriggerFiredBundle bundle) throws
Exception {
        Object jobInstance = super.createJobInstance(bundle);
        beanFactory.autowireBean(jobInstance);
        return jobInstance;
    }
}
```

3. 相关业务对象

本例所涉及的业务对象如下。

WeatherResponse 是消息返回对象。

```
package com.waylau.spring.quartz.vo;
import java.io.Serializable;
public class WeatherResponse implements Serializable {
    private static final long serialVersionUID = 1L;
    private Weather data; // 消息数据
    private String status; // 消息状态
    private String desc; // 消息描述
    public Weather getData() {
        return data;
    }
    public void setData(Weather data) {
        this.data = data;
    }
    public String getStatus() {
        return status;
    }
    public void setStatus(String status) {
        this.status = status;
    }
    public String getDesc() {
        return desc;
    }
    public void setDesc(String desc) {
        this.desc = desc;
```

```
        }
}
```

Weather.java、Yesterday.java、Forecast.java 这 3 个类是天气信息数据的映射。这里不再展示，有兴趣的读者可以看 quartz-scheduler 的源码。

9.6.3　运行

运行后，能够看到如下日志信息输出。

```
...
13:36:56.765 [schedulerFactoryBean_Worker-2] DEBUG org.apache.http.impl.
execchain.MainClientExec - Connection can be kept alive indefinitely
13:36:56.766 [schedulerFactoryBean_Worker-2] DEBUG org.springframework.
web.client.RestTemplate - GET request for "http://wthrcdn.etouch.cn/
weather_mini?citykey=101280301" resulted in 200 (OK)
13:36:56.766 [schedulerFactoryBean_Worker-2] DEBUG org.springframework.
web.client.RestTemplate - Reading [java.lang.String] as "application/
octet-stream" using [org.springframework.http.converter.StringHttpMes-
sageConverter@6bd9aaeb]
13:36:56.766 [schedulerFactoryBean_Worker-2] DEBUG org.apache.http.
impl.conn.PoolingHttpClientConnectionManager - Connection [id: 1][route:
{}->http://wthrcdn.etouch.cn:80] can be kept alive indefinitely
13:36:56.767 [schedulerFactoryBean_Worker-2] DEBUG org.apache.http.
impl.conn.DefaultManagedHttpClientConnection - http-outgoing-1: set
socket timeout to 0
13:36:56.767 [schedulerFactoryBean_Worker-2] DEBUG org.apache.http.
impl.conn.PoolingHttpClientConnectionManager - Connection released: [id:
1][route: {}->http://wthrcdn.etouch.cn:80][total kept alive: 1; route
allocated: 1 of 5; total allocated: 1 of 10]
13:36:56.788 [schedulerFactoryBean_Worker-2] INFO com.waylau.spring.
quartz.job.WeatherDataSyncJob - Weather [city=惠州, aqi=30, wendu=30,
ganmao=各项气象条件适宜，发生感冒概率较低。但请避免长期处于空调房间中，以防感冒。,
yesterday=Yesterday [date=4日星期三, high=高温 32℃, fx=无持续风向, low=低温
26℃, fl=<![CDATA[<3级]]>, type=阵雨], forecast=[Forecast [date=5日星期四,
high=高温 33℃, fengxiang=无持续风向, low=低温 26℃, fengli=<![CDATA[<3级
]]>, type=阵雨], Forecast [date=6日星期五, high=高温 32℃, fengxiang=无持续
风向, low=低温 26℃, fengli=<![CDATA[<3级]]>, type=阵雨], Forecast [date=7
日星期六, high=高温 33℃, fengxiang=无持续风向, low=低温 26℃, fengli=<![C-
DATA[<3级]]>, type=阵雨], Forecast [date=8日星期天, high=高温 34℃, fengx-
iang=无持续风向, low=低温 25℃, fengli=<![CDATA[<3级]]>, type=阵雨], Fore-
cast [date=9日星期一, high=高温 33℃, fengxiang=无持续风向, low=低温 25℃,
fengli=<![CDATA[<3级]]>, type=阵雨]]
...
```

第10章
Cloud Native 运营

10.1 CAP 理论

在单机的数据库系统中，很容易就可以实现一套满足 ACID 特性的事务处理系统，事务的一致性不存在问题。但是在分布式系统中，特别是在 Cloud Native 架构应用中，由于数据分布在不同的主机节点上，如何对这些数据进行分布式的事务处理具有非常大的挑战。CAP 理论的出现，使用户对分布式事务的一致性有了另一种看法。

10.1.1 CAP 理论概述

在计算机科学理论中，CAP 理论（也称 Brewer 定理）是由计算机科学家 Eric Brewer 于 2000 年提出的，其理论观点是，分布式计算机系统中不可能同时提供以下 3 个保证。

（1）一致性（Consistency）：所有节点同一时间看到的是相同的数据。

（2）可用性（Availability）：不管是否成功，确保每一个请求都能接收到响应。

（3）分区容错性（Partition Tolerance）：系统任意分区后，在网络故障时仍能操作。

CAP 理论如图 10-1 所示。

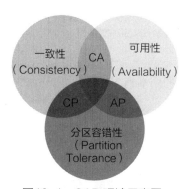

图10-1　CAP 理论示意图

在 2003 年时，Gilbert 和 Lynch 就正式证明了这 3 个特征确实是不可以兼得的。Gilbert 认为这里所说的一致性其实就是数据库系统中提到的 ACID 的另一种表述：一个用户请求要么成功、要么失败，不能处于中间状态（Atomic）；一旦一个事务完成，将来的所有事务都必须基于这个完成后的状态（Consistent）；未完成的事务不会互相影响（Isolated）；一旦一个事务完成，就是持久的（Durable）。可用性的概念没有变化，指的是对于一个系统而言，所有的请求都应该"成功"且收到"返回"。分区容错性就是指分布式系统的容错性。节点崩溃或网络分片都不应该导致一个分布式系统停止服务。

10.1.2 CAP 只能三选二的原因

下面举例说明为什么 CAP 只能三选二。

图 10-2 显示了在一个网络中，N_1 和 N_2 两个节点，它们都共享数据块 V，其中有一个值 V_0。运行在 N_1 的 A 程序可以认为是安全的、无 Bug 的、可预测的和可靠的。运行在 N_2 的是 B 程序。在这个例子中，A 程序将写入 V 的新值，而 B 程序从 V 中读取值。

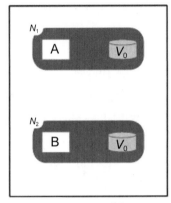

图10-2　示例1

系统预期执行下面的操作，如图 10-3 所示。

（1）写一个 V 的新值 V_1。

（2）消息（M）从 N_1 更新 V 的副本到 N_2。

（3）从 B 程序读取返回的 V_1。

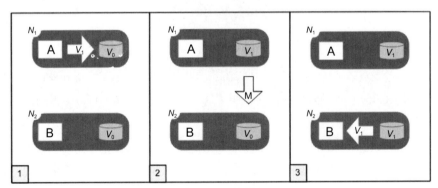

图10-3　示例2

如果网络是分区的，那么当 N_1 到 N_2 的消息不能传递时，执行图 10-4 中的第三步，会出现这种情况：虽然 N_2 能访问到 V 的值（可用性），但其实与 N_1 的 V 的值已经不一致了。

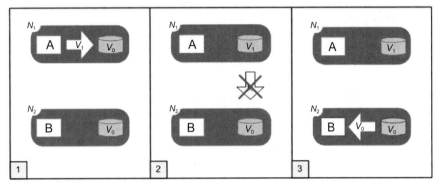

图10-4　示例3

10.1.3　CAP 常见模型

既然 CAP 理论已经证明了一致性、可用性、分区容错性这三者不可能同时达成。那么在实际应用中，可以在其中的某些方面来放松条件，从而达到妥协。下面是常见的 3 种模型。

1. 牺牲分区容错性（CA 模型）

牺牲分区容错性意味着把所有的机器都搬到一台机器内部（当然机架会可能出现部分失效），这明显违背了可伸缩性。

CA 模型常见的例子：单站点数据库、集群数据库、LDAP、xFS 文件系统。

实现方式为：两阶段提交和缓存验证协议。

2. 牺牲可用性（CP 模型）

牺牲可用性意味着一旦系统中出现分区这样的错误，系统直接就停止服务。

CP 模型常见的例子：分布式数据库、分布式锁定、绝大部分协议。

实现方式为：悲观锁和少数分区不可用。

3. 牺牲一致性（AP 模型）

系统并不保证用户的访问都会返回更新过的最新值。系统在数据写入成功之后，不承诺可以立即读到最新写入的值，也不承诺具体多久之后可以读到。但会尽可能保证在某个时间级别（比如秒级别）之后，可以让数据达到一致性状态。

AP 模型常见的例子：Coda、Web 缓存、DNS。

实现方式为：到期 / 租赁、解决冲突、乐观。

10.1.4　CAP 的意义

在系统架构时，应该根据具体的业务场景来权衡 CAP。例如，对于大多数互联网应用（如门户网站）来说，因为机器数量庞大，部署节点分散，网络故障是常态，必须要保证可用性，所以只有舍弃一致性来保证服务的 AP。而对于银行等需要确保一致性的场景，通常会权衡 CA 和 CP 模型，CA 模型网络故障时完全不可用，CP 模型具备部分可用性。

10.1.5　CAP 的发展

Eric Brewer 于 2012 年发表的文章 [1] 中指出，CAP "三选二"的做法存在一定的误导性，主要体现在以下几方面。

（1）由于分区很少发生，那么在系统不存在分区的情况下没有理由牺牲 C 或 A。

（2）C 与 A 之间的取舍可以在同一系统中以非常细小的粒度反复发生，而每一次的决策都可能因为具体的操作，乃至因为牵涉特定的数据或用户而有所不同。

（3）这 3 种性质都可以在一定程度上被衡量，并不是非黑即白的有或无。可用性显然是在 0 到 100% 之间连续变化的，一致性分很多级别，连分区也可以细分为不同含义，如系统中的不同部分对于是否存在分区可以有不一样的认知。

理解 CAP 理论最简单的方式是想象两个节点处于分区两侧，允许至少一个节点更新状态会导致数据不一致，即丧失了 C 性质；如果为了保证数据一致性，将分区一侧的节点设置为不可用，那么又丧失了 A 性质；除非两个节点可以互相通信，才能既保证 C 性质又保证 A 性质，但这又会导致丧失 P 性质。一般来说，跨区域的系统中，设计师无法舍弃 P 性质，那么就只能在数据一致性和可用性上做一个艰难的选择。不确切地说，NoSQL 运动的主题其实是创造各种可用性优先、数据一致性其次的方案；而传统数据库则坚守 ACID 特性，做的是相反的事情。

BASE（Basically Available、Soft State、Eventual Consistency）来自互联网的电子商务领域的实践，是基于 CAP 理论逐步演化而来的，其核心思想是，即便不能达到强一致性（Strong consistency），也可以根据应用特点采用适当的方式来达到最终一致性。BASE 是对 CAP 中 C 性质和 A 性质的延伸。BASE 的含义如下。

（1）Basically Available：基本可用。

（2）Soft State：软状态 / 柔性事务，即状态可以有一段时间的不同步。

（3）Eventual Consistency：最终一致性。

BASE 是反 ACID 的，它完全不同于 ACID 模型，牺牲强一致性，获得基本可用性和柔性可靠性并要求达到最终一致性。

10.2 服务的熔断

2017 年 2 月 1 日，GitLab 公司的运维人员出现过这样的事故。当时运维人员在进行数据库维护，通过执行 rm -rf 命令，删除了约 300GB 生产环境数据。由于数据备份失效，导致整个网站宕机数十个小时。

---

[1]　该文章可以在线查阅 https://www.infoq.com/articles/cap-twelve-years-later-how-the-rules-have-changed。（访问时间：2019 年 1 月 14 日）

自 2017 年 5 月 12 日起，全球范围内爆发了基于 Windows 网络共享协议进行攻击传播的蠕虫恶意代码，这是不法分子通过改造之前泄露的 NSA 黑客武器库中"永恒之蓝"攻击程序发起的网络攻击事件，用户只要开机上网就可被攻击。短短几个小时内，包括英国、俄罗斯在内的整个欧洲及我国国内多个高校校内网、大型企业内网和政府机构专网都遭到了攻击，被勒索支付高额赎金才能解密恢复文件，对重要数据造成了严重的损失。

由此可见，信息系统的安全是一个无法忽视的问题。无论是个人还是组织，即便是最简单的系统，也需要考虑安全防护措施。服务的熔断机制就是一种对网站进行防护的措施。

对于"熔断"一词，大家应该都不陌生，中国股市在 2016 年 1 月 1 日至 2016 年 1 月 8 日期间，实施过两次熔断机制。在微服务架构中，服务熔断本质上与股市的熔断机制并无差异，其出发点都是更好地控制风险。

服务熔断也称服务隔离或过载保护。在微服务应用中，服务存在一定的依赖关系，形成了一定的依赖链，如果某个目标服务调用慢或有大量超时，造成服务不可用，会间接导致其他的依赖服务不可用，最严重的可能会阻塞整条依赖链，最终导致业务系统崩溃（又称雪崩效应）。此时，对该服务的调用执行熔断，对于后续请求，不再继续调用该目标服务，而是直接返回，从而可以快速释放资源。等到目标服务情况好转后，则可恢复调用。

10.2.1 熔断的意义

在软件系统中，不可能百分之百保证不存在故障。为了保障整体系统的可用性和容错性，需要将服务实例部署在云或分布式系统环境中。所以必须承认服务一定是会出现故障的，只有清醒地认识到服务系统的本质，才能更好地去设计系统，不断提高服务的可用性和容错性。

微服务的故障不可避免，这些故障可能是瞬时的，如网络连接过慢或超时，以及资源过度使用而导致暂时不可用；也可能是出现不容易预见的突发事件的情况下，需要更长时间来纠正的故障。针对分布式服务的容错，通常的做法有以下两种。

（1）重试机制，对于预期的短暂故障问题，通过重试模式是可以解决的。

（2）断路器模式。

1. 断路器模式

Michael Nygard 在 *Release It!* 一书中推广了断路器模式。断路器模式致力于防止应用程序反复尝试执行可能失败的操作。允许它继续运行而不用等待故障被修复，或者在确定故障持续时浪费 CPU 周期。断路器模式还使应用程序能够检测故障是否已解决，如果问题似乎已经解决，应用程序可以尝试调用该操作。

断路器模式的目的不同于重试模式，重试模式使应用程序可以在预期成功的情况下重试操作，而断路器模式是阻止应用程序执行可能失败的操作。应用程序可以将重试模式及断路器模式组合进行。然而，如果断路器指示故障不是瞬态的，则重试逻辑应对断路器返回异常，并放弃重试。断路器充当可能失败的操作的代理。代理应监视最近发生的故障的数量，并使用此信息来决定是允许操作继续，还是立即返回异常。

代理可以作为一个状态机来实现，其状态模拟一个电气断路器的功能。

（1）错误/关闭（Closed）：来自应用程序的请求被路由到操作。代理维护最近失败次数的计数，如果对操作的调用不成功，代理将增加此计数。如果在给定的时间段内，失败次数超过了指定的阈值，则代理被置于打开状态。此时代理启动一个超时定时器，当这个定时器超时时，代理被置于半开状态。超时定时器的目的是让系统有时间解决导致失败的问题，然后允许应用程序尝试再次执行操作。

（2）打开（Open）：来自应用程序的请求立即失败，并将异常返回给应用程序。

（3）半开（Half-Open）：来自应用程序的有限数量的请求被允许通过并调用操作。如果这些请求成功，则认为先前的故障已被修复，断路器切换到关闭状态（故障计数器被重置）。如果有任何请求失败，则断路器会认为故障仍然存在，因此将恢复打开状态，并重新启动超时定时器，以使系统有时间从故障中恢复。半开状态有助于防止恢复的服务突然被请求淹没。当服务恢复时，只能持有限的请求量，直到恢复完成，但在进行恢复时，大量工作可能导致服务超时或再次失败。

图 10-5 所示的是 Microsoft Azure 关于断路器状态的设计图。在该图中，关闭状态使用的故障计数器是基于时间的，会定期自动重置。如果遇到偶尔的故障，则有助于防止断路器进入打开状态。只有在指定的时间间隔内发生指定次数的故障时，才会使断路器跳闸到断路状态的故障阈值。

半打开状态使用的计数器记录调用操作的成功尝试次数。在指定次数的连续操作调用成功后，断路器恢复关闭状态。如果调用失败，断路器将立即进入打开状态，下一次进入半打开状态时，成功计数器将被重置。

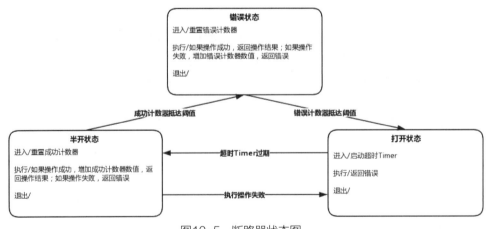

图10-5　断路器状态图

系统恢复的方式可以通过恢复/重新启动故障组件，或者修复网络连接来进行外部处理。Spring Cloud Hystrix 可以用来处理依赖隔离，实现熔断机制，其主要的类有 HystrixCommand 和

HystrixObservableCommand 等。

2. 断路器模式带来的好处

断路器模式提供了稳定性，同时，帮助系统从故障中恢复并最大限度地降低对性能的影响。通过快速拒绝可能失败的操作的请求，而不是等待操作超时或永不返回，可以帮助维持系统的响应时间。如果断路器每次改变状态都会产生一个事件，那么这个信息可以用来监测断路器所保护的系统部分的健康状况，或者在断路器跳到断路状态时提醒管理员。

断路器模式通常是可定制的，可以根据可能的故障类型进行调整。例如，自定义定时器的超时，可以先将断路器置于"打开"状态几秒，如果故障仍未解决，则将超时增加到几分钟。

10.2.2　Hystrix 概述

在 Spring Cloud 框架中，熔断机制通过 Hystrix 实现。Hystrix 会监控微服务间调用的状况，当失败的调用达到一定阈值，就会启动熔断机制。

熔断机制的注解是 @HystrixCommand，Hystrix 会查找有这个注解的方法，并将这类方法关联到和熔断器连在一起的代理上。

10.2.3　实战：实现微服务的熔断机制

创建一个名为"hello-service"的应用代表微服务，创建"circuit-breaker"应用代表断路器。

1. hello-service 代码实现

hello-service 应用的代码比较简单，它是一个基于 Spring Boot 的 Web 应用，所以只需要添加以下依赖。

```
// 依赖关系
dependencies {
    // 该依赖用于编译阶段
    compile('org.springframework.boot:spring-boot-starter-web')
}
```

hello-service 应用只有一个控制器 HelloController，用于响应来自"/hello"的请求。

```
package com.waylau.spring.cloud.weather.controller;
import org.springframework.web.bind.annotation.RequestMapping;
import org.springframework.web.bind.annotation.RestController;
@RestController
public class HelloController {
    @RequestMapping("/hello")
    public String hello() {
        return "Hello World! Welcome to visit waylau.com!";
    }
}
```

当有请求访问"/hello"时，会响应"Hello World! Welcome to visit waylau.com!"字符串内容。

2. circuit-breaker 代码实现

circuit-breaker 需要引入 Hystrix 的依赖。

```
// 依赖关系
dependencies {
    //添加Spring Boot Starter Web依赖
    compile('org.springframework.boot:spring-boot-starter-web')
    //添加Spring Cloud Starter Netflix Hystrix依赖
    compile('org.springframework.cloud:spring-cloud-starter-netflix-hys-
trix')
    //该依赖用于测试阶段
    testCompile('org.springframework.boot:spring-boot-starter-test')
}
```

circuit-breaker 应用也只有一个控制器 HiController，用于响应来自"/hi"的请求。

```
package com.waylau.spring.cloud.weather.controller;
import java.net.URI;
import org.springframework.beans.factory.annotation.Autowired;
import org.springframework.web.bind.annotation.GetMapping;
import org.springframework.web.bind.annotation.RestController;
import org.springframework.web.client.RestTemplate;
import com.netflix.hystrix.contrib.javanica.annotation.HystrixCommand;
@RestController
public class HiController {
    @Autowired
    private RestTemplate restTemplate;
    @GetMapping("/hi")
    @HystrixCommand(fallbackMethod = "defaultData")
    public String sayHi() {
        // REST 客户端来查找
        URI uri = URI.create("http://localhost:8080/hello");
        String body = restTemplate.getForObject(uri, String.class);
        return body;
    }
    /**
     * 自定义断路器默认返回的内容
     * @return
     */
    public String defaultData() {
        return "服务暂时不可用! ";
    }
}
```

当有请求访问"/hi"时，会通过 RestTemplate 去调用 hello-service 服务的"/hello"，然后将该接口响应的"Hello World! Welcome to visit waylau.com!"字符串内容进行转发。同时，需要注意到 sayHi 方法上加了 @HystrixCommand 注解，当该方法执行失败后，会调用 defaultData 方法，从而

响应 defaultData 方法预设的内容。这便实现了断路器的功能。

为了启用 Hystrix 功能，需要在配置类上增加 @EnableCircuitBreaker 注解。以下是 circuit-breaker 应用完整的 Application 代码。

```
package com.waylau.spring.cloud.weather;
import org.springframework.boot.SpringApplication;
import org.springframework.boot.autoconfigure.SpringBootApplication;
import org.springframework.boot.web.client.RestTemplateBuilder;
import org.springframework.cloud.client.circuitbreaker.EnableCircuit-
Breaker;
import org.springframework.context.annotation.Bean;
import org.springframework.web.client.RestTemplate;
@SpringBootApplication
@EnableCircuitBreaker
public class Application {
    public static void main(String[] args) {
        SpringApplication.run(Application.class, args);
    }
    @Bean
    public RestTemplate rest(RestTemplateBuilder builder) {
        return builder.build();
    }
}
```

3. 运行

首先启动 hello-service：

```
java -jar build/libs/hello-service-1.0.0.jar
```

通过在浏览器中访问 http://localhost:8080/hello，可以看到该服务返回的内容，如图 10-6 所示。

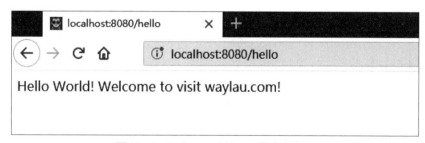

图10-6　hello-service 正常响应内容

然后启动 circuit-breaker：

```
java -jar build/libs/circuit-breaker-1.0.0.jar
```

通过在浏览器中访问 http://localhost:8081/hi，可以看到该服务返回的内容，如图 10-7 所示。

图10-7　circuit-breaker 正常响应内容

为了演示服务故障，先把 hello-service 停掉，再访问 circuit-breaker，可以看到断路器起效后返回的内容，如图 10-8 所示。

图10-8　circuit-breaker 起效响应内容

10.3 代码管理

Cloud Native 应用源码需要采用代码管理工具来进行管理。有众多的代码管理工具可供选择。鉴于 Git 比较流行，所以本节将介绍其核心概念和基本使用。

10.3.1 Git 简介

Git 是一款免费的、开源的分布式版本控制系统，用于敏捷、高效地处理所有规模的项目。Git 是 Linus Torvalds 为了帮助管理 Linux 内核开发而推出的一款开放源码的版本控制软件。Torvalds 最初着手开发 Git 是为了将其作为一种过渡方案来替代 BitKeeper，而后者之前一直是 Linux 内核开发人员在全球使用的主要源代码工具。开放源码社区中的有些人觉得 BitKeeper 的许可证并不适合开放源码社区的工作，因此 Torvalds 决定着手研究许可证更为灵活的版本控制系统。尽管最初 Git 的开发是为了辅助 Linux 内核开发的过程，但是越来越多的组织和项目正在使用 Git，其中包括 Google、Facebook、Microsoft、Twitter、LinkedIn 等知名企业。而基于 Git 的 GitHub，也是非常流行的面向开源及私有软件项目的托管平台。

Git 的官方网站为 https://git-scm.com。在国内下载 Git 有时会很慢。笔者创建了一个开源的项目 git-for-win，用于维护 Git 客户端的国内下载地址，网址为 https://github.com/waylau/git-for-win。

10.3.2　Git 核心概念

Git 系统（包括其他分布式版本控制系统）主要包含以下 4 个核心概念。

（1）Revision（修订版）：所修改文件的快照（snapshot）。

（2）Working tree（工作树）：存储需要进行版本控制的文件的目录和子目录。

（3）Branch（分支）：按顺序存放的修订版信息来记录一系列文件的修改历史。

（4）Repository（仓库）：存放修订版的存储库。

市面上流行的分布式版本控制系统主要有 Bazaar、Mercurial 和 Git 等，但不管是哪种技术，都包含上述 4 个核心概念。

Git 有 3 种状态：已提交（Committed）、已修改（Modified）和已暂存（Staged）。已提交表示数据已经安全地保存在本地数据库中；已修改表示修改了文件，但还没有保存到数据库中；已暂存表示对一个已修改文件的当前版本做了标记，使其包含在下次提交的快照中。

由此引入 Git 项目的 3 个工作区域的概念：Git 仓库（Directory 或 Repository）、工作目录（Working Directory）及暂存区域（Staging Area），如图 10-9 所示。

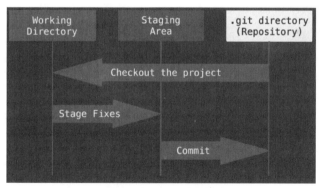

图10-9　Git 的3种状态

Git 仓库目录是 Git 用来保存项目的元数据和对象数据库的地方。这是 Git 中最重要的部分，从其他计算机克隆仓库时，复制的就是这里的数据。

工作目录是对项目的某个版本独立提取出来的内容。这些从 Git 仓库的压缩数据库中提取出来的文件被放在磁盘上供用户使用或修改。

暂存区域是一个文件，保存了下次将提交的文件列表信息，一般在 Git 仓库目录中。有时也被称为"索引"（Index），不过一般叫法还是暂存区域。

基本的 Git 工作流程如下。

（1）在工作目录中修改文件。

（2）暂存文件，将文件的快照放入暂存区域。

（3）提交更新，找到暂存区域的文件，将快照永久存储到 Git 仓库目录。

如果 Git 目录中保存着特定版本文件，就属于"已提交"状态。如果做了修改并已放入暂存区域，就属于"已暂存"状态。如果自上次取出后，做了修改但还没有放到暂存区域，就是"已修改"状态。

10.3.3　Git Flow

Git 本身的使用是非常灵活的，如果滥用 Git，不但不利于版本的管理，还会造成管理上的混乱。Git 被大型互联网公司广泛采用，在使用 Git 的过程中，每个公司都根据自己的实际情况指定了使用 Git 的规范。这些使用规范有利于降低团队成员之间的沟通成本，使团队朝着一致的管理目标前进。在众多使用规范之中，Git Flow 是公认的使用 Git 进行团队协作的最佳实践。顾名思义，Git Flow 就是定义了一套使用 Git 的流程。

当然，用户也可以安装一套 git-flow，这样将会拥有一些扩展命令。这些命令会在一个预定义的顺序下自动执行多个操作，这些操作就是工作流程。git-flow 并不是要替代 Git，它仅仅是非常有效地把标准的 Git 命令用脚本组合了起来。所以从这个角度来说，即便不安装 git-flow，也仍然可以使用 Git Flow 所定义的工作流程。

下面来看如何使用分支。

1. 分支定义

Git Flow 对于分支的命名有严格定义。

（1）master：只能用来包括产品代码。一般开发人员不能直接工作在这个 master 分支上，而是在其他指定的、独立的特性分支中。

（2）develop：进行任何新的开发的基础分支。当开始一个新的功能分支时，它将是开发的基础。另外，该分支也汇集了所有已经完成的功能，并等待被整合到 master 分支中。

（3）feature：基于 develop 分支所检出的用于开发特性功能的分支。

（4）hotfix：基于产品代码（一般是指 master 分支）检出的用于修复产品 Bug 的分支。

（5）release：基于 develop 分支所检出的用于发布版本的分支。

2. 新功能开发工作流

对于开发人员来说，最平常的工作可能就是功能的开发。下面介绍 git-flow 是如何定义功能开发的工作流程的。

开发一个新功能 "rss-feed"。

```
$ git flow feature start rss-feed
Switched to a new branch 'feature/rss-feed'
```

```
Summary of actions:
- A new branch 'feature/rss-feed' was created, based on 'develop'
- You are now on branch 'feature/rss-feed'
```

执行上述命令后，git-flow 会创建一个名为 "feature/rss-feed" 的分支。其中，"feature/" 前缀代表了分支是一个特性功能的开发。

经过一段时间的工作和一系列的提交，新功能终于完成了。

```
$ git flow feature finish rss-feed
Switched to branch 'develop'
Updating 6bcf266..41748ad
Fast-forward
    feed.xml | 0
    1 file changed, 0 insertions(+), 0 deletions(-)
    create mode 100644 feed.xml
Deleted branch feature/rss-feed (was 41748ad).
```

其中，"feature finish" 命令会把工作整合到主 "develop" 分支中去，这里需要等待。

然后，git-flow 会进行清理操作。它会删除这个当下已经完成的功能分支，并切换到 "develop" 分支。

3. Bug修复工作流

对于开发工作而言，Bug 的产生不可避免。在这种情况下，git-flow 提供了一个特定的 "hotfix" 工作流程，用于修复产品的 Bug。

执行以下命令来创建 hotfix 分支。

```
$ git flow hotfix start missing-link
```

以上命令会创建一个名为 "hotfix/missing-link" 的分支。其中，"hotfix/" 前缀代表了分支是一个产品 Bug 的修复，所以 hotfix 分支是基于 "master" 分支的。这也是和 release 分支最明显的区别，release 分支都是基于 "develop" 分支的。因为不应该在一个还不完全稳定的开发分支上对产品代码进行修复。

把修复提交到 hotfix 分支后，就该去完成它了。

```
$ git flow hotfix finish missing-link
```

这个过程非常类似于发布一个 release 版本。完成的改动会被合并到 "master" 和 "develop" 分支中，这样就可以确保这个错误不会出现在下一个 release 中。随后，这个 hotfix 分支将被删除，然后切换到 "develop" 分支上。

4. 版本发布工作流

当功能开发完成，并且经过了测试，就具备了版本发布的条件。下面来看看如何利用 git-flow 创建和发布 release。

当"develop"分支中的代码已经是一个成熟的 release 版本时，意味着：

（1）它包括所有新的功能和必要的修复。

（2）它已经被彻底地测试过了。

如果上述两点都满足，则开始着手生成一个新的 release。

```
$ git flow release start 1.1.5
Switched to a new branch 'release/1.1.5'
```

注意：release 分支是使用版本号命名的。这是一个明智的选择。这个命名方案还有一个很好的附带功能，那就是完成 release 后，git-flow 会适当地自动去标记那些 release 提交。

执行以下命令来完成 release。

```
$ git flow release finish 1.1.5
```

这个命令会完成如下操作。

（1）git-flow 会访问远程仓库，以确保是最新的版本。

（2）release 的内容会被合并到"master"和"develop"两个分支中，这样不仅产品代码是最新的版本，而且新的功能分支也将基于最新的代码。

（3）为便于识别和做历史参考，release 提交会被标记上 release 的名称（在本例中为"1.1.5"）。

（4）清理操作，版本分支会被删除，并且回到"develop"分支。

10.4 日志管理

不管是单机应用还是 Cloud Natvie 应用，日志都是不可或缺的。对于开发阶段而言，日志有助于跟踪程序执行的过程；对于运维而言，日志是排查问题的关键。本节将介绍日志管理及其应用。

10.4.1 日志框架概述

日志是来自正在运行的进程的事件流。对于传统的 Java 应用程序而言，有许多框架和库可用于日志记录。Java Util Logging 是 Java 自身所提供的现成选项。除此之外，Log4j、Log4j 2、Commons Logging、SLF4J、Logback 和 Jul 等也是一些流行的日志框架。

（1）Log4j 是 Apache 旗下的 Java 日志记录工具，它是由 Ceki Gülcü 首创的。

（2）Log4j 2 是 Log4j 的升级产品。

（3）Commons Logging 是 Apache 基金会的项目，是一套 Java 日志接口，之前称为 Jakarta Commons Logging，后更名为 Commons Logging。

（4）SLF4J（Simple Logging Facade for Java）类似于 Commons Logging，是一套简易 Java 日

志门面，本身并无日志的实现。同样也是 Ceki Gülcü 首创的。

（5）Logback 是 SLF4J 的实现，与 SLF4J 是同一个创造者。

（6）JUL（Java Util Logging）是自 Java 1.4 以来的官方日志实现。

这些框架都能很好地支持 UDP 及 TCP 协议。应用程序将日志条目发送到控制台或文件系统。通常使用文件回收技术来避免日志填满所有磁盘空间。

日志处理的最佳实践之一是关闭生产中的大部分日志条目，因为磁盘 I/O 的成本很高。磁盘 I/O 不但会减慢应用程序的运行速度，还会严重影响应用程序的可伸缩性。将日志写入磁盘也需要较高的磁盘容量，当磁盘容量用完后，就有可能降低应用程序的性能。日志框架提供了在运行时控制日志记录的选项，以限制必须打印的内容及不打印的内容。这些框架中的大部分都对日志记录控件提供了细粒度的控制，还提供了在运行时更改这些配置的选项。

日志可能包含重要的信息，如果分析得当，则可能具有很高的价值。因此，限制日志条目本质上限制了应用程序的行为能力。所以说，日志是一把双刃剑。

对于传统的单块架构而言，日志管理本身并不存在难点，毕竟所有的日志文件都存储在应用所部署的主机上，获取日志文件或搜索日志内容都比较简单。但 Cloud Natvie 不同，特别是微服务架构所带来的部署应用方式的重大转变，都使微服务的日志管理面临很多新的挑战。

10.4.2　分布式下的日志管理

分布式下的日志管理存在以下难点。

1. 日志文件分散

微服务架构所带来的直观结果，就是微服务实例数量的增长，随之而来的就是日志文件的递增。在微服务架构中，每个微服务实例都是独立部署的，日志文件分散在不同的主机中。传统的运维方式是登录到应用程序所在的主机来查看日志文件，但是这种方式基本上不可能在微服务架构中使用。所以需要一套可以管理几种日志文件的独立系统。

2. 日志容易丢失

从传统部署移到云部署时，应用程序不再锁定到特定的预定义机器。虚拟机和容器与应用程序之间并没有强制的关联关系，这意味着用于部署的机器可能会随时更改。特别是像 Docker 这样的容器，通常来说都是非常短暂的，这意味着不能依赖磁盘的持久状态。一旦容器停止并重新启动，写入磁盘的日志文件将会丢失。所以不能依靠本地机器的磁盘来写日志文件。

3. 事务跨越多个服务

在微服务架构中，微服务实例将运行在孤立的物理或虚拟机上。在这种情况下，跟踪跨多个微服务的端到端事务几乎是不可能的。跨多个微服务的事务如图 10-10 所示。

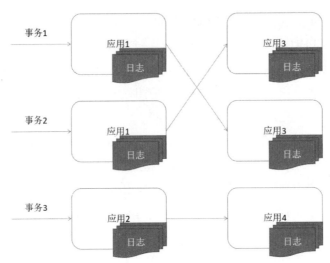

图10-10　跨多个微服务的事务

在图 10-10 中，每个微服务都将日志发送到本地文件系统。在这种情况下，事务 1 先调用应用 1，然后调用应用 3。应用 1 和应用 3 运行在不同的物理机器上，它们都将各自的日志写入不同的日志文件，这样就很难关联和理解端到端的事务处理流程。另外，由于应用 1 和应用 3 的两个实例在两台不同的机器上运行，因此很难实现服务级别的日志聚合，最终导致了日志文件的碎片化。

10.4.3　集中化日志分析

为了解决前面提到的日志管理的挑战，首先需要对传统的日志解决方案进行认真的反思。要想制订新的日志管理解决方案，除了解决上述挑战外，还需要考虑以下功能。

（1）能够收集所有日志消息并在日志消息之上运行分析。

（2）能够关联和跟踪端到端的事务。

（3）能够保存更长时间的日志信息，以便进行趋势分析和预测。

（4）能够消除对本地磁盘系统的依赖。

（5）能够聚合来自多个来源的日志信息，如网络设备、操作系统、微服务等。

解决这些问题的方法是集中存储和分析所有日志消息，而不考虑日志的来源。这种新的日志解决方案采用的基本原则是，将日志的存储和处理从执行环境中分离出来。

在集中式日志解决方案中，日志消息将从执行环境发送到中央大数据存储。日志分析和处理将使用大数据解决方案进行处理。因为相较于在微服务执行环境中存储和处理大数据而言，大数据解决方案更适合且能够更有效地存储和处理大量的日志消息。

如图 10-11 所示，集中化日志管理系统解决方案中包含了许多组件。

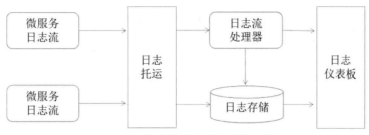

图10-11　集中化日志管理系统架构图

下面来分别讲解这些组件。

（1）微服务日志流：这些是来自源系统的日志消息流。源系统可以是微服务，也可以是其他应用程序，甚至可以是网络设备。在典型的基于 Java 的系统中，这相当于对 Log4j 日志消息进行流式传输。

（2）微服务日志托运：这些组件负责收集来自不同来源或端点的日志消息。然后，日志托运组件将这些消息发送到另一个端点，如写入数据库、推送到仪表板，或者将其发送到流处理端点以供进一步实时处理。

（3）日志存储：这是所有日志消息将被存储在能够用于实时分析的地方。通常情况下，日志存储是能够处理大量数据的 NoSQL 数据库，如 HDFS 等。

（4）日志流处理器：这个组件能够分析实时日志事件，以便快速做出决策。流处理器采取诸如仪表板发送信息、发送警报等操作。在系统具备自愈能力的情况下，流处理器甚至可以采取行动来纠正这些问题。

（5）日志仪表板：该仪表板用于显示日志分析结果窗口。这些仪表板能够便于运维人员和管理人员直观地查看日志分析记录。

集中化日志管理的好处是，不仅没有本地 I/O 或阻塞磁盘写入，也没有使用本地机器的磁盘空间。这种架构与用于大数据处理的 Lambda 架构基本相似。同时，每条日志信息都包含了上下文及相关 ID。上下文通常会有时间戳、IP 地址、用户信息、日志类型等。关联 ID 将用于建立服务调用之间的链接，以便跟踪跨微服务的调用。

10.4.4　实战：基于 Elastic Stack 的集中化日志管理

本小节将基于 Elastic Stack 6.0 来实现日志的集中化管理。Elastic Stack 称为 ELK，是 Elasticsearch、Logstash 和 Kibana 3 个开源项目的首字母缩写。有关 ELK Stack 与 Elastic Stack 的异同点，可以参阅笔者的博客 https://waylau.com/elk-statck-and-elastic-stack。

接下来创建一个名为"elastic-log"的应用，用于演示日志的集中化管理。

1. 项目依赖

应用中需要添加如下依赖。

```
dependencies {
    // 该依赖用于编译阶段
    compile('org.springframework.boot:spring-boot-starter-web')
    // 添加Logstash Logback Encoder
    compile('net.logstash.logback:logstash-logback-encoder:5.1')
    // 该依赖用于测试阶段
    testCompile('org.springframework.boot:spring-boot-starter-test')
}
```

其中，logstash logback encoder 编码器用于将应用中的日志转换为 Elastic Stack 系统能够识别的 JSON 日志格式。

2. 编写代码

应用核心代码如下。

```
package com.waylau.elastic.controller;
import org.springframework.web.bind.annotation.RequestMapping;
import org.springframework.web.bind.annotation.RestController;
import org.slf4j.Logger;
import org.slf4j.LoggerFactory;
@RestController
public class HelloController {
    private static final Logger logger = LoggerFactory.getLogger(Hello-
Controller.class);
    @RequestMapping("/hello")
    public String hello() {
        logger.info("hello world");
        return "Hello World! Welcome to visit waylau.com!";
    }
}
```

HelloController 比较简单，当有请求访问"/hello"时，就记录一条日志。

3. 添加 logback.xml

在应用的 src/main/resources 目录下，创建 logback.xml 文件。

```
<?xml version="1.0" encoding="UTF-8"?>
<configuration>
    <include resource="org/springframework/boot/logging/logback/de-
faults.xml" />
    <include
      resource="org/springframework/boot/logging/logback/console-ap-
pender.xml" />
    <appender name="stash"
      class="net.logstash.logback.appender.LogstashTcpSocketAppender">
        <destination>localhost:4560</destination>
        <!-- 编码器 -->
        <encoder class="net.logstash.logback.encoder.LogstashEncoder" />
    </appender>
```

```
    <root level="INFO">
        <appender-ref ref="CONSOLE" />
        <appender-ref ref="stash" />
    </root>
</configuration>
```

该文件会覆盖 Spring Boot 中默认的配置项。

4. 创建 logstash.conf

在 Logstash 的 bin 目录下，创建 logstash.conf 文件，用于配置 Logstash。

```
input {
    tcp {
        port => 4560
        host => localhost
    }
}
output {
    elasticsearch { hosts => ["localhost:9200"] }
    stdout { codec => rubydebug }
}
```

5. 启动 Elastic Stack

按以下顺序执行命令行来启动 Elastic Stack。

```
.\bin\elasticsearch
.\bin\kibana
.\bin\logstash -f logstash.conf
```

其中“-f”用于指定 Logstash 配置文件。

6. 启动 elastic-log

启动成功后，在浏览器中访问 http://localhost:8080/hello，就能触发程序来记录日志。此时，能在 Logstash 控制台看到如下信息，说明日志已经被 Logstash 处理了。

```
{
    "@version" => "1",
        "host" => "127.0.0.1",
    "@timestamp" => 2018-07-05T12:59:09.078Z,
    "@metdata" => {
        "ip_address" => "127.0.0.1"
    },
    "message" => "{\"@timestamp\":\"2018-07-05T20:59:09.076+08:00\
",\"@version\":1,\"message\":\"hello world\",\"logger_name\":\"com.
waylau.elastic.controller.HelloController\",\"thread_name\":\"http-nio-
8080-exec-1\",\"level\":\"INFO\",\"level_value\":20000}\r",
        "port" => 4976
}
```

7. Kibana 分析日志

在浏览器中访问 http://localhost:5601，进入 Kibana 管理界面。初次使用 Kibana，会被重定向到图 10–12 所示的配置索引界面。

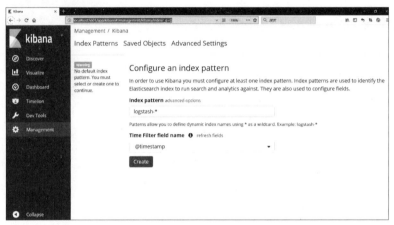

图10-12　Kibana 配置索引界面

单击"Create"按钮来保存配置，并切换到 Discover 界面。在该界面中就能按照关键字来搜索日志了。

图 10–13 展示了在 Kibana 中搜索关键字的界面。

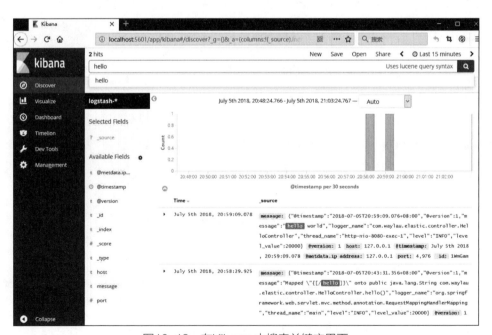

图10-13　在Kibana 中搜索关键字界面

10.5 配置管理

本节将介绍 Cloud Native 架构下的配置管理。

10.5.1 分布式下的配置管理的痛点

应用一般都会有配置文件，即便号称"零配置"的 Spring Boot 应用，也无法完全做到不使用配置文件，毕竟配置文件就是为了迎合软件的个性化需求。一个带配置的应用程序，部署了多个实例在若干台机器上，如果配置发生了变化，那么就需要对该应用所有的实例进行配置的变更。

Cloud Native 架构往往会采用微服务的方式来管理应用。随着单块架构向微服务架构的演进，微服务的应用数量也会剧增。同时，每个微服务都有自己的配置文件，这些文件如果都散落在各自的应用中，必然会对应用的升级和配置管理带来挑战，毕竟谁也没有能力去手工配置那么多微服务的配置文件。而且，对于运维来说，一方面，手工配置单工作量很大，几乎不可能完成；另一方面，人为的操作会加大出错的概率。所以外部化和中心化的配置中心便成了解决微服务配置问题的一个有力途径。

10.5.2 集中化配置

创建符合要求的、易于使用的配置中心，至少需要满足如下几个核心需求。

（1）面向可配置的编码。在编码过程中，应及早考虑后期可能经常变更的数据，将其设置为可以配置的配置项，从而避免在代码中硬编码。

（2）隔离性。不同部署环境下，应用之间的配置是相互隔离的，如非生产环境的配置不能用于生产环境。

（3）一致性。相同部署环境下的服务器应用配置应该具有一致性，即同一个应用中的所有实例都使用同一份配置。

（4）集中化配置。在分布式环境下，应用配置应该具备可管理性，即提供远程管理配置的能力。

10.5.3 Spring Cloud Config

Spring Cloud Config 致力于为分布式系统中的外部化配置提供支持。Spring Cloud Config 又分为服务器（Config Server）和客户端（Config Client）两部分。借助 Config Server，可以在所有环境中管理应用程序的外部属性。Spring Cloud Config 的客户端和服务器上的概念都与 Spring 的 Environment 和 PropertySource 抽象一致，所以它们非常适合 Spring 应用程序，但也可以与所有运行在所有语言的应用程序一起使用。在应用程序从开发到测试转移到部署管道的过程中，可以通过管理这些环境之间的配置，来确保应用程序具有在迁移时所需运行的所有内容。Config Server 存储后端的默认实现使用了 Git，因此它可以轻松地支持标记版本的配置环境，并且可以通过广泛的工具来访问管理内容。后面将着重介绍如何使用 Spring Cloud Config 来实现集中化的配置中心。

10.5.4 实战：基于 Config 实现的配置中心

创建 "config-server" 和 "config-client" 分别作为配置中心的服务端和客户端。

1. 创建配置中心的服务端

config-server 是作为配置中心的服务端。要使用 Spring Cloud Config Server，最简单的方式莫过于添加 Spring Cloud Config Server 依赖。

```
dependencies {
    ...
    //添加 Spring Cloud Config Server依赖
    compile('org.springframework.cloud:spring-cloud-config-server')
}
```

2. 一个最简单的 Config Server

要使用 Config Server，只需要在程序的入口 Application 类加上 @EnableConfigServer 注解开启配置中心的功能即可。

```
package com.waylau.spring.cloud.config;
import org.springframework.boot.SpringApplication;
import org.springframework.boot.autoconfigure.SpringBootApplication;
import org.springframework.cloud.config.server.EnableConfigServer;
@SpringBootApplication
@EnableConfigServer
public class Application {

    public static void main(String[] args) {
        SpringApplication.run(Application.class, args);
    }
}
```

其中，@EnableConfigServer 启用了 Config Server 作为配置中心。

application.properties 配置如下。

```
spring.application.name: config-server
server.port=8088
spring.cloud.config.server.git.uri=https://github.com/waylau/cloud-native-book-demos
spring.cloud.config.server.git.searchPaths=config-repo
```

其中：

（1）spring.cloud.config.server.git.uri：配置 Git 仓库地址。

（2）spring.cloud.config.server.git.searchPaths：配置查找配置的路径。

3. 测试 Config Server

启动应用，访问 http://localhost:8088/auther/dev，应能看到如下输出内容，说明服务启动正常。

```
{"name":"auther","profiles":["dev"],"label":null,"version":"a1f1e9b8711-
754f586dbed1513fc99acc25b7904","state":null,"propertySources":[]}
```

4. 创建配置中心的客户端

config-client 是作为配置中心的客户端。要使用 Spring Cloud Config Client，最简单的方式莫过于添加 Spring Cloud Config Client 依赖。

```
dependencies {
    ...
    //添加 Spring Cloud Config Client依赖
    compile('org.springframework.cloud:spring-cloud-config-client')
}
```

5. 一个最简单的 Config Client

主应用程序并不需要做特别的更改，就是一个普通的 Spring Boot 应用。

```
package com.waylau.spring.cloud.config;
import org.springframework.boot.SpringApplication;
import org.springframework.boot.autoconfigure.SpringBootApplication;
@SpringBootApplication
public class Application {
    public static void main(String[] args) {
        SpringApplication.run(Application.class, args);
    }
}
```

application.propertie 配置如下。

```
spring.application.name: config-client
spring.cloud.config.profile=dev
```

bootstrap.propertie 配置如下。

```
spring.cloud.config.uri= http://localhost:8088/
```

其中，spring.cloud.config.uri 指向了配置中心 config-server 的位置。

6. 增加配置

在 https://github.com/waylau/cloud-native-book-demos 的 config-repo 目录下，我们已经放置了一个配置文件 config-client-dev.properties，里面简单地放置了 config-client 应用待测试的配置内容。

```
auther=waylau.com
```

读者也可以在线查看该文件，可以看到图 10-14 所示的配置内容。

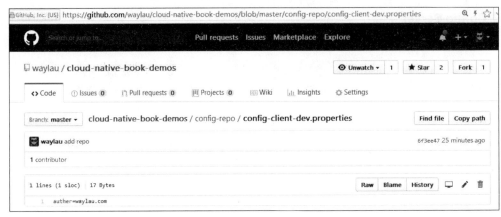

图10-14　配置内容

其中，配置中心的文件命名规则如下。

```
/{application}/{profile}[/{label}]
/{application}-{profile}.yml
/{label}/{application}-{profile}.yml
/{application}-{profile}.properties
/{label}/{application}-{profile}.properties
```

7. 编写测试用例

在 config-client 应用中编写测试用例。

```
package com.waylau.spring.cloud.config;
import static org.junit.Assert.assertEquals;
import org.junit.Test;
import org.junit.runner.RunWith;
import org.springframework.beans.factory.annotation.Value;
import org.springframework.boot.test.context.SpringBootTest;
import org.springframework.test.context.junit4.SpringRunner;
@RunWith(SpringRunner.class)
@SpringBootTest
public class ApplicationTests {
    @Value("${auther}")
    private String auther;
    @Test
    public void contextLoads() {
        assertEquals("waylau.com", auther);
    }
}
```

8. 运行并测试

首先，启动 config-server 应用。

其次，启动 config-client 应用中编写的测试用例 ApplicationTests，如果测试通过，说明获得了 auther 在配置中心的内容。

10.6 应用监控

应用部署后，应用的状态需要时常监测。这就好比人的身体状况，即便没有发生大的疾病，每年也需要做定期检查。定期检查有助于发现软件背后深层次的问题。另外，收集监测数据还有助于改进软件，或者帮助软件做下一步的决策。

10.6.1 心跳

心跳在网络应用中是常用的一种监测机制。心跳机制一般用于检查应用是否"存活"。这与动物的心跳原理是一样的，如果软件处于崩溃或不可用的状态时，就无法监测到软件的心跳。

心跳机制的实现方式是，定时发送一个自定义的结构体（心跳包），让对方知道自己还"活着"，以确保连接的有效性。心跳包代码就是每隔几分钟发送一个固定信息给服务端，服务端收到后回复一个固定信息。如果服务端几分钟内没有收到客户端信息，则会认为客户端已经断开了。例如，有些通信软件长时间不使用，要想知道它的状态是在线还是离线就需要心跳包，定时发包收包。发包方可以是客户也可以是服务端，具体看哪方实现方便合理，一般是客户端。服务器也可以定时轮询发心跳下去。心跳包之所以称为心跳包，是因为它像心跳一样每隔一段固定的时间就发一次，以此来告知服务器，这个客户端还"活着"。事实上，这是为了保持长连接。这个包的内容是没有什么特别规定的，不过一般都是很小的包，或者只包含包头的一个空包。

10.6.2 Eureka 监测机制

第 4 章基于 Eureka 实现了服务的注册与发现。Eureka 的客户端启动后，会将自己的信息注册到 Eureka 的服务端上，然后客户端与服务端之间通过心跳机制来保持连接。在某些时候，注册在 Eureka 的客户端挂掉后，Eureka 的服务端就能通过心跳机制感知到客户端离线了，从而将客户端的信息从注册表中删除。

1. Eureka 服务端配置

Eureka 服务端的配置 application.yml 如下。

```
server:
  port: 9501
eureka:
  instance:
    hostname: 127.0.0.1
  client:
    registerWithEureka: false
    fetchRegistry: false
    serviceUrl:
      defaultZone: http://${eureka.instance.hostname}:${server.port}/
eureka/
  server:
    # 关闭自我保护机制
    enable-self-preservation: false
    # 每隔10s扫描服务列表,移除失效服务
    eviction-interval-timer-in-ms: 10000
```

默认情况下,如果 Eureka 服务端在一定时间内(默认 90 秒)没有接收到某个客户端实例的心跳,则 Eureka 服务端将会移除该实例。但是当发生网络分区故障时,客户端实例与 Eureka 服务端之间无法正常通信,而微服务本身是正常运行的,此时不应该移除这个微服务,所以引入了自我保护机制。

自我保护机制正是一种针对网络异常波动的安全保护措施,它能使 Eureka 集群更加健壮、稳定地运行。

自我保护机制的工作机制是,如果在 15 分钟内超过 85% 的客户端节点都没有正常的心跳,那么 Eureka 就认为客户端与注册中心出现了网络故障,Eureka 服务端自动进入自我保护状态,此时会出现以下几种情况。

(1)Eureka 服务端不再从注册列表中移除由于长时间没有收到心跳而应该过期的服务。

(2)Eureka 服务端仍然能够接受新服务的注册和查询请求,但是不会被同步到其他节点上,保证当前节点依然可用。

(3)当网络稳定时,当前 Eureka 服务端新的注册信息会被同步到其他节点中。

因此,Eureka 服务端可以很好地应对因网络故障而导致部分节点失联的情况。

2. Eureka 客户端

Eureka 客户端的配置 application.yml 如下。

```
eureka:
  instance:
    # 每隔10s发送一次心跳
    lease-renewal-interval-in-seconds: 10
    # 告知服务端30s还未收到心跳,就将该服务移除列表
    lease-expiration-duration-in-seconds: 30
  client:
    serviceUrl:
```

```
        defaultZone: http://localhost:9501/eureka/
server:
  port: 9502
spring:
  application:
    name: service-hi
```

（1）eureka.instance.lease-renewal-interval-in-seconds：该配置指明 Eureka 客户端需要向 Eureka 服务器发送心跳的频率。

（2）eureka.instance.lease-expiration-duration-in-seconds：该配置指明 Eureka 服务器在接收到最后一个心跳后等待的时间，超过这个时间后才能从列表中删除此实例。

10.6.3　Spring Boot Actuator

通过 Spring Boot Actuator 的端点，可以监控应用程序并与之交互。Spring Boot 包含许多内置端点，同时也允许添加自己的端点。例如，运行状况端点（映射到"/actuator/health"）提供基本的应用程序运行状况信息。

1. 内置端点

常见的内置端点如表 10-1 所示。

表10-1　常见的内置端点

ID	描　　述	默认启用
auditevents	显示当前应用程序的审计事件信息	Yes
beans	显示一个应用中所有Spring Beans的完整列表	Yes
conditions	显示配置类和自动配置类（configuration and auto-configuration classes）的状态及它们被应用或未被应用的原因	Yes
configprops	显示一个所有@ConfigurationProperties的集合列表	Yes
env	显示来自Spring的 ConfigurableEnvironment的属性	Yes
flyway	显示数据库迁移路径	Yes
health	显示应用的健康信息（当使用一个未认证的连接访问时，显示一个简单的"status"，使用认证连接访问时，则显示全部信息详情）	Yes
info	显示任意的应用信息	Yes
liquibase	展示任何Liquibase数据库迁移路径	Yes
metrics	展示当前应用的metrics信息	Yes

续表

ID	描 述	默认启用
mappings	显示一个所有@RequestMapping路径的集合列表	Yes
scheduledtasks	显示应用程序中的计划任务	Yes
sessions	允许从Spring会话支持的会话存储中检索和删除用户会话。使用Spring Session对反应性Web应用程序的支持时不可用	Yes
shutdown	允许应用以优雅的方式关闭（默认情况下不启用）	No
threaddump	执行一个线程 dump	Yes

如果是 Web 应用，还可以使用表 10-2 所示的端点。

表10-2　Web 应用使用的端点

ID	描 述	默认启用
heapdump	返回一个GZip压缩的hprof堆dump文件	Yes
jolokia	通过HTTP暴露JMX beans（当Jolokia在类路径上时，WebFlux不可用）	Yes
logfile	返回日志文件内容（如果设置了logging.file或logging.path属性），支持使用HTTP Range头接收日志文件内容的部分信息	Yes
prometheus	以可以被Prometheus服务器抓取的格式显示metrics信息	Yes

默认情况下，除 shutdown 外的所有端点均为默认启用。要配置单个端点的启用，可以使用"management.endpoint..enabled"属性。以下示例启用 shutdown 端点。

```
management.endpoint.shutdown.enabled=true
```

另外，可以通过 management.endpoints.enabled-by-default 来修改全局端口默认配置，以下示例启用 info 端点并禁用所有其他端点。

```
management.endpoints.enabled-by-default=false
management.endpoint.info.enabled=true
```

2. 暴露端点

由于端点可能包含敏感信息，因此应仔细考虑何时公开它们。表 10-3 显示了内置端点的默认暴露情况。

表10-3　内置端点的默认暴露情况

ID	JMX	Web
auditevents	Yes	No

续表

ID	JMX	Web
beans	Yes	No
conditions	Yes	No
configprops	Yes	No
env	Yes	No
flyway	Yes	No
health	Yes	Yes
heapdump	N/A	No
httptrace	Yes	No
info	Yes	Yes
jolokia	Yes	No
logfile	Yes	No
loggers	Yes	No
liquibase	Yes	No
metrics	Yes	No
mappings	Yes	No
prometheus	N/A	No
scheduledtasks	Yes	No
sessions	Yes	No
shutdown	Yes	No
threaddump	Yes	No

如果要更改公开哪些端点，则使用表 10-4 所示的 include 和 exclude 属性。

表10-4　特定的include 和 exclude 属性

属　性	默　认　值
management.endpoints.jmx.exposure.exclude	*
management.endpoints.jmx.exposure.include	*
management.endpoints.web.exposure.exclude	*
management.endpoints.web.exposure.include	info, health

其中，include 属性列出了公开的端点的 ID；exclude 属性列出了不应该公开的端点的 ID。exclude 属性优先于 include 属性，两者都可以使用端点 ID 列表进行配置。

如果要停止通过 JMX 公开所有端点并仅公开 health 和 info 端点，则使用以下属性。

```
management.endpoints.jmx.exposure.include=health,info
```

其中，"*"表示可以用来选择所有端点。例如，要通过 HTTP 公开除 env 和 beans 端点外的所有内容，则使用以下属性。

```
management.endpoints.web.exposure.include=*
management.endpoints.web.exposure.exclude=env,beans
```

10.6.4 实战：基于 Spring Boot Actuator 监测的例子

创建一个名为"hello-actuator"的例子。通过该例子来展示 Spring Boot Actuator 监测的功能。

1. 添加依赖

应用中需要添加如下依赖。

```
dependencies {
    ...
    // 添加Spring Boot Actuator依赖
    compile('org.springframework.boot:spring-boot-starter-actuator')
}
```

2. 创建应用

hello-actuator 应用是一个普通的 Spring Boot 应用，其核心逻辑代码如下。

```
package com.waylau.docker.controller;
import org.springframework.web.bind.annotation.RequestMapping;
import org.springframework.web.bind.annotation.RestController;
@RestController
public class HelloController {
    @RequestMapping("/hello")
    public String hello() {
        return "Hello World! Welcome to visit waylau.com!";
    }
}
```

正常运行该应用后，在浏览器中访问 http://localhost:8080/hello，应能看到"Hello World! Welcome to visit waylau.com!"字样的内容。

3. 测试 Actuator 端点

在浏览器中访问 http://localhost:8080/actuator/health，能看到图 10-15 所示的返回信息。

图10-15　Actuator 端点

　　"{"status":"UP"}" 数据就是 Actuator 返回的应用的状态信息。其中"UP"代表该应用的健康状态是好的。

第11章
Cloud Native 持续发布

11.1 持续集成与持续交付

程序开发完毕后，最后一道工序就是在测试或生产环境中进行发布。发布工作至关重要，因为这是将软件向客户交付、呈现价值的阶段。

为了更快地发布软件、交付产品，开发过程中推荐使用持续集成与持续交付。越早从客户那里得到反馈，就可以越早对产品进行修复和完善、交付更加完美的产品给客户，最终形成良好的、可持续的闭环。

11.1.1 持续集成概述

持续集成，也就是我们经常说的 CI（Continuous Integration），是现代软件开发技术的基础。在没有应用持续集成之前，传统的开发模式如下。

（1）项目一开始是先划分好模块的，然后分配模块给相应的开发人员。

（2）开发人员开发好一个模块就进行单元测试。

（3）所有的模块都开发完成后，由项目经理对所有代码进行集成。

（4）集成后的项目由项目经理部署到测试服务器上，交由测试人员进行集成测试。

（5）测试过程中出现 Bug 就把问题记录在 Bug 列表中。

（6）项目经理分配 Bug 给相应的责任人进行修改。

（7）修改完成后，项目经理再次对项目进行集成，并部署到测试服务器上。

（8）测试人员在下一次的集成测试中进行回归测试。

（9）测试通过后就部署到生产环境中。

（10）如果测试不通过，则重复上述"分配 Bug → 修改 Bug → 集成代码 → 部署到测试服务器上 → 集成测试"工作。

这个过程中可能会出现比较多的问题。

1. 传统开发模式的问题

传统开发模式中可能会出现如下问题。

（1）Bug 总是在最后才被发现：随着软件技术的发展，软件规模也在扩大，软件需求越来越复杂，软件已经不能简单地通过划分模块的方式来开发，往往需要在项目内部互相合作，模块之间存在一定的依赖关系，那么早期就存在的 Bug 往往会在最后集成时才被发现。

（2）越到项目后期，问题越难解决：很多开发者需要在集成阶段花费大量的时间来寻找 Bug 的根源，加上软件的复杂性，很难定位问题的根源。而且间隔得时间越久，Bug 修复的成本越高，由于开发人员自己都忘了当初写的是什么代码，因此不得不从头阅读代码、理解代码。

（3）软件交付时机无法保障：正是因为无法及时修复 Bug，或者是没能在早期修复 Bug，所以修复 Bug 的整个周期被拉长了。但无论如何，都不能把明知存在 Bug 的软件交付给客户。而且，大量没有在前期预估到的工作量产生了——开发人员不得不花费大量时间查找 Bug；测试人员需要不断地进行回归测试；项目经理不得不重复代码的集成、部署这些重复性工作——最终导致整个项目的周期拉长，交付时间延后。

（4）程序经常需要变更：某些项目的程序经常需要变更，特别是敏捷开发的实践者。由于实际的软件就是最好的原型，因此产品经理在与客户交流的过程中，往往会将实际的软件当作原型，作为与客户交流的工具。当然，客户最希望的就是自己的想法能够马上反映到原型上，这会导致程序经常被修改。这就意味着"分配 Bug→修改 Bug→集成代码→部署到测试服务器上→集成测试"的工作无形之中又爆增了。

（5）无效的等待变多：有可能开发人员在等集成其他人的模块；测试人员在等待开发人员修复 Bug；产品经理在等待新版本上线用以给客户做演示；项目经理在等待其他人提交代码。总之，等待意味着低效。

（6）用户的满意度低：这里的用户是广义的，可以指最终的客户，也可以是产品经理、公司领导、测试人员，甚至可能是开发人员自己。如果本来三个月做完的项目被拉长到了九个月甚至是一年，用户能满意吗？产品经理、公司领导经常需要拿项目作为演示的原型，如果在演示前一刻被告知还有很多 Bug 没有解决，项目无法启动，这就太不像话了。

从上述的这些问题中可以发现，有些工作是无法避免的，如测试工作、修改程序、集成工作、部署工作。但其实在整个工作流程中，是存在可以优化的空间的，如集成测试的工作是否可以提前做？是否有自动化的手段来代替测试、集成、部署工作？围绕这些，软件行业的大师们提出"持续集成"的口号。

2. 持续集成和持续集成服务器的概念

在软件工程中，持续集成是指将所有开发者的工作副本每天多次合并到主干的做法。Grady Booch 在 1991 年的 Booch method（见 https://en.wikipedia.org/wiki/Booch_method）中首次命名并提出了 CI 的概念，尽管当时他并不主张每天多次集成。而 XP（Extreme Programming，极限编程）采用了 CI 的概念，并提倡每天不止一次集成。

持续集成服务器就是能够采用自动化的手段来解放人的双手，实现项目持续集成的工具。与之配套的软件有 TeamCity、Jenkins、GoCD 等。

图 11-1 展示了持续集成系统的组成及其工作流程。

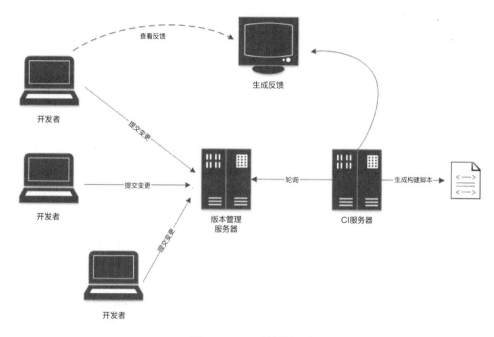

图11-1　CI系统的组成

（1）开始更改代码时，开发人员会从代码库获取当前代码库的副本。代码库一般托管在版本管理服务器上，如 SVN、Git 等。

（2）当其他开发人员将更改的代码提交到代码库时，此副本将逐渐停止反映代码库中的代码。当开发人员分支重新集成到主线时，代码分支保持检出的时间越长，多个集成冲突和故障的风险就越高。

（3）当开发人员向代码库提交代码时，必须先更新自己的代码，以反映代码库中的最新更改。

（4）当存储库与开发人员的副本不同时，开发人员必须先花时间处理冲突。

（5）当代码成功提交到代码库时，CI 服务器会通过轮询的方式获取最新的代码。

（6）CI 服务器可以按照预先设置执行一系列动作，如执行代码质量检查、构建、测试、部署等，在其中任何一个动作中发现错误时，可以及时将错误反馈给开发人员。

11.1.2　持续交付与持续部署

持续集成是持续交付和持续部署的基础。持续集成使整个开发团队保持一致，消除了集成所引起的延期。虽然持续集成使代码可以快速合并到主干中，但此时软件仍然未在生产环境中实际使用过。软件的功能是否正常，是否符合用户的需求，这在持续集成阶段仍然是未知的。只有将软件部署到了生产环境，交付给用户使用后，才能检验出软件真正的价值。而持续交付与持续部署的实践，正是从持续集成到"最后一公里"的保障。

所谓交付，就是将最终的产品发布到线上环境，提供给用户使用。对于一个微服务架构系统来说，就是将一个应用拆分成多个独立的服务，每个服务都具有业务属性，并且能独立地被开发、测试、构建、部署。换言之，每个服务都是一个可交付的产品。在这种细粒度的情况下，如何有效保障每个服务的交付效率，快速实现其业务价值，是摆在微服务面前的一个难题。

持续交付是一系列的开发实践方法，用来确保代码能够快速、安全地部署到产品环境中，它通过将每一次改动都提交到一个模拟产品环境中，并使用严格的自动化测试，来确保业务应用和服务能符合预期。因为使用了完全自动化的过程来把每个变更自动地提交到测试环境中，所以当业务开发完成时，只需要按一次按钮就能将应用安全地部署到生产环境中。

持续部署是持续交付的更高一级的阶段，即当所有代码的所有改动都通过自动化测试后，就能够自动地部署到生产环境中。持续交付与持续部署的一个重要差别在于，持续交付需要人工来将应用部署到生产环境中（即部署前，应用需要人工校验一遍），而持续部署则是所有的流程都是自动化的，包括从部署到生产环境的流程。图 11-2 很好地描述了持续交付与持续部署间的差异。

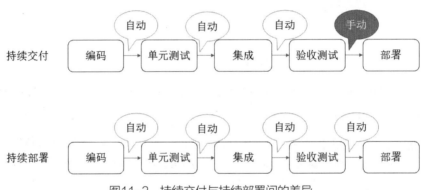

图11-2　持续交付与持续部署间的差异

下面来探讨一个完整软件的交付过程。假设现在需求已经明确，并且已经被划分为小的单元模块，如划分成用户故事，那么首先观察一下从开发人员拿到用户故事，到这些用户故事被实际部署到生产环境中的过程。实际上，这个过程所用的时间越短越好，特别是对于那些急需获得用户反馈的敏捷开发方式的软件产品。如果每一个用户故事，甚至每一次代码的提交，都能够被自动地部署到生产环境中，那么这种频繁近乎持续的部署，对于很多敏捷软件开发团队来说，就成了非常值得追求的目标了。

当然，实施持续部署并非没有投入和成本，如果产品的基础和特点不同，那么获得这种状态所需要的投入就越大。对于那些缺乏自动化测试覆盖的遗留系统，以及对安全性要求特别高的产品，它们要实现持续部署，甚至是频繁部署都需要巨大的投入。但是如果产品所处的市场环境要求它必须能够及时做出相应的变化，不断改进软件服务，那么这种持续部署的能力就成了值得投入的目标。

持续部署依赖于整个团队对所写代码的自信，这种自信不仅是开发人员对自己写的代码的自信，更是团队或组织中的所有成员都抱有的基于客观事实的自信。只有建立起这种自信，才能让任何新的修改都能够迅速地、有信心地部署到生产环境中。

在自信的基础上，团队要实现产品的持续部署，还需要建立自动化交付流水线（Pipeline）。与自动化生产线相比，自动化测试只是其中一道质量保证的工序，而要将产品从需求转变为最终交付给用户的产品，自动化的生产线是整个开发过程中极其重要的存在。特别是对于微服务这种多服务的产品而言，多个服务产品往往要集成在一起才能为客户提供完整的服务。多个产品的自动化交付流水线的设计也就成了一个很重要的问题。

产品在从需求到部署的过程中，会经历若干种不同的环境，如 QA 环境、各种自动化测试运行环境、生产环境等。这些环境的搭建、配置、管理，以及产品在不同环境中的具体部署，都需要完善的工具支持。缺乏这些工具，生产流水线就不可能做到完全自动化和高效。与之配套的软件有 TeamCity、Jenkins、GoCD 等。

11.1.3　持续交付与持续部署的意义

总体来说，持续交付与持续部署在敏捷开发过程中，能够实现快速、高效、高质量的软件开发实践，可以持续为用户交付可用的软件产品。其中包括以下内容。

（1）敏捷软件开发方法是实践的基础。

（2）频繁的交付周期带来了更迅速的对软件的反馈。

（3）可以迅速对产品进行改进，更好地适应用户的需求和市场的变化。

（4）需求分析、产品的用户体验和交互设计、开发、测试、运维等角色密切协作，相比传统的瀑布式软件团队，减少了浪费。

（5）形成了"需求→开发→集成→测试→部署"的可持续的反馈闭环，如图 11-3 所示。

图11-3　持续交付的反馈闭环

11.2 持续交付流水线

在持续交付中，持续集成服务器将从开发到部署过程中的各个环节衔接起来，组成一个自动化的持续交付流水线，作为整个交付过程的协调中枢。依靠持续集成服务器，对软件的修改能够快速、自动化地经过测试和验证，最后部署到生产环境中。在自动化测试和环境都具备的情况下，集成服务器可以减少开发人员大部分的手工工作。流水线应向团队提供反馈，对每个人所参与的错误操作进行提示。

11.2.1 流水线概述

在典型的持续交付流水线中，大致会经历自动化构建和持续集成、自动化测试和自动化部署等阶段。

1. 自动化构建和持续集成

开发人员将实现的新功能集成到中央代码库中，并以此为基础进行持续的构建和单元测试。这是最直接的反馈循环，持续交付流水线会通知开发团队应用程序代码的健康情况。

2. 自动化测试

在自动化测试阶段，新版本的应用程序将经过严格测试，以确保其满足所有期望的系统质量。这包括软件的所有相关方面，如功能、安全性、性能等，这些都会由流水线来进行验证。该阶段可以涉及不同类型的自动或手动活动。

3. 自动化部署

每次将应用程序安装在测试环境前时都需要重新部署，但自动化部署最为关键的是部署的时机。由于前面的阶段已经验证了系统的整体质量，这是一个低风险的步骤。部署可以分阶段进行，新版本可以先发布到生产环境的子集中，在进行完整测试后，再推广到所有生产环境中。这极大地降低了新版本发布的风险。部署是自动的，这样只需要花费几分钟就能向用户提供可靠的新功能。

11.2.2 构建持续交付流水线

下面总结了在构建持续交付流水线时的一些好的实践经验。

1. 做好配置管理

持续交付流水线需要有平台配置和系统配置的支持，这样就能允许团队自动或手动按下按钮来创建、维护和拆除一个完整的环境。

自动平台配置可确保候选应用程序能够部署到正确配置的、可重现的环境中，并进行测试。它还促进了横向扩展性，并允许企业在沙箱环境中随时尝试新产品。

2. 合理编排流水线

持续交付流水线中的多个阶段涉及不同的人员，并且所有人员都需要监测新版本的应用程序的发布。持续交付流水线的编排提供了整个流水线的顶层视图，允许用户自行定义和控制每个阶段的具体动作，这样就能细化整个软件的交付过程。

3. 不要添加新的功能，直到通过质量测试

持续交付能够一个接一个地、快速地、可靠地将新功能带入生产环境中。这意味着每个单独的功能需要在展开之前进行测试，确保该功能满足整个系统的质量要求。

在传统开发环境中，开发团队通常试图一次性实现一个完整的新版本，仅在项目接近完成时来解决软件质量属性（如鲁棒性、可扩展性、可维护性等）。然而，随着最终工期的临近，以及迫于预算的压力，质量往往是首先被舍弃的。

可以以在获得质量权之前不添加新功能的原则来避免不良的系统质量。在实践中，应该始终满足并保持质量水平，然后再考虑逐步向系统添加功能。使用持续交付，每个新功能都需要从一开始就满足整个系统所期望的质量水平。只有在达到此质量水平后，才能将该功能移至生产环境中。

11.2.3　构建流水线的工具

构建流水线有非常多的工具可供选择，如 TeamCity、Jenkins、GoCD 等。这些工具有收费的版本，也有免费的版本，使用流程各有差异，本书不做深入的探讨。如果有兴趣，读者可以自行参阅这些工具的官方文档。

（1）TeamCity：https://www.jetbrains.com/teamcity/。

（2）Jenkins：https://jenkins.io/doc/。

（3）GoCD：https://www.gocd.org/。

11.3 微服务的管理与发布

"康威定律"中有个非常著名的观点："组织的沟通方式会通过系统设计表达出来"。换言之，有怎样的组织，就会有与该组织相匹配的软件系统。自该定律发表以来，已经被无数的组织及软件产品所印证。

11.3.1　两个比萨的故事

团队的人数越多，沟通成本就会越高，工作的效率就越低下。Amazon 的 CEO Jeff Bezos 对于如何提高工作效率这个问题有自己的解决办法。他将其称为"两个比萨团队"（Two Pizza Team），即一个团队的人数不能多到两个比萨饼还不够他们吃的地步。

Jeff Bezos 的论点是基于人的沟通能力有限制的事实。实践证明，人的沟通成本会随着项目或组织人员的增加而呈指数级增长。也就是说，项目组中不是人越多越好，人数太多，由于沟通上的限制，会导致项目的整体效率下降。"两个比萨原则"有助于避免项目陷入停顿或失败的局面。领

导人需要慧眼识才，找出能够让项目成功的关键人物，然后尽可能地给他们提供资源，从而推动项目向前发展。让一个小团队在一起做项目、开会研讨，更有利于达成共识，促进企业创新。Jeff Bezos 把比萨的数量当作衡量团队大小的标准。如果两个比萨不足以喂饱一个项目团队，那么这个团队可能就显得太大了。合适的团队一般也就是六七个人。

微服务的组织团队可以按照"两个比萨原则"进行组建。如果人数太多，或者服务的业务过于复杂，则可以将团队再进行划分，分成更小的团队。

11.3.2 DevOps 文化

每个微服务的开发团队应该是小而精的，并具备完全自治的全栈能力。团队拥有全系列的开发人员，具备用户界面、业务逻辑和持久化存储等方面的开发技能，以及能够实现独立的运维，这就是目前流行的 DevOps 的开发模式。

对于成功交付的软件来说，开发和运维是两个必不可少的过程。在传统的组织架构中，开发团队和运维团队往往分属于不同的部门，各自部门的职责可能会引入相互抵触的目标：对于开发人员来说，他们的职责是负责交付新特性及对变更承担责任；而运维人员则试图保持所有功能能够平稳运行，对他们来说，避免变更正是降低运行风险的一种最有力的手段。在这种互相冲突的目标面前，最终导致产品不能得到很好的更新，也就无法持续给用户创造价值。

DevOps 正是为了打破开发团队与运维团队之间的壁垒而进行的一次尝试。DevOps 是 Development 与 Operations 的缩写，DevOps 推动了一套用于思考沟通及协作的过程和方法，用于促进开发、技术运营和质保部门之间的沟通、协作与整合，其推崇的团队是一个结合开发、质量保证（QA）、IT 运营等多个职责的跨职能团队。这也正是 Amazon 所提倡的"You Build It, You Run It"（谁开发，谁运维）的开发模式，如图 11-4 所示。

图11-4　开发、运营、质量保证三合一的DevOps团队

微服务团队之间应该定义好系统的边界和接口，培养全能型团队，让团队能自治。原因在于，如果团队按照这样的方式组建，将沟通的成本维持在系统内部，每个子系统就会更加内聚，彼此的依赖耦合会变弱，跨系统的沟通成本就会降低。

微服务团队的边界就是业务的边界。每个微服务的业务都是专一且明确的。这让团队的人员更加内聚和自治。业务的划分可以参考 DDD 的指导原则。

11.3.3　微服务的发布

持续交付和 DevOps 在其意义及目标上是相似的（都旨在快速交付产品），但是它们是两个不同的概念。

DevOps 有更广泛的范围，围绕以下两个方面展开。

（1）组织变革：具体来说，就是支持参与软件交付的各类人员之间的更大的协作，包括开发、运维、质量保证、管理等。

（2）自动化软件交付过程。

持续交付是一种自动化交付软件的方法，并且侧重于以下两个方面。

（1）结合不同的过程，包括开发、集成、测试、部署等。

（2）更快、更频繁地执行上述过程。

DevOps 和持续交付有共同的最终目标，它们经常被联合使用，并且在敏捷方法和精益思想中有着共同的愿景：小而快的变化，以最终客户的价值为重点。它们在内部进行良好的沟通和协作，从而实现快速交付产品，降低风险。

在微服务架构系统的开发中，倾向于采用 DevOps 的方式来组建全能型的团队，并结合持续交付的敏捷实践来进行微服务的发布。

11.4 容器

Cloud Native 架构系统包含了大量的服务，并且服务之间存在复杂的依赖关系，以拓扑的形式运行并相互协作，如果部署时采取方式来解决整体的依赖、配置通信的协议和地址等，那么重新部署到新环境的成本会非常高。而容器技术提供了一种能够将所有服务迅速重新部署的方案，并且可以根据需求进行横向扩展，且保证高可用性，在出现问题时可以自动重启或启动备份服务。

11.4.1　虚拟化技术

所谓的虚拟化技术，就是将事物从一种形式转变成另一种形式。例如，操作系统中内存的虚拟化是最常用的虚拟化技术之一，实际运行时用户需要的内存空间可能远远大于物理机器的内存大小，利用内存的虚拟化技术，用户可以将一部分硬盘虚拟化为内存，而这对用户是透明的。又如，可以利用虚拟专用网技术（VPN）在公共网络中虚拟化一条安全、稳定的"隧道"，让用户感觉像是在使用私有网络一样。

虚拟机技术是虚拟化技术的一种，它最早由 IBM 公司于 20 世纪六七十年代提出，被定义为硬件设备的软件模拟实现，通常的使用模式是分时、共享、昂贵的大型机。Hypervisor 是一种运行在基础物理服务器和操作系统之间的中间软件层，可允许多个操作系统和应用共享硬件，也可称为 VMM（Virtual Machine Monitor，虚拟机监视器）。VMM 是虚拟机技术的核心，用来将硬件平台分割成多个虚拟机。VMM 运行在特权模式上，主要作用是隔离并管理上层运行的多个虚拟机，仲裁它们对底层硬件的访问，并为每个客户操作系统虚拟一套独立于实际硬件的硬件环境（包括处理器、内存、I/O 设备）。VMM 采用某种调度算法在各个虚拟机之间共享 CPU，如采用时间片轮转调度算法。

11.4.2　容器与虚拟机

虚拟化技术已经改变了现代计算方式，它能够提升系统资源的使用效率，消除应用程序和底层硬件之间的依赖关系，同时加强负载的可移植性和安全性，但是 Hypervisor 和虚拟机只是部署虚拟负载的方式之一。作为一种能够替代传统虚拟化技术的解决方案，容器虚拟化技术凭借其高效性和可靠性得到了快速发展，它能够提供新的特性，以帮助数据中心专家解决新的顾虑。容器具有轻量级特性，所需的内存空间较少，提供非常快的启动速度，而虚拟机提供了专用操作系统的安全性和更牢固的逻辑边界。虚拟机管理程序与硬件对话，就如同虚拟机的操作系统和应用程序构成了一个单独的物理机。虚拟机中的操作系统可以完全不同于主机的操作系统。

容器提供了更高级的隔离机制，许多应用程序在主机操作系统下运行，所有应用程序共享某些操作系统库和操作系统的内核。已经过证明的屏障可以阻止运行中的容器彼此冲突，但是这种隔离存在一些安全方面的问题。

容器和虚拟机都具有高度可移植性，但方式不一样。就虚拟机而言，可以在运行同一虚拟机管理程序（通常是 VMware 的 ESX、微软的 Hyper-V 或开源 Zen、KVM）的多个系统之间进行移植。而容器不需要虚拟机管理程序，因为它与某个版本的操作系统绑定在一起。但是容器中的应用程序可以移到任何地方，只要那里有一份该操作系统的副本即可。

容器的一大好处就是，应用程序以标准方式进行格式化后才放到容器中。开发人员可以使用同样的工具和工作流程，不管目标操作系统是什么。一旦到了容器中，每种类型的应用程序都以同样的方式在网络上移动。这样一来，容器酷似虚拟机，它们又是程序包文件，可以通过互联网或内部网络来移动。

Docker 是流行的容器解决方案，在 Cloud Native 架构系统中被广泛采用。Docker 容器中的应用程序无法迁移到另一个操作系统。确切地说，它能够以标准方式在网络上移动，因而更容易在数据中心内部或数据中心之间移动软件。单一容器总是与单一版本的操作系统内核关联起来。目前，Docker 支持 Linux、Solaris、FreeBSD、Windows 等多种主流操作系统。

11.4.3　基于容器的持续部署流程

随着 Docker 等容器技术的纷纷涌现及开源发布，软件开发行业在现代化应用的打包及部署方式上发生了巨大的变化。在没有容器等虚拟化技术的年代，程序经常需要手工部署和测试，这种工作极其烦琐且容易出错，特别是服务器数量多时，重复性的工作总是令人厌烦。由于开发环境、测试环境及最终生产环境的不一致，同样的程序有可能在不同的环境出现不同的问题，因此经常会出现开发人员和测试人员"扯皮"的事。开发机上没有出现问题，部署到测试服务器上就出现问题了。

下面介绍如何基于容器来实现持续部署中的种种问题。

1. 建立持续部署流水线

持续部署流水线是指在每次代码提交时会执行的一系列步骤。

流水线的目的是执行一系列任务，将一个经过完整测试的功能性服务或应用部署至生产环境。唯一的手工操作就是向代码仓库执行一次签入操作，之后的所有步骤都是自动完成的。这种流程可以在一定程度上消除人为产生错误的因素，从而增加可靠性，并且可以让机器完成它们最擅长的工作——运行重复性的过程，而不是创新性思考，从而增加了系统的吞吐量。之所以每次提交都需要通过这个流水线，原因就在于"持续"这个词。如果选择延迟这一过程的执行，如在某个 Sprint 快结束时再运行，那么整个测试与部署过程都不再是持续的了。

2. 测试

容器技术的出现可以轻松地处理各种测试问题，因为测试和最后需要部署到生产环境的将是同一个容器，其中包含的系统运行中所需要的运行与依赖都是相同的。这样开发者在测试过程中选择应用所需的组件，通过团队所用的持续部署工具构建并运行容器，让这一容器执行所需的各种测试。

当代码通过全部测试后，就可以进入下一阶段的工作了。测试所用的容器应当在注册中心（可选择私有或公有）进行注册，以便之后重用。除了已经提到的各种优点外，在测试执行结束后，就可以销毁该容器，使服务器回到原来的状态。这样一来，就可以使用同一台服务器（或服务集群）对全部服务进行测试了。

3. 构建

执行完所有测试后，就可以开始创建容器了，并最终将其部署至生产环境中。由于很可能会将其部署至一个与构建所用不同的服务器中，因此同样应当将其注册在注册中心。

当完成测试并构建好新的发布后，就可以准备将其部署至生产服务器中了。这里要做的就是获取对应的镜像并运行容器。

4. 部署

当容器上传至注册中心后，就可以在每次签入后部署微服务，并以前所未有的速度将新的特性交付给用户。

5. 蓝—绿部署

整个流水线中最危险的步骤可能就是部署了。如果开发人员获取了某个新的发布并开始运行，容器就会以新的发布取代旧的发布。也就是说，在过程中会出现一定程度的停机时间。容器需要停止旧的发布并启动新的发布，同时服务也需要进行初始化。虽然这一过程可能只需几分钟、几秒钟，甚至是几微秒，但还是会出现停机时间。如果实施了微服务与持续部署实践，那么发布的次数会比之前更频繁，最终可能会在一天之内进行多次部署。无论决定采用怎样的发布频率，都应当避免对用户的干扰。

应对这一问题的解决方案是蓝—绿部署（Blue-Green Deployment）。简单地说，这个过程将部署一个新发布，使其与旧发布并行运行。可将某个版本称为"蓝"，另一个版本称为"绿"。当新版本部署后验证没有问题了，再完全撤掉旧版本，而在这之前，旧版本还能继续提供服务。

6. 运行预集成及集成后测试

虽然测试的运行至关重要，但它无法验证要部署至生产环境的服务是否真的能够按预期运行。服务在生产环境上无法正常工作的原因多种多样，许多环节都有可能产生错误，可能是没有正确地安装数据库或是防火墙阻碍了对服务的访问。即使代码按预期工作，也不代表已验证了部署的服务得到了正确的配置。即便搭建了一个预发布服务器以部署服务，并且进行了又一轮测试，也无法完全确信在生产环境总是能够得到相同的结果。为了区分不同类型的测试，Viktor Farcic 将其称为"预部署"（Pre Deployment）测试，这些测试的相同点是在构建与部署服务之前运行。

7. 回滚与清理

如果整个流程中有任何一部分出错，整个环境就应当保持与该流程初始化之前相同的状态，即状态回滚（Rolling Back）。

即使整个过程按计划顺利执行，也仍然有一些清理工作需要处理。需要停止旧的发布，并删除其注册信息。

8. 决定每个步骤的执行环境

决定每个步骤的执行环境至关重要。一般情况下，尽量不要在生产服务器中执行。这表示除了部署相关的任务，都应当在一个专属于持续部署的独立的集群中执行。

举例来说，如果使用 Docker Swarm 进行容器的部署，那么无须直接访问主节点所在的服务，而是创建 DOCKER_HOST 变量，将最终的目标地址通知本地 Docker 客户端。

9. 完成整个持续部署流

现在已经能够可靠地将每次签入部署至生产环境了，但只完成了一半。另一半工作是对部署进行监控，并根据实时数据与历史数据进行相应的操作。由于最终目标是将代码签入后的一切操作实现自动化，因此人为的交互会降至最低。创建一个具备自恢复能力的系统是一个很大的挑战，它需要开发人员进行持续的调整。不仅希望系统能够从故障中恢复（响应式恢复），同时也希望尽可能第一时间防止这些故障出现（预防性恢复）。

如果某个服务进程由于某种原因中止了运行，系统应当再次将其初始化。如果产生故障的原因是某个节点变得不可靠，那么初始化过程应当在另一个健康的服务器中运行。响应式恢复的要点在于通过工具进行数据收集、持续地监控服务，并在发生故障时采取行动。预防性恢复则要复杂许多，它需要将历史数据记录在数据库中，对各种模式进行评估，以预测未来是否会发生某些异常情况。

预防性恢复可能会发现访问量处于不断上升的情况，需要在几个小时之内对系统进行扩展。也可能每个周一早上是访问量的峰值，系统在这段时间需要扩展，随后访问量恢复正常，则收缩成原来的规模。

11.4.4 实战：使用 Docker 来构建、运行和发布微服务

Docker 是市面上比较流行的容器技术之一。本小节将带领大家一起使用 Docker 来演示如何构建、运行和发布微服务。

Docker 以前只支持 Linux 环境下的安装，自从与微软深入合作后，对于 Windows 平台的支持力度也加大了许多。目前，已经知道的支持 Windows 平台有 Windows 10 和 Windows Server 2016。

本例将基于 Windows 10 来演示安装的过程，所使用的 Docker 版本为 17.09.1-ce-win42。

1. 创建微服务

新建一个应用"hello-docker"。hello-docker 就是一个普通的 Spring Boot 应用。

```
package com.waylau.docker.controller;
import org.springframework.web.bind.annotation.RequestMapping;
import org.springframework.web.bind.annotation.RestController;
@RestController
public class HelloController {
    @RequestMapping("/hello")
    public String hello() {
        return "Hello World! Welcome to visit waylau.com!";
    }
}
```

同时，执行 gradlew build 来编译 hello-docker 应用。编译成功后，就能运行该编译文件。

```
java -jar build/libs/hello-docker-1.0.0.jar
```

此时，在浏览器中访问 http://localhost:8080/hello，应能看到"Hello World! Welcome to visit waylau.com!"字样，说明该微服务构建成功。

2. 微服务容器化

这里需要将微服务应用包装为 Docker 容器。Docker 使用 Dockerfile 文件格式来指定 image 层。

在 hello-docker 应用的根目录下创建 Dockerfile 文件。

```
FROM openjdk:8-jdk-alpine
VOLUME /tmp
ARG JAR_FILE
ADD ${JAR_FILE} app.jar
ENTRYPOINT ["java","-Djava.security.egd=file:/dev/./urandom","-jar","/
```

```
app.jar"]
```

Dockerfile 是非常简单的，因为本例中的微服务应用比较简单。其中：

（1）FROM 可以理解为 image 依赖于另一个 image。因为这里的应用是一个 Java 应用，所以依赖于 JDK。

（2）项目 JAR 文件以"app.jar"的形式添加到容器中，然后在 ENTRYPOINT 中执行。

（3）VOLUME 指定了临时文件目录为 /tmp。其效果是在主机 /var/lib/docker 目录下创建了一个临时文件，并链接到容器的 /tmp。该步骤是可选的，如果涉及文件系统的应用，就很有必要了。/tmp 目录用来持久化到 Docker 数据文件夹，因为 Spring Boot 使用的内嵌 Tomcat 容器默认使用 /tmp 作为工作目录。

（4）为了缩短 Tomcat 启动时间，添加一个系统属性指向 /dev/./urandom。

为了使用 Gradle 来构建 Docker image，需要在应用的 build.gradle 中添加 docker 插件。

```
buildscript {
...
    // 依赖关系
    dependencies {
        ...
        classpath('gradle.plugin.com.palantir.gradle.docker:gradle-dock-
er:0.17.2')
    }
}
...
apply plugin: 'com.palantir.docker'
docker {
    name "${project.group}/${jar.baseName}"
    files jar.archivePath
    buildArgs(['JAR_FILE': "${jar.archiveName}"])
}
```

执行 gradlew build docker 来构建 Docker image。

```
> gradlew build docker --info
...
Putting task artifact state for task ':dockerPrepare' into context took
0.0 secs.
Executing task ':dockerPrepare' (up-to-date check took 0.001 secs) due
to:
  Output property 'destinationDir' file D:\workspaceGithub\cloud-native-
book-demos\samples\ch11\hello-docker\build\docker has changed.
  Output property 'destinationDir' file D:\workspaceGithub\cloud-native-
book-demos\samples\ch11\hello-docker\build\docker\Dockerfile has been
removed.
  Output property 'destinationDir' file D:\workspaceGithub\cloud-native-
book-demos\samples\ch11\hello-docker\build\docker\hello-docker-1.0.0.
```

```
jar has been removed.
:dockerPrepare (Thread[Task worker,5,main]) completed. Took 0.488 secs.
:docker (Thread[Task worker,5,main]) started.
> Task :docker
Putting task artifact state for task ':docker' into context took 0.0
secs.
Executing task ':docker' (up-to-date check took 0.0 secs) due to:
  Task has not declared any outputs.
Starting process 'command 'docker''. Working directory: D:\workspace-
Github\cloud-native-book-demos\samples\ch11\hello-docker\build\docker
Command: docker build --build-arg JAR_FILE=hello-docker-1.0.0.jar -t
com.waylau.docker/hello-docker .
Successfully started process 'command 'docker''
Sending build context to Docker daemon  16.16MB
Step 1/5 : FROM openjdk:8-jdk-alpine
 ---> 3642e636096d
Step 2/5 : VOLUME /tmp
 ---> Using cache
 ---> f467a7d1c267
Step 3/5 : ARG JAR_FILE
 ---> Using cache
 ---> 4406b96eca35
Step 4/5 : ADD ${JAR_FILE} app.jar
 ---> 65061e5f5b24
Step 5/5 : ENTRYPOINT java -Djava.security.egd=file:/dev/./urandom -jar
/app.jar
 ---> Running in af551abcbdb7
 ---> f9154bcb1ac3
Removing intermediate container af551abcbdb7
Successfully built f9154bcb1ac3
Successfully tagged com.waylau.docker/hello-docker:latest
SECURITY WARNING: You are building a Docker image from Windows against
a non-Windows Docker host. All files and directories added to build
context will have '-rwxr-xr-x' permissions. It is recommended to double
check and reset permissions for sensitive files and directories.
:docker (Thread[Task worker,5,main]) completed. Took 4.326 secs.
BUILD SUCCESSFUL in 8s
9 actionable tasks: 3 executed, 6 up-to-date
Stopped 0 worker daemon(s).
```

构建成功，可以在控制台看到如上信息。因篇幅有限，这里省去大部分内容。

3. 运行 image

构建 Docker image 完成后，使用 Docker 来运行该 image。

```
docker run -p 8080:8080 -t com.waylau.docker/hello-docker
```

图 11-5 展示了运行 image 的过程。

图11-5 运行 image

4. 访问应用

image 运行成功后，就能在浏览器中访问 http://localhost:8080/hello，应能看到"Hello World! Welcome to visit waylau.com!"字样。

5. 关闭容器

可以先通过 docker ps 命令来查看正在运行的容器的 ID，然后可以执行 docker stop 命令来关闭容器。

```
C:\Users\Administrator>docker ps
CONTAINER ID        IMAGE                             COMMAND
CREATED             STATUS              PORTS                   NAMES
ceb88279ab3a        com.waylau.docker/hello-docker    "java -Djava.
secur..."    2 minutes ago          Up 2 minutes            0.0.0.0:8080->8080/
tcp    keen_darwin

C:\Users\Administrator>docker stop ceb88279ab3a
ceb88279ab3a
```

6. Docker 发布微服务

当微服务包装成为 Docker 的 image 后，就能进行发布了。Docker Hub 是专门用于托管 image

的云服务。用户可以将自己的 image 推送到 Docker Hub 上，以便其他人下载。

有关如何使用 Docker Hub 的内容在此不再赘述，有兴趣的读者可以参阅笔者的博客《用 Docker、Gradle 来构建、运行、发布一个 Spring Boot 应用》（见 https://waylau.com/docker-spring-boot-gradle/），上面记录了整个使用过程。

11.5 发布到云

无论是公有云还是私有云，云服务对于 Cloud Native 架构的意义，不仅仅是代码组织的变更，更是开发团队、部署模式的变革。云服务迫使企业考虑更加经济、更加便捷的软件产品研发模式。

11.5.1 常用云服务

开发全流程的 Cloud Native 架构的软件并非易事，值得庆幸的是有非常多的云计算厂商提供了云服务，助力企业开发 Cloud Native 架构的软件。

Amazon、Azure、Aliyun 是国际云计算供应商三巨头，在全球云计算市场占有率排名前三，号称"3A"。其提供的服务包括全部网络、存储、Web、移动、容器、数据库、分析、AI、机器学习、物联网、集成、标识、安全性、DevOps、开发人员工具、管理工具、媒体、迁移等软件开发的各个方面的内容。其他的知名厂商还包括 Cloud Foundry、OpenShift、Heroku、腾讯云等。有关这些云服务的使用方式，可以参阅各个云厂商所提供的使用手册。

11.5.2 实战：发布应用到云

下面演示如何将应用发布到 Heroku 云服务器上。Heroku 提供了免费服务，可以非常方便地将其拿来做学习和测试之用。

1. 下载并安装 Heroku CLI

Heroku CLI 是 Heroku 提供的命令行工具，下载地址为 https://devcenter.heroku.com/articles/heroku-cli。安装后，可以使用终端中的 heroku 命令来登录个人的 Heroku 账户。

```
$ heroku login
heroku: Enter your login credentials
Email: waylau521@gmail.com
Password: **********
Logged in as waylau521@gmail.com
```

2. 创建应用

创建一个普通的 Spring Boot 应用"hello-heroku"作为演示。hello-heroku 核心代码如下。

```
package com.waylau.docker.controller;
import org.springframework.web.bind.annotation.RequestMapping;
import org.springframework.web.bind.annotation.RestController;
@RestController
public class HelloController {

    @RequestMapping("/hello")
    public String hello() {
        return "Hello World! Welcome to visit waylau.com!";
    }
}
```

正常运行该应用后，在浏览器中访问 http://localhost:8080/hello，应能看到"Hello World! Welcome to visit waylau.com!"字样。

3. 提交代码到 Git 仓库

在部署应用到 Heroku 前，需要将应用代码提交到本地的 Git 仓库。

```
$ git init
$ git add .
$ git commit -m "first commit"
```

4. 部署应用到 Heroku

为了部署应用到 Heroku，还需要新建一个 Heroku 应用。

```
heroku create
Creating warm-eyrie-9006... done, stack is cedar-14
http://warm-eyrie-9006.herokuapp.com/ | https://git.heroku.com/warm-ey-
rie-9006.git
Git remote heroku added
```

还应在本地 Git 仓库中创建一个名为 heroku 的远程存储库。Heroku 为应用程序生成一个随机名称（在本例中为 warm-eyrie-9006）。当然，也可以稍后使用"heroku apps:rename"命令来进行改名。

现在就可以部署代码到 heroku 中。

```
git push heroku master
Counting objects: 50, done.
Delta compression using up to 4 threads.
Compressing objects: 100% (36/36), done.
Writing objects: 100% (50/50), 55.64 KiB | 0 bytes/s, done.
Total 50 (delta 8), reused 0 (delta 0)
remote: Compressing source files... done.
remote: Building source:
remote:
remote: -----> Gradle app detected
remote: -----> Installing OpenJDK 1.8... done
remote: -----> Building Gradle app...
```

```
remote: -----> executing ./gradlew stage
remote:           Downloading https://services.gradle.org/distributions/
gradle-4.0-bin.zip

...
-----> Discovering process types
       Procfile declares types -> web

-----> Compressing... done, 62.7MB
-----> Launching... done, v7
       http://warm-eyrie-9006.herokuapp.com/ deployed to Heroku

To git@heroku.com:warm-eyrie-9006.git
 * [new branch]        master -> master
```

　　Heroku 会自动检测应用的类型。例如，应用存在 gradle.build 文件，Heroku 会自动将应用程序检测为 Gradle 应用程序；应用存在 pom.xml 文件，Heroku 会自动将应用程序检测为 Maven 应用程序。Heroku 默认安装了 Java 8，但也可以使用 system.properties 文件来轻松配置它。

5. 启动应用

　　应用程序部署成功后，可以通过运行以下命令来启用应用。

```
$ heroku open
```

　　现在，就可以在浏览器中访问应用的 URL。

6. 查看日志

　　如果要查看应用的运行日志，可以执行以下命令。

```
$ heroku logs --tail
2018-07-07T17:16:53.118407+00:00 app[web.1]:   =========|_|==============
=|___/=/_/_/_/
2018-07-07T17:16:53.120445+00:00 app[web.1]:   :: Spring Boot ::
(v2.0.3.RELEASE)
2018-07-07T17:16:53.120470+00:00 app[web.1]:
2018-07-07T17:16:53.118202+00:00 app[web.1]:
2018-07-07T17:16:53.118216+00:00 app[web.1]:   .   ____          _            ___
2018-07-07T17:16:53.118258+00:00 app[web.1]:  /\\ / ___'_ __ _ _(_)_ __  __ _ \ \ \ \
2018-07-07T17:16:53.118290+00:00 app[web.1]: ( ( )\___ | '_ | '_| | '_ \/ _` | \ \ \ \
2018-07-07T17:16:53.118325+00:00 app[web.1]:  \\/  ___)| |_)| | | | | || (_| |  ) ) ) )
2018-07-07T17:16:53.118367+00:00 app[web.1]:   '  |____| .__|_| |_|_| |_\__, | / / / /
```

附录

本书所涉及的技术及相关版本

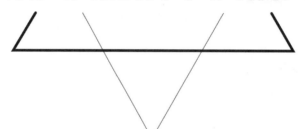

　　本书所采用的技术及相关版本较新，请读者将相关开发环境设置成与本书所采用的一致，或者
不低于本书所列的配置。

（1）Apache Maven 3.5.2

（2）Jersey 2.27

（3）JUnit 4.12

（4）Apache CXF 3.2.4

（5）Spring 5.0.7.RELEASE

（6）Eclipse Jetty 9.4.10.v20180503

（7）Jackson JSON 2.9.5

（8）Gradle 4.5.1

（9）Spring Boot 2.0.3.RELEASE

（10）Spring Cloud Finchley.RELEASE

（11）Spring Security 5.0.6.RELEASE

（12）Spring Cloud Security 2.0.0.RELEASE

（13）Spring Security OAuth 2.3.3.RELEASE

（14）MongoDB 3.6.4

（15）Spring Data MongoDB 2.0.8.RELEASE

（16）Thymeleaf 3.0.9.RELEASE

（17）Thymeleaf Layout Dialect 2.2.0

（18）Embedded MongoDB 2.0.2

（19）Axon Framework 3.2

（20）Spring Cloud Stream Elmhurst.RELEASE

（21）RabbitMQ 3.7.2

（22）H2 Database Engine 1.4.197

（23）Spring Batch 4.0.1.RELEASE

（24）Servlet 4.0.0

（25）Eclipse Jetty 9.4.11.v20180605

（26）Jackson JSON 2.9.6

（27）Apache HttpClient 4.5.5

（28）Logback Classic Module 1.2.3

（29）Quartz Scheduler 2.3.0

（30）Spring Cloud Starter Netflix Hystrix 2.0.0.RELEASE

（31）Elasticsearch 6.0

（32）Logstash 6.0

（33）Kibana 6.0

（34）Logstash Logback Encoder 5.1

（35）Spring Cloud Config Client 2.0.0.RELEASE

（36）Spring Cloud Config Server 2.0.0.RELEASE

（37）Spring Boot Actuator 2.0.3.RELEASE

（38）Docker 17.09.1-ce-win42

（39）Gradle Docker 0.17.2

运行本书示例，请确保 JDK 版本不低于 8。另外，本书示例采用 Eclipse Photon Release（4.8.0）来编写，但示例源码与具体的 IDE 无关，读者可以自行选择适合自己的 IDE，如 IntelliJ IDEA、NetBeans 等。

参考文献

[1] 柳伟卫 . 分布式系统常用技术及案例分析 [M]. 北京：电子工业出版社，2017.

[2] 柳伟卫 . Spring Cloud 微服务架构开发实战 [M]. 北京：北京大学出版社，2018.

[3] 柳伟卫 . Spring Boot 企业级应用开发实战 [M]. 北京：北京大学出版社，2018.

[4] The Twelve-Factor App[EB/OL]. https://12factor.net/zh_cn/，2018-07-24.

[5] 柳伟卫 . Jersey 2.x 用户指南 [EB/OL]. https://github.com/waylau/Jersey-2.x-User-Guide，2018-07-24.

[6] 柳伟卫 .Gradle 2 用户指南 [EB/OL]. https://github.com/waylau/Gradle-2-User-Guide，2018-07-24.

[7] Martin Fowler. 重构：改善既有代码的设计 [M]. 熊节，译 . 北京：人民邮电出版社，2010.

[8] Jez Humble，David Farley. 持续交付：发布可靠软件的系统方法 [M]. 乔梁，译 . 北京：人民邮电出版社，2011.

[9] 柳伟卫 . Spring 5 开发大全 [M]. 北京：北京大学出版社，2018.

[10] 柳伟卫 . Apache Shiro 1.2.x 参考手册 [EB/OL].https://waylau.com/apache-shiro-1.2.x-reference/，2018-07-24.

[11] 柳伟卫 . Spring Security 教程 [EB/OL]. https://github.com/waylau/spring-security-tutorial，2018-07-24.

[12] Edison Xu. CQRS 和 Event Sourcing 系列 [EB/OL]. http://edisonxu.com/2017/03/30/hello-axon.html，2018-07-24.

[13] STINE M. Migrating to Cloud-Native Application Architectures[M]. Sebastopol：O'Reilly Media，2015.

[14] FIELDING R T. Architectural Styles and the Design of Network-based Software Architectures[EB/OL]. https://www.ics.uci.edu/~fielding/pubs/dissertation/top.htm，2018-07-24.

[15] FIELDING R T. REST APIs must be hypertext-driven[EB/OL]. http://roy.gbiv.com/untangled/2008/rest-apis-must-be-hypertext-driven，2018-07-24.

[16] FOWLER M. Richardson Maturity Model[EB/OL]. https://martinfowler.com/articles/richardson-MaturityModel.html，2018-07-24.

[17] CXF User's Guide[EB/OL]. http://cxf.apache.org/docs/index.html，2018-07-24.

[18] WHITTAKER J A，ARBON J，CAROLLO J. How Google Tests Software[M]. New Jersey：Addison-Wesley，2012.

[19] Spring Security Reference[EB/OL]. https://docs.spring.io/spring-security/site/docs/5.0.6.RELEASE/reference/htmlsingle/，2018-07-24.

[20] Spring Cloud Security[EB/OL]. http://cloud.spring.io/spring-cloud-static/spring-cloud-security/2.0.0.RELEASE/single/spring-cloud-security.html，2018-07-24.

[21] EVANS E. Domain-Driven Design: Tackling Complexity in the Heart of Software[M]. New Jersey：Addison-Wesley Professional，2003.

[22] MongoDB Server 4.0 Generally Available[EB/OL]. https://www.mongodb.com/mongodb-4.0，2018-07-24.

[23] FOWLER M. What do you mean by "Event-Driven"?[EB/OL]. https://martinfowler.com/articles/201701-event-driven.html，2018-07-24.

[24] MEYER B. Object-Oriented Software Construction[M]. 2nd ed. New Jersey：Prentice Hall，1997.

[25] YOUNG G. CQRS, Task Based UIs, Event Sourcing agh[EB/OL]. http://codebetter.com/gregyoung/2010/02/16/cqrs-task-based-uis-event-sourcing-agh/，2018-07-24.

[26] Axon Framework Reference Guide[EB/OL]. https://docs.axonframework.org/，2018-07-24.

[27] Spring Cloud Stream Reference Guide[EB/OL]. https://docs.spring.io/spring-cloud-stream/docs/Elmhurst.RELEASE/reference/htmlsingle，2018-07-24.

[28] Spring Batch - Reference Documentation[EB/OL]. https://docs.spring.io/spring-batch/4.0.x/reference/html/index-single.html，2018-07-24.

[29] Spring Cloud OpenFeign[EB/OL].http://cloud.spring.io/spring-cloud-openfeign/single/spring-cloud-openfeign.html，2018-07-24.

[30] Deploying Spring Boot Applications to Heroku[EB/OL].https://devcenter.heroku.com/articles/deploying-spring-boot-apps-to-heroku，2018-07-24.

[31] Getting Started with Gradle on Heroku[EB/OL].https://devcenter.heroku.com/articles/getting-started-with-gradle-on-heroku，2018-07-24.